"十二五"普通高等教育本科规划教材

材料化学实验

第三版

曲荣君　主编
殷　平　陈　厚　刘军深　副主编

化学工业出版社
·北京·

本教材是以无机材料和高分子材料作为基础内容，所编排的实验大多数为适应我国实际情况的基础实验；此外，还编排了一些反映近代科学技术发展的实验。

本教材实验内容包括无机材料实验、高分子材料实验和设计性实验，共72个实验，并在附录部分中列出了一些常用仪器设备的使用方法。在选择实验时，编者除了考虑到实验的普适性以外，还特别注重实验的综合性、研究性及学科发展的前瞻性；在实验技术方面，除了常规技术以外，还介绍了近代常用先进实验技术等内容。

本书可作为综合性大学和高等师范院校材料类学生和研究生的教材，也可供化学和材料研究工作者参考。

图书在版编目（CIP）数据

材料化学实验/曲荣君主编. —2版. —北京：化学工业出版社，2015.2（2025.2重印）

ISBN 978-7-122-22460-6

Ⅰ.①材… Ⅱ.①曲… Ⅲ.①材料科学-应用化学-化学实验 Ⅳ.①TB3-33

中国版本图书馆CIP数据核字（2014）第285650号

责任编辑：杨 菁　　文字编辑：李锦侠

责任校对：王素芹　　装帧设计：韩 飞

出版发行：化学工业出版社（北京市东城区青年湖南街13号 邮政编码100011）

印 装：北京天宇星印刷厂

787mm×1092mm 1/16 印张13¼ 字数322千字 2025年2月北京第2版第7次印刷

购书咨询：010-64518888　　售后服务：010-64518899

网 址：http://www.cip.com.cn

凡购买本书，如有缺损质量问题，本社销售中心负责调换。

定 价：49.00元

序

新材料技术、信息技术和生物技术被认为是21世纪三大支柱性高新技术。新材料已经渗透到国民经济、社会发展、国防建设和人民生活的各个领域，成为国民经济建设、社会进步和国家安全的物质基础和先导。材料技术是现代工业、国防和高技术发展的共性基础技术，是当前最重要、发展最快的科学技术领域之一。材料工业在我国整个工业体系中占较大比重。据统计，2004年我国材料行业骨干企业约7万家，工业总产值达到4万亿元，产品销售收入3.9万亿元，工业增加值1.5万亿元，占当年我国GDP的14.6%。发展材料科学技术将促进包括新材料产业在内的我国高新技术产业的形成与发展，同时又将带动传统产业和支柱产业的技术提升和产品的更新换代。

进入21世纪，我国进入小康社会、和谐社会和社会主义新农村全方位建设期，急需大量环境友好、节能降耗的高性能新材料，培养材料类专业化人才就显得尤为重要。相对于无机化学等传统专业而言，材料化学属于新专业，其相关教材在图书市场上比较少，专业教材《材料化学》在高等教育出版社、化学工业出版社等都有出版，但目前尚未见到其配套教材《材料化学实验》的出版。因此，设置材料化学专业的高校只能采用讲义的形式来进行相关教学，由曲荣君教授主编的《材料化学实验》的出版恰恰填补了这方面教材建设的空白。

纵观全书，本人认为本教材一方面很重视对基本实验操作技能的训练和掌握，强调实验操作的规范化；另一方面又十分注重实验的综合性和完整性。该教材涵盖了化学、材料等大学科及无机化学、高分子化学等二级学科，包括了材料合成、材料表征及材料性质等方面内容。此外，该教材内容充分体现了研究性和先进性，对学生的创新能力和创新意识等科技素质的培养起到了积极的促进作用。

《材料化学实验》即将出版了，在此，我高兴地向曲荣君教授以及在他领导下的编写组的老师们表示衷心的祝贺。这本书的出版本身就是我国高校材料化学建设和改革的一种体现，我相信它的出版对材料化学专业的建设和改革会有一定的促进作用。

国家863计划新材料领域专家组组长
中国科学院化学研究所副所长

徐坚

2007年11月于北京

前 言

《材料化学实验》第一版，是一本适用面较宽的高等学校化学及相关专业的实验教材。本教材自2008年由化学工业出版社印刷出版以来，被兄弟院校广泛使用并受到普遍好评。采用此书的教师和学生在给予充分肯定之余，也提出了许多宝贵的意见，编者在此表示衷心的感谢！鉴于近年来新材料、新技术和新合成方法的不断涌现，同时也为了适应材料化学实验教学改革的新趋势，我们根据部分读者的建议，在第一版的基础上，对该书进行了修订工作。这次修订主要基于以下原则。

1. 在实验选题上进行更新与补充。这次修订将无机材料实验题目由 21 个增加到 32 个，高分子材料实验由 16 个增加到 25 个，设计性实验由 9 个增加到 15 个。这些实验题目照顾到了不同类型院校的实际，为教师选定实验题目留有充分的余地。

2. 在实验选题的内容中，注意选用不同方法、不同仪器和不同难度的实验。教师可选择实验内容，既可加强学生的基础训练，也可培养学生的科研能力，同时也为开设材料化学实验选修课的学校提供了方便。

3. 在编写上加强启发性和思考性，力求阐述明确简练。注意提供更多思考题以培养学生的思考能力，并通过补充知识的介绍增加学生对相关课题背景知识的了解。在附录部分增补了实验中常用大型仪器的工作原理、操作步骤及使用注意事项，可方便学生操作时使用。

本书的实验是按照无机材料实验、高分子材料实验和设计性实验来编排的，教师可根据本校的教学实际情况，编排自己具体的实验教学顺序和内容。

本书第二版由曲荣君主编，参与编写的还有殷平、陈厚、刘军深、杨正龙、牛余忠、徐彦宾、杨丽霞、王峰、张少华、王青尧、刘训恿、张振江、刘毅、祝丽荔等，曲荣君对全书进行了统稿。

本书在编写过程中，参考了国内外相关书刊，并得到化学工业出版社的支持和帮助，在此深表谢意！

由于我们的水平所限，欠妥及疏漏之处在所难免，恳请广大同仁和同学多提宝贵意见。

编 者
于鲁东大学化学与材料科学学院
2014 年 7 月

第一版前言

信息技术、新材料技术、生物技术是当代高新技术的重要组成部分，其中新材料技术被视为高新技术革命的基础和先导；目前新材料技术是国家重点发展的高技术领域之一。材料化学是在学科的生长和发展的相互交叉和相互渗透中，由基础学科化学直接介入材料科学而形成的新兴边缘学科。

化学是一门实验性很强的学科，化学实验是化学理论、规律产生的基础。尤其是材料化学实验作为材料化学专业学生的第一门专业实验课程，它直接关系到学生能否掌握材料化学基础知识和基本技能，能否有效地掌握科学思维方法、培养科研工作能力、养成科学的精神和品质，该实验课程教学在材料类专业中占有举足轻重的地位。

本课程是为材料类专业学生编写的一本材料化学实验教材，目的是使学生掌握并加深材料化学的知识，了解现在材料化学的研究方法和实验技术，提高综合应用化学各学科和材料化学的知识和实验能力，打下坚实的实验基础，以适应21世纪对于材料类专业人才的要求。

本教材的实验内容主要涉及无机材料和高分子材料的合成、表征和性能测试，实验方法包括材料的合成、分离、组分分析和性质研究。涉及材料的稳定性、光学性质、磁学性质、机械性质等。实验手段是在酸度计、分光光度计等常规仪器的基础上，学习和掌握X射线衍射仪、原子吸收分光光度仪、热分析仪等近代分析手段。在选择实验时，编者除注意了实验的普适性以外，还特别注重实验的综合性及研究性，并考虑到学科的发展；在实验技术方面，除了常规技术以外，还介绍了近代常用先进实验技术等内容。

本书由鲁东大学化学与材料科学学院曲荣君主编，曲荣君、殷平、陈厚、刘军深、胡玉才、王春华、张丕俭、蒙延峰、孙昌梅、徐慧、柳全文、李桂英、徐彦宾、郭磊、刘刚、孔令艳和杨丽霞参与编写。全书由曲荣君主编和殷平副主编对编者提供的实验进行增删和修改，最后由曲荣君主编统稿。

本书在编写过程中，得到了鲁东大学学科发展基金、鲁东大学资助教材出版基金的资助，得到了青岛科技大学张书圣教授、聊城大学李文智教授、青岛农业大学曲宝涵教授的大力支持和帮助。本教材在出版过程中参考了国内外相关书刊，并得到化学工业出版社的支持和帮助，在此深表衷心的感谢！

目前市场上尚缺乏有关方面的教材。与一般的实验教材不同，除了基础性实验以外，本教材中的大部分实验都跟编者所从事的科学研究课题有关，具有较强的实用性和新颖性。由于编者水平所限，在内容取舍和编写中虽然尽了最大的努力，但书中的不当之处在所难免，恳请读者批评指正。

编　者

2007年9月

目录

第一部分　无机材料实验

第二部分　高分子材料实验

第三部分　设计性实验

附录　常用大型设备的使用说明

第一部分 无机材料实验

实验1 纳米 $BaTiO_3$ 粉体的制备及其表征

一、实验目的

1. 掌握使用溶胶-凝胶法、直接沉淀法合成纳米 $BaTiO_3$ 粉体材料。

2. 通过化学分析方法测定纳米钛酸钡中钡和钛的含量。

3. 学习和了解使用X射线衍射仪、激光粒度分析仪以及扫描电镜等测试手段对纳米粉体产物进行表征。

二、实验原理

钛酸钡是电子和精细陶瓷高新技术的关键性材料，具有高的介电常数，良好的铁电、压电、耐压及绝缘性能，广泛应用于体积小、容量大的微型电容器、电子计算机记忆元件、压电陶瓷等，它是电子陶瓷领域应用最广泛的材料之一。随着现代科学技术的发展，由传统固相法合成的 $BaTiO_3$，因颗粒粒径粗、均匀性差、烧结活性低，不能满足高科技应用的要求。现常用的合成方法是液相法（湿化学法），包括溶胶-凝胶法、水热法、化学沉淀法等，本实验主要介绍利用溶胶-凝胶法、直接沉淀法合成纳米 $BaTiO_3$ 粉体材料。

溶胶-凝胶法是指将金属醇盐或无机盐水解成溶胶，然后使溶胶凝胶化，再将凝胶干燥焙烧后得到纳米粉体。其基本反应原理如下：

（1）溶剂化　能电离的前驱体——金属盐的金属阳离子 M^{z+} 吸引水分子形成溶剂单元 $M(H_2O)_n^{z+}$（z 为M离子的价数），具有为保持它的配位数而强烈地释放 H^+ 的趋势。

$$M(H_2O)_n^{z+} \longrightarrow M(H_2O)_{n-1}(OH)^{(z-1)}+H^+$$

（2）水解反应　非电离式分子前驱体，如金属醇盐 $M(OR)_n$（n 为金属M的原子价）与水反应：

$$M(OR)_n + xH_2O \longrightarrow M(OH)_x(OR)_{n-x} + xROH$$

反应可持续进行，直至生成 $M(OH)_n$。

（3）缩聚反应　缩聚反应可分为：

失水缩聚　$M—OH+HO—M \longrightarrow M—O—M+H_2O$

失醇缩聚　$M—OH+RO—M \longrightarrow M—O—M+ROH$

反应生成物是各种尺寸和结构的溶胶体粒子。

本实验采用醋酸钡和钛酸丁酯为原料的溶胶-凝胶法制备纳米 $BaTiO_3$ 粉体，并对不同煅烧温度处理的样品用X射线衍射法进行结构表征。

溶胶-凝胶法的原料价高，高温煅烧能耗大，且煅烧过程中往往造成晶粒长大和颗粒硬团聚。以四氯化钛和氯化钡溶液分别为钛源和钡源，以 NaOH 溶液为沉淀剂，使用直接沉淀法合成纳米 $BaTiO_3$ 粉体，可以避免上述缺点，得到球形形貌、颗粒尺寸均匀的纳米粉体。该反应的反应方程式为：

$$TiCl_4 + H_2O \longrightarrow TiOCl_2 + 2HCl$$

$$TiOCl_2 + BaCl_2 + 4NaOH \longrightarrow BaTiO_3 + 4NaCl + 2H_2O$$

对于合成制备出的纳米 $BaTiO_3$ 粉体产品，使用化学分析方法可快速测定其中钡和钛的含量。用浓盐酸溶样，EDTA 掩蔽钛，硫酸铵作为沉淀剂测定钡含量。另外，用硫酸、硫酸铵溶样，金属铝还原二氧化钛，硫氰酸铵作指示剂，硫酸铁铵作标准滴定溶液测定钛含量。

此外，使用 X 射线衍射仪、激光粒度分析仪以及扫描电镜等大型仪器作为测试手段对纳米粉体产物进行物相、粒度分布及形貌表征。

三、仪器和试剂

1. 仪器

电子天平、量杯、磁力搅拌器、研钵、45 目筛子、电热恒温干燥箱、坩埚、马弗炉、烧杯、称量瓶、移液管、500mL 锥形瓶、滴定管、快速定量滤纸、501A 型恒温水浴箱、pH 计、X 射线衍射仪、激光粒度分析仪、扫描电镜。

2. 试剂

醋酸钡（分析纯）、冰乙酸（分析纯）、钛酸丁酯（分析纯）、无水乙醇（分析纯）、四氯化钛（分析纯）、氯化钡（分析纯）、氢氧化钠（分析纯）、乙二胺四乙酸二钠（分析纯）、甲基橙指示剂、硫酸铵（分析纯）、金属铝箔（纯度 99.9%）、碳酸氢钠（分析纯）、硫酸铁铵（分析纯）、硫氰酸钾（分析纯）。

四、实验步骤

1. 溶胶-凝胶法制备纳米 $BaTiO_3$ 粉体

① 计算配置 20mL 0.3mol/L 的钛酸钡前体溶液所需的醋酸钡和钛酸丁酯的用量，精确到小数点后 3 位，用电子天平称量所需钛酸丁酯的质量，并由此计算出实际所需醋酸钡的用量，并称出。

② 用量杯将 8mL 冰乙酸加入到烧杯中，用刻度吸管注入 2mL 去离子水，烧杯放在磁力搅拌器上搅拌，直至醋酸钡完全溶解，再将 3mL 无水乙醇和称量瓶里的钛酸丁酯缓慢倒入烧杯中，继续搅拌混合均匀，最后向烧杯中加入无水乙醇，使溶液达到 20mL，搅拌均匀，利用盐酸或氨水调节溶液的 pH 值（大约为 4），直至形成溶胶。

③ 将形成的溶胶放在 60℃ 的干燥箱中干燥得到凝胶，然后在研钵中磨碎烘干好的凝胶，并过 45 目的筛子，将筛好的原料放入坩埚中，在马弗炉中 650℃、800℃ 和 1000℃ 煅烧 2h（保留小部分凝胶粉末，以备下面实验用）。

2. 直接沉淀法制备纳米 $BaTiO_3$ 粉体

① 将 $TiCl_4$ 溶液在冰水浴中进行水解，得到浓度为 2.5mol/L 清亮透明的 $TiOCl_2$ 水溶液。另配置浓度为 1.2mol/L 的 $BaCl_2$ 溶液。

② 将 $TiOCl_2$ 水溶液和 $BaCl_2$ 溶液按照 Ba 和 Ti 的摩尔比为 1.07∶1.00 的比例进行混合，制得反应液。

③ 再将预热到一定温度的反应液与浓度大于 6mol/L 的 NaOH 溶液按一定比例加入到反应器中，同时搅拌并用 pH 计检测反应过程，需保持 pH 不变。反应时间需要 15～20min。

④ 将所得沉淀物分离、洗涤、烘干并研磨，得到纳米 $BaTiO_3$ 粉体。

3. 制备纳米 $BaTiO_3$ 中的钡和钛含量测定

① 准确称量样品 0.5g 于 100mL 烧杯中，加入 25mL 浓盐酸，加热溶解至黄色消失时，加水 25mL。继续加热煮沸至样品全部溶解。进行过滤、洗涤操作，并在滤液中加入 50mL 乙二胺四乙酸二钠的氨性溶液，调整溶液体积至 300mL，加入 1～2 滴甲基橙指示剂，滴加氨水至溶液刚呈黄色，加热至沸。在不断搅拌下滴加硫酸铵溶液，保温陈化 2h，用快速定量滤纸过滤，热水洗涤沉淀直至没有氯离子存在（用硝酸银溶液检验）。在 80～85℃灼烧沉淀至恒重，计算 BaO 的含量。

② 准确称量样品 0.5g 置于 500mL 锥形瓶中，加 12g 硫酸铵和 30mL 硫酸，加热至样品溶解，冷却后加 80mL 水和 20mL 浓盐酸，充分摇匀后加 3g 金属铝，装上盛有饱和碳酸氢钠溶液的液封瓶，当金属铝完全溶解并且溶液颜色呈现出紫色后，用流动水将其冷却至室温。取下液封瓶，将其中的碳酸氢钠饱和溶液倒入锥形瓶中，立刻用 0.1mol/L 硫酸铁铵滴定至溶液呈淡紫色。然后加入 3mL 硫氰酸钾饱和溶液，继续滴定至溶液呈淡红色，30s 不褪色即为终点。根据所消耗的硫酸铁铵标准溶液体积来计算样品中钛的含量。

4. 纳米 $BaTiO_3$ 粉体的物相分析、粒度分布以及形貌表征

在专职教师的指导下，分别使用 X 射线衍射仪、激光粒度分析仪以及扫描电镜等大型仪器作为测试手段对纳米 $BaTiO_3$ 粉体进行物相、粒度分布及形貌表征。

五、实验结果和处理

1. 制备纳米 $BaTiO_3$ 粉体制备

(1) 溶胶-凝胶法

理论产量：____________g；　　实际产量：____________g；

产率：____________%。

(2) 直接沉淀法

理论产量：____________g；　　实际产量：____________g；

产率：____________%。

2. 化学分析结果

(1) 样品中钡含量的测定

样品 1 号

m_1/g			$m_{平均值}$/g	BaO 含量/%
m_2/g		Δm/g		
m_3/g		Δm/g		
m_4/g		Δm/g		

样品 2 号

m_1/g			$m_{平均值}$/g	BaO 含量/%
m_2/g		Δm/g		
m_3/g		Δm/g		
m_4/g		Δm/g		

(2) 样品中钛含量的测定

试样编号	1	2	3
$m_{样品}$/g			
$V_{滴定后}$/mL			
$V_{滴定前}$/mL			
ΔV/mL			
$Ti_{含量舍前平均值}$/%			
标准偏差 s			
$T(T=\|Ti\%_{平均}-Ti\%_i\|/s)$			
$Ti_{含量舍后平均值}$/%			

3. 产品物相、形貌及粒度分布等表征结果

煅烧温度/℃	XRD 物相分析
未煅烧样品	
650	
800	
1000	

使用激光粒度仪测定样品的粒度分布为：______________________________

____

使用扫描电镜检测样品的形貌为：______________________________

____

六、思考题

1. 冰乙酸在溶胶-凝胶法中的作用是什么？

2. 在测定样品中的钡和钛含量过程中，关键需注意什么？

七、参考文献

[1] 范广能，皇甫立霞，施建军. 纳米钛酸钡中钡和钛含量的快速测定. 化工时刊，2005，19 (10)：27.

[2] 周东明，尤静林，蒋国昌等. $BaTiO_3$ 纳米粉体的制备及结构的光谱表征. 散射学报，2005，16 (4)：307.

[3] 王松泉，刘晓林，陈建峰等. 直接沉淀法制备纳米钛酸钡粉体的表征与介电性能. 北京化工大学学报，2004，31 (4)：32.

[4] 王春风，黎先财. 纳米 $BaTiO_3$ 的制备及其研究现状. 江西化工，2002，4：28.

实验 2 固体酸催化剂的制备、表征及催化性能测试

一、实验目的

1. 通过固体酸的制备掌握催化剂制备过程中一些基本的操作技术。

2. 通过固体酸的表征了解和掌握催化剂的一些常用的表征技术。

3. 通过催化剂性能的测试理解固体酸催化的机理。

二、实验原理

1. 固体酸的定义及分类

现代化学工业提供的化学产品中有 85% 是借助于催化过程生产的，其生产总值约占工业

生产总值的18%，催化剂是整个催化过程的核心。在石油炼制和石油化工中，酸催化剂占有重要的地位。烃类的催化裂化、烯烃的催化异构化、烯烃的水合制醇和醇的催化脱水等反应，都是在酸催化剂的作用下进行的。酸催化剂按照状态可分为液体酸和固体酸，按照酸类型可分为质子酸和路易斯酸。液体酸如硫酸、HF、$AlCl_3$ 等，尽管酸性较强，但存在着腐蚀性大、不易与反应液分离、副反应较多的缺点。而固体酸无腐蚀，酸性可调，易与反应液分离，符合绿色化学发展的要求。工业上应用的酸催化剂多数是固体酸。

固体酸一般可认为是能够化学吸附碱的固体，也可以理解为能够使碱性指示剂在其上改变颜色的固体，或者按照酸碱质子理论和酸碱电子理论：能够给出质子或接受电子对的固体就可以叫做固体酸。常见的固体酸见表1。

表1 固体酸的分类

1. 天然黏土类：高岭土、膨润土、活性白土、蒙脱土、天然沸石等
2. 浸润类：H_2SO_4、H_3PO_4 等液体酸浸润于载体上，载体为 SiO_2、Al_2O_3、硅藻土等
3. 阳离子交换树脂
4. 活性炭在573K下进行热处理
5. 金属氧化物和硫化物：Al_2O_3、TiO_2、CeO_2、V_2O_5、MoO_3、WO_3、CdS 等
6. 金属盐：$MgSO_4$、$SrSO_4$、$ZnSO_4$、$NiSO_4$、$Bi(NO_3)_3$、$AlPO_4$、$TiCl_3$、BaF_2 等
7. 复合氧化物：SiO_2-Al_2O_3、SiO_2-ZrO_2、Al_2O_3-MoO_3、Al_2O_3-Cr_2O_3、TiO_2-V_2O_5、MoO_3-CoO-Al_2O_3、杂多酸、合成分子筛等

本实验采用酸化了的商品分子筛原粉作为固体酸催化剂使用。

2. 分子筛简介

自然界有一种结晶硅铝酸盐，当将它们加热时，会熔融并发生类似起泡沸腾的现象。人们称这类矿石为沸石或泡沸石。沸石的结构中有许多大小相同的“空腔”，空腔之间又有许多直径相同的微孔相连，形成均匀的、尺寸大小为分子直径数量级的孔道。因而不同孔径的沸石就能筛分大小不一的分子，故又得名“分子筛”（molecular sieve）。在对众多的天然沸石进行研究之后，为得到纯净的沸石，人们开始致力于人工合成沸石。1954年，人工合成的沸石就实现了工业化。到目前为止，已合成了各式各样的分子筛。这些分子筛在化学工业中，被广泛地用作催化剂、催化剂载体以及吸附剂等，并在化学的分支中形成了一门学科——分子筛化学。

沸石分子筛是结晶硅铝酸盐，其化学组成可表示为：

$$M_{2/n}\cdot Al_2O_3\cdot xSiO_2\cdot yH_2O$$

式中，M为金属离子，人工合成时通常从钠离子开始；n 为金属离子的价数；x 为 SiO_2 的个数，也可称作 SiO_2/Al_2O_3 的摩尔比，俗称硅铝比；y 为 H_2O 的个数。几种典型分子筛的结构如图1所示。

分子筛在催化中的应用主要有择形作用、离子交换特性、表面酸碱性和静电场效应等特点。其中表面酸碱性是其具有酸催化功能的关键所在，同时利用其离子交换特性，还可以调节其酸碱性，使其适用于各种催化反应中。

下面以脱阳离子分子筛为例，说明分子筛表面质子酸形成的机理。

合成的NaY形分子筛在 NH_4Cl 溶液中进行离子交换，然后加热脱氨即可变成HY沸石分子筛。由于氨的逸出，在骨架中的铝氧四面体就留下一个质子酸，这是质子酸的来源。其过程可用图2表示。这种质子酸的存在，是引起催化裂化、烯烃聚合、芳烃烷基化和醇类脱水等正碳离子反应的活性中心。

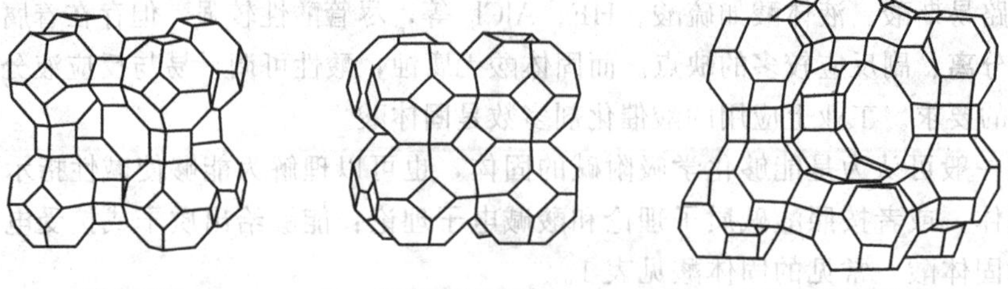

图1 几种典型分子筛的结构

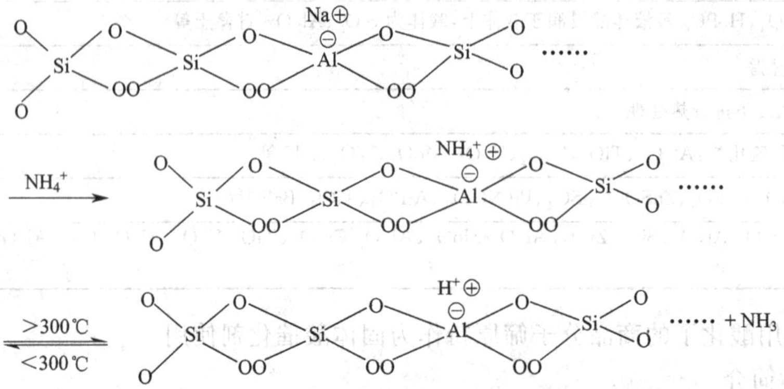

图2 阳离子分子筛表面质子酸形成的机理

三、仪器和试剂

1. 仪器

电子天平	1个	布氏漏斗	1个
烧杯(100mL)	2只	循环水真空泵	1台
分水器	1只	磁力搅拌器	1台
圆底烧瓶(50mL)	1个	烘箱	1个
电热套	1台	马弗炉	1个
挤条机	1台		

2. 试剂

NaY分子筛原粉	工业级	氯化铵	C. P.
正丁醇	A. R.	冰乙酸	A. R.
羧甲基纤维素	A. R.		

四、实验步骤

1. HY分子筛的制备

① 称取NaY分子筛5g，加入到烧杯中。

② 往烧杯中加入20mL浓度为1.0mol/L的NH_4Cl溶液，在磁力搅拌器上搅拌2h。

③ 过滤，滤饼反复用去离子水洗涤至不含Cl^-。

④ 120℃于烘箱中干燥2h。

⑤ 将样品转移到坩埚中，400℃于马弗炉中煅烧 2h，得到 HY 固体酸催化剂。

⑥ 将 10g 催化剂粉末样品、0.3g 羧甲基纤维素和 1mL 蒸馏水进行混合，然后进行挤条成型。得到的条形催化剂首先在烘箱中 100℃干燥 2h，然后在马弗炉中 350℃下焙烧 2h。

2. HY 分子筛的表征

① 对 HY 分子筛进行物相分析，测定其 XRD 图谱（日本理学 MAX-2500VP 型转靶 X 射线衍射仪）。

② 比表面分析：用吸附仪进行测定（ASAP-2000 吸附仪）。

③ 酸性表征：用 NH_3-TPD（程序升温脱附）进行测定（TP-5000 多用吸附仪）。

3. HY 的酸催化性能测试

以乙酸和正丁醇的酯化反应为模型反应，进行 HY 的酸催化性能测试。反应装置如图 3 所示。

① 称取 1g HY，加入到盛有 50mL 乙酸和正丁醇混合溶液（二者的摩尔比为 1∶1）的烧瓶中。

② 安上分水器、冷凝器，通水回流。加热使反应液沸腾，开始计时，继续加热回流 2h。

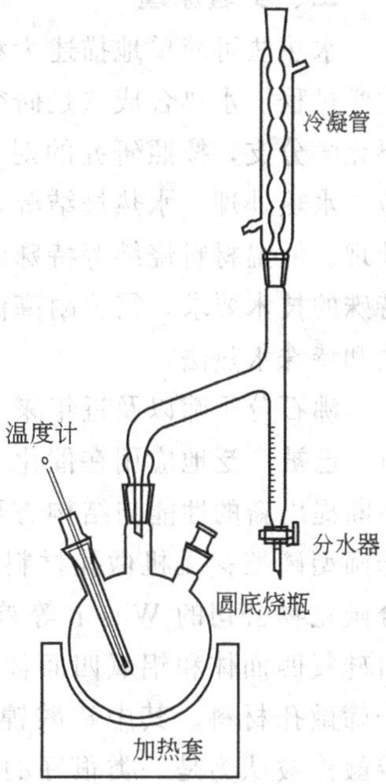

图 3 HY 分子筛催化酯化反应的装置图

③ 待反应液冷却后，取 0.5mL 反应液，用 1.0mol/L 的 NaOH 溶液进行滴定。

④ 以乙酸的转化率来衡量 HY 酸催化性能的大小。

五、实验结果和处理

实验记录如下。

滤饼干燥后的质量/g	所制得的 HY 分子筛的质量/g	0.5mL 未反应的反应液消耗 NaOH 的体积/mL	0.5mL 反应后的反应液消耗 NaOH 的体积/mL	乙酸的转化率/%

六、思考题

1. 简述 HY 分子筛质子酸形成的机理。

2. 对干燥后的滤饼进行焙烧时，温度是否越高越好？为什么？

七、参考文献

[1] 吴越. 催化化学. 北京：化学工业出版社，1998：188.
[2] 刘旦初. 多相催化原理. 上海：复旦大学出版社，1997：179.
[3] 陈焕章，赵地顺，王云山. 分子筛催化剂在酯化反应中的应用. 化工生产与技术，1996，11（3）：36.

实验 3 水热法制备微孔材料

一、实验目的

1. 了解过渡金属磷酸盐类无机微孔材料的性质应用和水热合成方法。

2. 掌握高温高压水热法的实验操作方法与注意事项。

二、实验原理

水热法可简单地描述为利用高温高压水溶液使得通常难溶或不溶的物质溶解和重结晶的化学过程。水热合成法是研究物质在高温和密闭或高压条件下溶液中的化学行为与规律的重要化学分支，按照研究的对象和目的的不同，可以分为水热晶体生长、水热合成、水热反应、水热处理、水热烧结等，可以分别用来实现单晶生长、超细粉体材料制备、有机废弃物处理、低温材料烧结等特殊的实验操作。因为合成反应在高温高压下进行，所以对水热法有特殊的技术要求，需要耐高温、耐化学腐蚀的反应釜等，按照设备的不同还可分为普通水热法和特殊水热法。

沸石分子筛以及近年来开发的新型无机微孔材料，由于它们在结构与性能上的独特优点，已被广泛地应用在催化、吸附及离子交换等各个领域。在实际应用中，对分子筛型材料不断提出新的性能与结构方面的要求，进一步促进了新型无机微孔材料的研究与开发。分子筛型磷酸盐无机微孔材料的研究与开发是在沸石分子筛发展的基础上，1982 年美国联合碳化物公司的 Wilson 等首次报道合成了 20 余种新型磷酸铝分子筛，打破了沸石分子筛由硅氧四面体和铝氧四面体组成的传统观念，继而研究合成出很多过渡金属磷酸盐类分子筛微孔材料。其中磷酸镍的稳定性较好，而且镍本身就是很好的催化剂。因此，微孔磷酸镍被认为是一类很好的类分子筛材料，它在吸附、离子交换尤其是催化方面具有非常诱人的应用前景。水热合成的晶体纯度高、缺陷少、内应力小，是制备此类材料晶体的重要方法之一。本实验将采用水热合成法，选择乙二胺作为模板剂，合成磷酸镍微孔材料。

三、仪器和试剂

1. 仪器

50mL 烧杯	2 个	水热反应釜(25mL)	4 只
25mL 量筒	1 支	控温烘箱	1 台
1mL 移液管	1 支	磁力搅拌器	1 台
分析天平	1 台	循环水真空泵	1 台
红外光谱仪	1 台	X 射线衍射仪	1 台
偏光显微镜	3 台	热分析仪	1 台

2. 试剂

$NiCl_2 \cdot 6H_2O$	A. R.	$Zn(NO_3)_2 \cdot 6H_2O$	A. R.
NH_4F	A. R.	H_3PO_4	A. R.
$Cu(NO_3)_2 \cdot 3H_2O$	A. R.	乙二胺(en)	A. R.

四、实验步骤

① 先在分析天平上准确称取 1mmol $NiCl_2 \cdot 6H_2O$ 和 1mmol $Zn(NO_3)_2 \cdot 6H_2O$ 固体，放入干燥的 50mL 小烧杯中，加入 15mL 蒸馏水使其完全溶解。再用移液管移取 0.20mL H_3PO_4（85%）逐滴加入上述溶液中混合均匀。快速搅拌条件下用滴管逐滴滴入 4mmol 乙二胺溶液，产生浅绿色沉淀，最后加入 3mmol NH_4F 固体并在室温下搅拌 0.5h，将混合物倒入反应釜中，填充量为 70%左右，装配好反应釜并置于 180℃烘箱中晶化 6 天。反应物之间摩尔比例关系为 $1NiCl_2 \cdot 6H_2O : 1Zn(NO_3)_2 \cdot 6H_2O : 3H_3PO_4 : 4en : 3NH_4F$。最后将反应混合物进行抽滤，洗涤，空气中晾干得样品一，称量，计算产率。

② 基本实验操作同上，仅将反应物及其之间的摩尔比例改为 $2NiCl_2 \cdot 6H_2O : 3H_3PO_4 :$

4en：$3NH_4F$ 得样品二。

③ 基本实验操作同上，仅将反应物及其之间的摩尔比例改为 $1NiCl_2 \cdot 6H_2O$：$Cu(NO_3)_2 \cdot 3H_2O$：$3H_3PO_4$：4en：$3NH_4F$，得样品三。

④ 对所合成的三个样品分别进行 X 射线粉末衍射测试、IR、差热-热重分析，并通过使用偏光显微镜对所得样品进行晶体外形观察。

五、实验结果和处理

1. 产品产量、产率

样品一

颜色外形：________________；

产量：________________g；　产率：________________%。

样品二

颜色外形：________________；

产量：________________g；　产率：________________%。

样品三

颜色外形：________________；

产量：________________g；　产率：________________%。

2. 使用 XRD、IR、TG-DTA 和偏光显微镜测试对所得样品进行表征的结果及分析

六、思考题

1. 微孔材料合成中为什么要使用模板剂，作用是什么？模板剂的选择原则是什么？

2. 如何来分析给定材料中是否含有模板剂乙二胺？

3. 过渡金属磷酸盐微孔材料的 IR 谱有什么特征？

七、参考文献

[1] 浙江大学化学系组编. 综合化学实验，北京：科学出版社，2005：139.

[2] 王秀丽，高秋明. 无机微孔材料磷酸镍的合成与表征. 无机化学学报，2003，19 (1)：73.

[3] 王秀丽，高秋明. 磷酸镍空旷结构材料的水热合成及其影响因素. 无机材料学报，2005，20 (3)：699.

[4] 施尔畏，夏长泰，王步国，仲维卓. 水热法的应用与发展. 无机材料学报，1993，11 (2)：193.

实验 4　无机耐高温涂料的制备

一、实验目的

1. 了解无机耐高温涂料的性能和应用。

2. 学习不同配方无机硅酸盐耐高温涂料的制备方法。

二、实验原理

为适应石油化工、冶金、化肥等工业发展，研制耐高温涂料已成为一项重要课题。一般

涂料在高温条件下会发生热降解和碳化作用，导致涂层破坏，不能起到保护作用。而耐高温涂料则具有相当的优势，其在高温条件下，涂层不龟裂、不起泡、不剥落，仍能保持一定的物理机械性能，使物件免受高温化学腐蚀、热氧化，延长使用寿命。耐高温涂料被广泛应用于烟囱、高温蒸汽管道、热交换器、高温炉、石油裂解设备等方面，乃至应用于航空、航天等领域。

耐高温涂料品种较多，目前国内多使用有机硅耐高温涂料、酚醛树脂、改性环氧涂料、聚氨酯等高分子化学材料，其耐热温度一般都低于600℃，并且易燃烧，成本较高。相对而言，无机耐高温涂料却具有耐热温度高、耐燃性好、硬度高、寿命长、污染小、成本低等特点，但是涂层一般较脆，在未完全固化之前耐水性不好，对底材的处理要求较高。

本实验所做的是两种按照不同配方制备的硅酸盐耐高温无机涂料。其中涂料一是使用无机物硅酸钠、二氧化硅、二氧化钛等耐酸耐碱性好的氧化物，按一定比例混合均匀，涂于需要的底材上，在一定温度下烘烤后，可形成致密、均匀、耐高温、抗氧化、耐老化、耐酸耐碱性能较好的涂层。它是以硅酸钠和二氧化硅为成膜物质，通过水分蒸发和分子间硅氧键的结合所形成的无机高分子聚合物来实现成膜，对光、热和放射性具有稳定性，同时 TiO_2 具有很好的着色力、遮盖力和化学稳定性，故该涂料有优良的耐热和耐老化性能及良好的附着力。涂料二则是将氯化镉、气相二氧化硅、氧化钴、皂土、二氧化硅溶胶、羧甲基纤维素(CMC)等按一定比例制成，其耐热性优于酚醛、改性环氧树脂，涂层不碳化、不龟裂、不易氧化、无毒、无味、无污染。

三、仪器和试剂

1. 仪器

马弗炉	1台	10mL量筒	1只
托盘天平	1台	5cm×5cm钢片或铁片(用作涂料底材)	若干
研钵	2只	金属铸件(C:2;Cr:2.4;Ni:1.2)	若干
磁力搅拌器	1台		
100mL烧杯	若干		

2. 试剂

$Na_2SiO_3 \cdot 9H_2O$	A.R	SiO_2	A.R.
TiO_2	C.P	羧甲基纤维素(CMC)	工业级
气相二氧化硅	化学级	氯化镉	工业级
氧化钴	工业级	皂土	工业级
二氧化硅溶胶	工业级		

四、实验步骤

1. 涂料一

① 用砂纸打磨事先准备好的底材表面或用酸处理底材表面以除去污物和氧化膜。

② 取1g $Na_2SiO_3 \cdot 9H_2O$、0.6g SiO_2、0.8g TiO_2 固体于研钵中，混匀，研磨后将其置于100mL的烧杯中，加入0.5mL水，用玻璃棒搅拌，混匀，得白色糊状物。

③ 用刮涂法把白色糊状物均匀地涂于处理好的底材表面上，涂抹要平整，涂层要致密(若涂抹不平整，可在涂抹时蘸取少许水，这样涂抹可得到较平整的涂层)。

④ 待涂层晾干后，将其放置于升温80℃的马弗炉中，烘烤20min，取出后至少在室温下放置5min。

⑤ 将马弗炉温度升至300℃，再把上一步制好的涂层放入其中，并在300℃下烘烤20min，取出，即可得到白色的耐高温涂层。

2. 涂料二

① 取适量氧化镉、气相二氧化硅、皂土、氧化钴、二氧化硅溶胶，加热1～2h，并搅拌。

② 向CMC中加入溶剂，并加热5～6h，再加入CMC稳定剂。

③ 将步骤①、步骤②中的物质混合均匀后，得到成品涂于已处理过的底材上，放置1～2h后，放入马弗炉内在100～1100℃高低温交变温场中进行测试。

五、实验结果和处理

1. 涂料一

① 温度对涂层性能的影响：涂层在300～600℃间的任何温度下烘烤，对涂层性能影响不大。若仅让涂层自然晾干或烘烤的最高温度低于300℃时，所得的涂层固化效果不好，附着力差，易脱落，耐水、耐酸、耐碱性能差。

② 涂层的附着力可用划格法测试，即用保险刀在涂层表面上切六道平行的切痕（长10～20cm，切痕间的距离为1mm），应切穿涂层的整个深度，然后再切同样的切痕六道，与前者垂直，形成许多小方格。用手指轻轻触摸，涂层不应从方格中脱落，并仍与底材牢固结合者为合格。涂层的附着力与其涂抹的均匀、致密程度有关，若涂抹不均匀，致密性不好，则附着力相对较差。

③ 涂层的耐酸耐碱性能实验：在做好的涂层上用滴管分别滴加6mol/L的盐酸溶液、40%的氢氧化钠溶液各2滴于不同的地方，5min后擦除，涂层基本无变化，5h后擦除，效果同前，但在滴过6mol/L的盐酸溶液的地方涂层稍显黄色。

耐酸耐碱性能与涂层的厚度有关，涂层太薄，则耐酸耐碱性差。可在同一个地方重复涂抹，以增大其耐酸耐碱性能。按上述实验步骤做出一样品，在上面涂一层致密的涂层，按步骤④重复操作一次，可以得到耐酸耐碱性能比前述较好的涂层，需注意的是，涂层不能过厚，否则附着力会差。一般涂层的厚度为0.01～0.04mm。

④ 配料比对涂层性能的影响：改变$Na_2SiO_3 \cdot 9H_2O$、SiO_2、TiO_2的用量比对涂层的附着力、固化效果、耐热性能均会产生一定的影响。如增加$Na_2SiO_3 \cdot 9H_2O$、SiO_2的用量，则固化效果差，不耐水；如增加TiO_2的用量，则对固化效果影响不大，但附着力差；而减少$Na_2SiO_3 \cdot 9H_2O$、SiO_2的用量时，其附着力相对较差；减少TiO_2的用量时，涂层不耐水，附着力差。

⑤ 底材的影响：要求底材相对耐高温，且要相对耐酸耐碱，同时在涂抹时要将底材的表面处理干净，否则会影响附着力。

2. 涂料二

与其他涂料耐高温性能比较：金属铸件（C:2;Cr:2.4;Ni:1.2）在高温下加快了氧化的程度，形成高温腐蚀，促使金属铸件表面物质剥落，缩短了构件的使用周期。在金属铸件上涂一层耐高温涂料，表面得以保护，延长构件的使用寿命。表1是几种涂料对金属铸件耐高温的比较。

有机类型的涂料在400～670℃温度范围之间烘烤时，就出现炭化和龟裂现象。无机硅酸盐涂料耐高温可达1100℃，铸件与涂料通体烧红，冷却后涂料表面坚硬完好。涂层可保护底材在高温时不易氧化，延长其使用寿命，大大降低了生产成本。并且，该涂料原料来源广泛，无毒无味，无环境污染。

表1 几种涂料对金属铸件耐高温的比较

涂料种类	金属铸件 (C:2;Cr:2.4;Ni:1.2)	温度/℃	时间/h	备注
酚醛树脂	合金	0～400	5	炭化
改性环氧树脂	合金	0～670	6.5	炭化
涂料二	合金	0～1100	3	坚硬

六、思考题

1. 如何进行底材的表面处理？

2. 温度、配料比等实验条件的改变如何影响涂料的性能？

七、参考文献

[1] 钟山主编. 中级无机化学实验. 北京：高等教育出版社，2003：43.

[2] 王李军，张荣伟等. 耐高温绝缘涂层的研制. 涂料工业，2005，35（10）：30.

[3] 付晏彬等. 高温硅酸盐涂料的研制及应用. 中国计量学院学报，1997，15（2）：33.

[4] 龚荷生. 新型耐高温涂料. 上海化工，1992，17（5）：7.

实验5 草酸根合铁（Ⅲ）酸钾的制备及表征

一、实验目的

1. 掌握草酸根合铁（Ⅲ）酸钾的制备方法和性质，了解水溶液中制备无机物的一般方法。

2. 理解制备过程中化学平衡原理的应用，练习并掌握溶解、沉淀、过滤、结晶、洗涤等基本操作。

3. 对所制备的产品进行分析表征，通过综合实验的基本训练，培养学生分析与解决复杂问题的能力。

二、实验原理

草酸根合铁（Ⅲ）酸钾 $K_3[Fe(C_2O_4)_3]\cdot 3H_2O$ 是一种绿色的单斜晶体，易溶于水，难溶于乙醇、丙酮等有机溶剂。受热时，110℃下可失去全部结晶水，230℃时分解。它是光敏物质，受光照射分解变成黄色。$K_3[Fe(C_2O_4)_3]\cdot 3H_2O$ 是制备负载型活性铁催化剂的主要原料，也是一些有机反应良好的催化剂，在工业上具有一定应用价值。

目前，合成草酸根合铁（Ⅲ）酸钾的方法包括以下几种。

① 以硫酸亚铁铵为原料制备草酸亚铁，经氧化与配合反应制备草酸根合铁（Ⅲ）酸钾。$K_3[Fe(C_2O_4)_3]\cdot 3H_2O$ 可由草酸亚铁 $FeC_2O_4\cdot 2H_2O$ 在草酸钾和草酸存在下，用过氧化氢氧化而成：

$$2(FeC_2O_4\cdot 2H_2O)+H_2O_2+3K_2C_2O_4+H_2C_2O_4 = 2\{K_3[Fe(C_2O_4)_3]\cdot 3H_2O\}$$

加入适量乙醇，其晶体便从溶液中析出。本实验中，草酸亚铁由摩尔盐和草酸反应而得：

$$(NH_4)_2Fe(SO_4)\cdot 6H_2O+H_2C_2O_4 = FeC_2O_4\cdot 2H_2O\downarrow+(NH_4)_2SO_4+H_2SO_4+4H_2O$$

② 草酸根合铁（Ⅲ）酸钾可由三氯化铁和草酸钾反应制得：

$$FeCl_3+3K_2C_2O_4\cdot H_2O = K_3[Fe(C_2O_4)_3]\cdot 3H_2O+3KCl$$

要确定所制得配合物的组成，必须综合运用各种表征方法。化学分析可以确定各组分的百分含量，从而确定分子式。配合物中的金属离子一般可通过容量测定、比色分析或原子吸收光谱确定其含量。钾离子含量还可采用离子选择电极测定。

因为各种化学键和基团具有特征的吸收频率，所以草酸根合铁（Ⅲ）酸钾中是否含有结晶水和草酸根可通过红外光谱作出定性分析。草酸根形成配位化合物时红外吸收的振动频率和谱带归属如表 1 所列。

表 1　草酸根形成配位化合物时红外吸收的振动频率和谱带归属

频率 ν/cm^{-1}	谱带归属
1712,1677,1649	羰基 C═O 的伸缩振动吸收带
1390,1270,1255,885	C—O 伸缩及—O—C═O 弯曲振动
797,785	O—C═O 弯曲及 M—O 间的伸缩振动
528	C—C 的伸缩振动吸收带
498	环变形 O—C═O 弯曲振动
366	M—O 伸缩振动吸收带

结晶水的吸收带在 $3550\sim3200cm^{-1}$ 之间，一般在 $3450cm^{-1}$ 附近。

以草酸根为配体的配合物加热易分解，产生一氧化碳和二氧化碳，用热重分析可研究其热分解反应，还可定量测定结晶水和草酸根的含量。草酸根合铁（Ⅲ）酸钾配合物中心离子 Fe^{3+} 的 d 电子组态及配合物是高自旋还是低自旋，可由磁化率来确定。通过电导法测定该配合物的配离子电荷，可进一步确定其组成以及在溶液中的状态。电解质溶液的电导率 K 随溶液中离子的数目不同（即溶液的浓度不同）而变化。通常用摩尔电导 Λ_m 来衡量电解质溶液的导电能力，其定义为 1mol 电解质溶液置于相距为 1cm 的电极间的电导，摩尔电导与电导率之间有如下关系：

$$\Lambda_m = K \times 1000/c$$

式中，c 为电解质溶液的物质的量浓度。

如测定出配合物配离子的摩尔电导 Λ_m，可由 Λ_m 的数值范围来确定其配离子数，从而可确定配离子的电荷数。25℃时，在稀的水溶液中电离出 2 个、3 个、4 个和 5 个离子的 Λ_m 范围为：

离子数	2	3	4	5
摩尔电导 $\Lambda_m/(S\cdot cm^2/mol)$	118～131	235～273	408～435	523～560

三、仪器和试剂

1. 仪器

托盘天平	1 台	电导率仪	1 台
布氏漏斗	1 只	钾电极	1 只
水循环真空泵	1 台	酸式滴定管	1 只
玻璃棒	1 支	移液管	若干
电热套	1 台	锥形瓶	1 只
温度计	1 支	吸滤瓶	1 只
红外光谱	1 台	烧杯	若干

量筒	若干	磁力搅拌器	1台
漏斗	1只	甘汞电极	1支
干燥器	1只	磁天平	1台
722型分光光度计	1台	热分析仪	1台

2. 试剂

草酸钾	C. P.	三氯化铁	C. P.
盐酸	C. P.	1mg/mL Fe^{3+}标准溶液	自配
磺基水杨酸	C. P.	氨水	C. P.
氯化钾	A. R.	硫酸亚铁铵	A. R.
草酸	A. R.	硫酸	A. R.
草酸钾	A. R.	过氧化氢(30%)	A. R.
无水乙醇	A. R.	丙酮	A. R.
乙酸锂	A. R.		

四、实验步骤

1. 草酸根合铁（Ⅲ）酸钾的制备

方法一：

称取10g硫酸亚铁铵放入250mL烧杯中，加入30mL蒸馏水和10滴1.5mol/L H_2SO_4溶液，加热使其溶解。滴入50mL 0.5mol/L $H_2C_2O_4$溶液，不断搅拌并加热至沸。静置，待黄色晶体FeC_2O_4沉淀完全沉降后，用倾析法倾去上层清液，往沉淀上加入40mL蒸馏水，搅拌并微热，静置后倾去清液（洗涤2～3次）。

在上述沉淀中加入约20mL $K_2C_2O_4$饱和溶液，水浴加热至约40℃用滴管缓慢加入40mL 3% H_2O_2溶液，不断搅拌并保持温度在40℃左右（此时有棕色的氢氧化铁沉淀产生）。将溶液煮沸，再加入16mL 0.5mol/L $H_2C_2O_4$溶液（总量16mL，分两次加入，第一次加入10mL，第二次缓慢滴加6mL），并保持溶液近沸温度，这时体系变成亮绿色透明溶液。趁热过滤，待滤液稍冷却后往其中加入20mL无水乙醇。如有晶体析出，应温热使之溶解。用一小段棉线绳悬挂于溶液中，用表面皿盖住烧杯，放置暗处冷却结晶。减压过滤分离晶体，用体积比为1∶1的乙醇洗涤晶体，最后用少量丙酮淋洗，抽干得亮绿色晶体，称量，计算产率。产品置于干燥器内避光保存。

方法二：

称取12g草酸钾放入100mL小烧杯中，加入20mL去离子水并加热，使草酸钾完全溶解。在溶液接近沸腾时，边搅拌边加入8mL $FeCl_3$溶液（0.4g/mL），保持接近沸腾的温度，直至体系变成绿色透明溶液。将此溶液在冰水中冷却有绿色晶体析出，待晶体析出完全后进行减压抽滤获得粗产品。将粗产品溶解于约20mL的热水中，趁热过滤，将滤液在冰水中冷却、结晶、过滤，并用少量去离子水洗涤晶体，在空气中干燥后得产品，称量，计算产率。产品置于干燥器内避光保存。

2. 化学分析

(1) 配合物中铁含量的测定　样品溶液的配制：称取1.964g干燥的产品溶于80mL去离子水中，加入1mL体积比为1∶1的盐酸，移入100mL容量瓶中定容。吸取上述溶液5mL于500mL容量瓶中定容。为防止配离子见光分解，该溶液应保存在暗处。

吸取1mg/mL Fe^{3+}标准溶液10mL于100mL容量瓶中，配制成为100μg/mL的Fe^{3+}

标准溶液。用吸量管分别吸取0、1.0mL、2.5mL、5.0mL、7.5mL、10.0mL、12.5mL该溶液于100mL容量瓶中，用去离子水稀释至约50mL，注入5mL 25%的磺基水杨酸，用体积比为1∶1的氨水中和至黄色，再注入1mL氨水，用去离子水定容，摇匀。以25.0mL样品溶液代替Fe^{3+}标准溶液，以同样的方法配置样品的比色用溶液。在分光光度计上，用1cm比色皿在450nm处进行比色，测得各标准溶液和样品溶液的吸光度。

(2) 配合物中钾含量的测定

① 钾电极斜率的测定　将钾电极作指示电极，饱和甘汞电极（外盐桥充以0.1mol/L乙酸锂）作参比电极，接到pH计上，用蒸馏水将钾电极清洗直至电位值读数基本不变，用干净滤纸将电极表面的水吸干后分别测定1×10^{-5}mol/L、1×10^{-4}mol/L、1×10^{-3}mol/L、1×10^{-2}mol/L、1×10^{-1}mol/L KCl标准液的电位（测定的顺序从稀到浓，每次测前必须清洗电极）。

② 样品中钾离子的测定　在150mL干烧杯中，注入100.0mL样品液，测电位E_1；再用移液管注入1.0mL的0.1mol/L KCl标准溶液，搅动1min，静止2min后，测电位E_2；由测定的电位再计算样品中钾的含量。

3. 配离子电荷的测定

配离子电荷的测定可进一步确定配合物组成及在溶液中的状态，用电导法测定所制配合物草酸根合铁（Ⅲ）酸钾中阴、阳离子的电荷。

4. 热重分析

在瓷坩埚中称取一定量研磨细的配合物样品，用热分析仪进行热分解实验，升温到550℃为止，记录随温度的变化样品重量的变化数据。

5. 配合物的红外光谱测定

用KBr法测定重结晶后的配合物产品和550℃热分解产物的红外光谱，可确证配合物中的化学键和基团，并将被测样品的红外光谱图与标准红外光谱图对照，可确定是否含有$C_2O_4^{2-}$及结晶水。

6. 配合物的磁化率测定

以硫酸亚铁铵（摩尔盐）为标定物，用古埃磁天平测定配合物的磁化率。

五、实验结果和处理

1. 配合物种铁含量的测定

将分光光度法测得的实验结果记录在下表中：

编号	$V(Fe^{3+})$/mL	$c(Fe^{3+})$/(μg/mL)	吸光度		A平均
			A_1	A_2	
1	0	0			
2	1.0	1.0			
3	2.5	2.5			
4	5.0	5.0			
5	7.5	7.5			
6	10.0	10.0			
7	12.5	12.5			
试样	25.0	X			

配合物种铁含量的测定结果为Fe^{3+} ________%。

2. 配合物中钾含量测定

① 根据下面公式计算不同浓度的 KCl 溶液中 K^+ 的活度系数：

$$\lg\gamma=(-0.51\mu^{1/2})/(1+1.3\mu^{1/2})+0.06\mu^{1/2}$$

$$\mu=0.5\sum c_i Z_i^2$$

式中，μ 为离子强度；c_i 为 i 离子浓度；Z_i 为 i 离子的电荷。

② 按 $\alpha=c\gamma$ 计算活度，以 $-\lg\alpha(K^+)$ 为横坐标，以 E 为纵坐标作图，将各点连成一平滑的曲线，计算直线部分的斜率 S。

③ 用下式计算样品中钾离子浓度 $c(K^+)$。

$$c(K^+)=\frac{c_\Delta}{10^{\pm\Delta E/S}-1}$$

式中，c_Δ 为浓度增量，根据计算所得的钾离子浓度，计算钾离子的百分含量。

3. 配离子电荷的测定

由测定配离子的电荷初步确定是何种形式的配合物。

4. 样品与 550℃ 热分解产物的红外光谱

由样品测得的红外光谱根据基团的特征频率，可以说明样品所含基团，并与标准红外光谱图对照可以初步确定是何种配合物。

5. 配合物的热重分析

由热重曲线计算样品的失重率，与各种可能的热分解反应的理论失重率相比较，并参考红外光谱图来确定该配合物的组成。（注：550℃时的分解产物是 Fe_2O_3 和 K_2CO_3。）

6. 配合物磁化率的测定

根据测定的摩尔磁化率和有效磁矩确定该配合物中心离子 Fe^{3+} 的未成对电子数及电子组态，并说明草酸根是强场配体还是弱场配体。

六、思考题

1. 影响该配合物合成产率的因素有哪些？
2. 确定草酸根含量的方法有哪些，具体如何操作？
3. 可以采用什么方法正确确定草酸根合铁（Ⅲ）酸钾的热分解产物？

七、参考文献

[1] 浙江大学化学系组编. 综合化学实验. 北京：科学出版社，2005：12.
[2] 王伯康主编. 综合化学实验. 南京：南京大学出版社，2000：152.
[3] 钟山主编. 中级无机化学实验. 北京：高等教育出版社，2003：140.

实验 6 模板固相制备磷酸铝类化合物及其吸附性质的研究

一、实验目的

1. 了解固相反应法的特点，掌握用模板剂合成磷酸铝吸附材料的原理和过程。

2. 通过磷酸铝类材料对铬（Ⅵ）的吸附实验，掌握固体材料吸附重金属离子实验的具体操作，并了解模板剂对磷酸铝类材料吸附性能的影响。

二、实验原理

固相化学是最近几十年发展并形成的一个十分活跃的化学分支，包含了化学、物理、结晶学和材料学等多种学科领域。而此领域中常采用的固相合成法由于具有高的反应选择性、高产率、低能耗等诸多优点，是为数不多的绿色清洁的生产过程之一。固相反应的一般定义是指有固体物质参加的反应，也即反应物之一为固相物质的反应。固相反应过程因受到动力学和拓扑化学原理的控制，常会经历四个阶段，即扩散—反应—成核—生长，其中扩散和成核是决定阶段。本实验将以磷酸铝类化合物的制备为例研究影响固相反应的重要因素。

磷酸铝是一种具有广泛而重要应用价值的材料，其某些特性却与沸石分子筛类材料相似。由于具有多种结构和组成，同时具有对热和水热的稳定性，使磷酸铝材料在吸附分离、催化、污水处理等领域具有重要应用。本实验将以三氯化铝和磷酸二氢铵为原料，分别以十六烷基三甲基溴化铵、无水对氨基苯磺酸、六亚甲基四胺为模板剂，用固相合成法制备磷酸铝类化合物，通过 XRD 等表征手段研究不同模板剂对固相合成的磷酸铝的影响，并系统研究此类材料对铬（Ⅵ）离子的吸附性能。

三、仪器和试剂

1. 仪器

研钵	2 个	坩埚	2 只
X 射线粉末衍射仪	1 台	马弗炉	1 台
恒温干燥箱	1 台	722B 分光光度计	1 台
HY-2 调速多用振荡器	1 台	容量瓶等常用玻璃仪器	若干

2. 试剂

六水合三氯化铝	A. R.	磷酸二氢铵	A. R.
十六烷基三甲基溴化铵	A. R.	无水对氨基苯磺酸	A. R.
六亚甲基四胺	A. R.		

四、实验步骤

1. 前驱体的制备

利用托盘天平准确称出 2.4g $AlCl_3 \cdot 6H_2O$、1.2g $NH_4H_2PO_4$ 分别放入两个研钵研细。然后在一个研钵中混合均匀，再称取 3.6g 十六烷基三甲基溴化铵并加入混合物，固相研磨。约 0.5h 后生成乳白色黏状物质，停止研磨。小心将生成物转入坩埚中，放入 180℃烘箱中保温 2h，以促进固相物质中离子的扩散和产品晶粒的生长。取出坩埚，冷却并转入研钵中研磨均匀。转入布氏漏斗中用蒸馏水洗涤多次，沉淀晾干得样品前驱体，取出少量待用。

2. 高温固相反应

将剩余的大部分前躯体转入坩埚中，放入马弗炉于 600℃下煅烧 3h，除去模板剂。取出坩埚，冷却后得白色粉体样品一，称量，计算。

然后再分别以无水对氨基苯磺酸、六亚甲基四胺为模板剂重复上述操作得样品二和样品三（均按照 $AlCl_3 \cdot 6H_2O$: $NH_4H_2PO_4$: 模板剂的摩尔比为 1 : 1 : 1）。

3. 样品的 XRD 表征

样品粉末 XRD 谱由日本理学公司 D/max-2500VPC 全自动转靶 X 射线粉末衍射仪测定，铜 K_α，镍滤光片，电压 40kV，电流 20mA。2θ 测量范围 5°～100°。

4. 磷酸铝类化合物吸附性能研究

磷酸铝化合物对 Cr(Ⅵ) 的吸附性能，用二苯碳酰二肼分光光度法进行测定，在酸性溶液中，与二苯碳酰二肼（二苯氨基脲）反应，生成紫红色化合物，其最大吸收波长为 540nm，摩尔吸光系数为 4×10^4。

按常规法配制 1.0mg/mL 六价铬标准贮备液，用前稀释成 1.0μg/mL 使用液。并分别移取 0、

2mL、5mL、8mL、10mL 于 50mL 比色管中，加入 0.5mL（体积比 1∶1）硫酸和 0.5mL（体积比 1∶1）磷酸，加二苯碳酰二肼 3.0mL，用蒸馏水稀释至刻度摇匀，5～10min 后，于 540nm 波长处，用 3cm 比色皿，蒸馏水作参比，测定吸光度并绘制标准工作曲线。

移取 20mL 1.0mg/mL 六价铬标准贮备液稀释至 100mL 容量瓶中，得 200μg/mL 标准液，然后分别取 1g 产品和 50mL 200μg/mL 六价铬标准液于 100mL 的具塞锥形瓶中，在振荡器上匀速振荡 2h，离心分离，取 1mL 母液稀释至 50mL，取 1mL 按标准条件测定母液中铬离子含量，确定样品的吸附性能。计算实验中样品对铬（Ⅵ）的吸附量，平行测定两份，求取平均值。

五、实验结果和处理

1. 磷酸铝样品的制备

样品一产量：__________ g；　　　　产率：__________%。

样品二产量：__________ g；　　　　产率：__________%。

样品三产量：__________ g；　　　　产率：__________%。

2. 磷酸铝样品的 XRD 图谱结果分析

3. 磷酸铝样品对 Cr(Ⅵ) 离子的吸附性能研究

实验记录如下。

吸 附 条 件	样品一		样品二		样品三	
	1号	2号	1号	2号	1号	2号
吸附材料用量/g						
$V_{Cr(Ⅵ)200\mu g/mL}$/mL						
振荡时间/h						
吸附后母液浓度/(μg/mL)						
溶液中被吸附的铬离子量/mg						
磷酸铝材料的铬离子吸附量/(g_{Cr}/$g_{材料}$)						

六、思考题

1. 通过磷酸铝类化合物的合成，请写出影响固相合成的因素有哪些？
2. 为了提高分光光度法的灵敏度和准确度，如何选择入射光的波长？

七、参考文献

[1] 浙江大学化学系组编．综合化学实验．北京：科学出版社，2005：126．

[2] 赵吉寿，颜莉，戴建辉．磷酸铝类化合物模板固相合成及吸附性质研究．化学世界，2003，43（6），286．

[3] 赵吉寿，颜莉，忻新泉．模板固相合成磷酸铝及其表征．无机化学学报，2000，16（5）：800．

[4] 叶瑛，杨帅杰，郑丽波等．几种层状化合物对六价铬吸附性能的对比与讨论．无机材料学报，2004，19（6）：1381．

[5] 谢华林，杨华林．二苯碳酰二肼分光光度法测水中 Cr^{6+}．常德师范学院学报，2001，13（2）：65．

八、附注

磷酸铝材料吸附容量的计算，首先按照提供的方法绘制工作曲线如下：

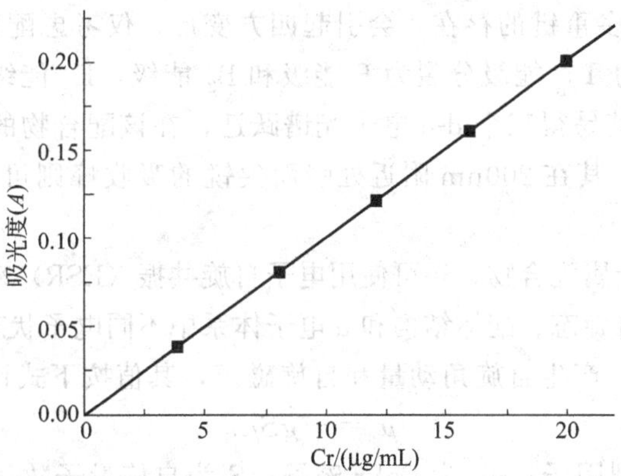

磷酸铝材料吸附容量的计算：

$$吸附容量\ C=被吸附铬离子的质量(mg)/材料用量(g)=\frac{M_{Cr}}{M_m}(mg/g)$$

在本实验中按照材料吸附实验测得吸光度 A，在标准工作曲线对应得测定浓度 c(μg/mL) 则：

$$被吸附铬离子的质量=(200\mu g/mL\times 50)-(c\times 50\times 50mL)=(10-2.5c)mg$$

$$吸附容量\ C=(10-2.5c\,mg)/1g=(10-2.5c)mg/g$$

（本方法参照参考文献［2］和参考文献［5］设计。）

实验 7　$VO(acac)_2$ 配合物的制备及波谱研究

一、实验目的

1. 通过 $VO(acac)_2$ 配合物的制备，掌握合成化学中的一些基本操作技能。

2. 通过电子光谱和电子自旋共振波谱法研究过渡金属化合物的结构，了解并掌握配合物的波谱原理及谱图分析，训练学生综合实验能力。

二、实验原理

过渡元素化学主要研究过渡元素及化合物的组成、结构、性质和反应。过渡元素是指具有 d 层或 f 层未填满电子的原子的元素，它们都具有一定的共同性质：高硬度、高熔点、高沸点金属，都导热导电；易形成合金；大多数表现出变价，其离子化合物常有颜色；具有顺磁性；具有形成配合物的倾向。

配合物是过渡金属最普遍的存在形式，配合物的分子构型不同。配体产生的配位场不同，金属离子 d 轨道或 f 轨道的分裂也不同。以钒氧为中心离子的配合物在医药、生物、材料等领域中有着广泛的研究。

本实验中 $VO(acac)_2$ 的制备方法是在浓硫酸中用乙醇作还原剂，可得到 $VOSO_4$。

$$V_2O_5+2H_2SO_4+C_2H_5OH=\!=\!=2VOSO_4+3H_2O+CH_3CHO$$

所得 VO^{2+} 再与乙酰丙酮作用，即可得到 $VO(acac)_2$。为使合成反应易进行，溶液中还需加入一定量的 Na_2CO_3 对反应所产生的 H^+ 进行中和，其反应式为：

$$VOSO_4+2C_5H_8O_2+Na_2CO_3=\!=\!=VO(C_5H_7O_2)_2+Na_2SO_4+H_2O+CO_2$$

亦可用 V_2O_5 同乙酰丙酮缓慢回流的方法来合成 $VO(acac)_2$ 配合物。

$VO(acac)_2$ 配合物中金属离子仅含有一个 3d 电子，V(Ⅳ) 的配位数是 5，配位构型为四方锥形。由于 V═O 多重键的存在，会引起四方变形，仅考虑配位原子，d 轨道处于 C_{4V} 对称场，其在 O_h 场中的 T_{2g} 能级分裂为 E 能级和 B_2 能级，E_g 能级则分裂为 A_1 能级和 B_1 能级。根据能级图分析其易得三个 d-d 电子光谱跃迁，在该配合物的电子光谱图中主要发生在 300～700nm 范围内。其在 200nm 附近处强而尖锐的吸收峰则可能是端氧与 V 原子间的荷移跃迁（$O_t \rightarrow V$）。

对于 d 电子未满的金属配合物，还可使用电子自旋共振（ESR）来进行研究。从 ESR 谱中可能得到有关氧化态、自旋态、配体结构和 d 电子体系中不同电子状态能级的详细信息。

电子具有自旋运动，产生自旋角动量和自旋磁矩，其值按下式计算：

$$\mu_s = -gS\mu_B$$

式中，g 为光谱分裂因子；μ_B 为 Bohr 磁子；S 为自旋量子数，1/2。

当含有未成对电子物质不处于外磁场中，所有电子不论其取向如何，都具有相同的能量。但当外加磁场为 H 时，则电子磁矩 μ_s 将相对于 H 成 θ 角度取向，它们之间相互作用产生磁能级，其值按下式计算：

$$E = -\mu_s H\cos\theta = -\mu_{s,Z} H = \pm\frac{1}{2} gH\mu_B$$

在磁场中，这两个不同的能级将分裂成高能级和低能级（即塞曼分裂），分裂能按下式计算：

$$\Delta E = -(-E_4 - E_2) = gH\mu_B = h\nu$$

式中，g 为未成对电子共振吸收的磁场位置。

电子自旋共振发生共振的条件为：

$$h\nu = gH\mu_B$$

顺磁分子除本身含有未成对电子外，周围往往还存在许多磁性核（$I \neq 0$，称为磁性核）。未成对电子和磁性核相互作用称为超精细相互作用，其能级按下式计算：

$$E = g\beta HM_S + AM_S M_I$$

式中，M_I 为磁量子数，允许值 $0, \pm1, \pm2, \cdots, \pm I$（$M_I = -I, -I+1, \cdots, I-1, I$），即应有 $2I+1$ 个不同取向和能量的核状态；M_S 为自旋量子数$\left(\pm\frac{1}{2}\right)$；$A$ 为共振谱上超精细分裂瞬间的距离，称为超精细耦合常数。

A 取决于电子自旋与核自旋间相互作用的强弱。当 $S=1/2$、$I=1/2$ 时，其能级如图 1 所示。

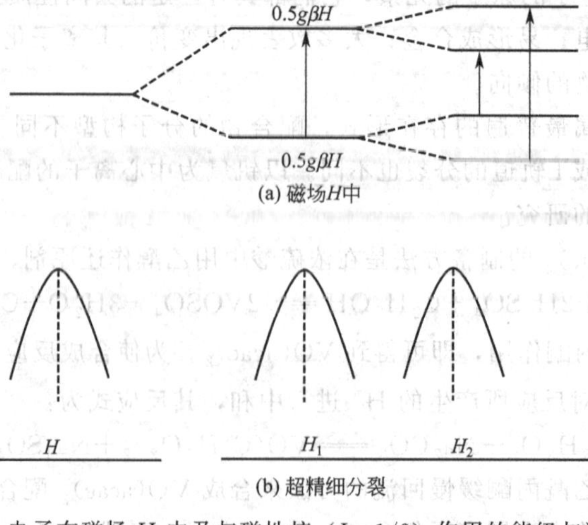

图 1 电子在磁场 H 中及与磁性核（$I=1/2$）作用的能级与谱图

电子自旋共振选律为 $\Delta M_S = \pm 1$，$\Delta M_I = 0$，所以它只能产生两条谱线。

本实验在制备 $VO(acac)_2$ 配合物的基础上，对该配合物的电子光谱和电子自旋波谱进行分析，以研究其结构。

三、仪器和试剂

1. 仪器

圆底烧瓶(150mL)	1只	吸滤瓶(250mL)	1只
烧杯(100mL,25mL)	各3只	量筒(50mL)	2只
冷凝管	1支	布氏漏斗/砂芯漏斗	1只
真空干燥器	1个	容量瓶	若干
毛细管	若干	紫外-可见分光光度计	1台
ESR 谱仪	1台		

2. 试剂

五氧化二钒	C. P.	乙酰丙酮	A. R.
丙酮	A. R.	甲苯	A. R.
硫酸	C. P.	三氯甲烷	C. P.
无水碳酸钠	C. P.		

四、实验步骤

1. 配合物 $VO(acac)_2$ 的合成

方法一：

① 称取 3g V_2O_5 加入烧杯中，放入 100mL 蒸馏水、6mL 18mol/L 硫酸和 15mL 乙醇，将烧杯放在水浴中加热至沸腾并搅拌。随着反应的进行，反应液的颜色变深。当变为深蓝色时，将溶液进行过滤，并将滤液倒入烧杯中。

② 在滤液中加入 8mL 乙酰丙酮。用 13g 无水碳酸钠溶于 80mL 蒸馏水的溶液来中和上述溶液（注：要在搅拌下缓慢加入碳酸钠溶液，以避免发生过多的泡沫），使溶液 pH 值在 6 左右。

③ 将沉淀物在砂芯漏斗上过滤，抽干。用三氯甲烷重结晶，在真空干燥器中干燥产品，最后称量，并计算产率。

方法二：

① 将 2.5g V_2O_5 加入到 150mL 干燥的圆底烧瓶中，再加入 50mL 乙酰丙酮。

② 接上冷凝管，使混合物缓慢回流 1h，待 V_2O_5 的黄色颗粒消失为止。

③ 趁热过滤，滤液冷却后即析出蓝色晶体，过滤产物。

④ 在乙酰丙酮（或丙酮）中重结晶，得纯的 $VO(acac)_2$ 配合物，称量，计算产率。

2. 测定配合物的电子光谱

溶剂：丙酮，浓度 0.02mol/L。

3. 测定 $VO(acac)_2$ 配合物的 ESR 谱

(1) ESR 测定样品的制备　用洗净的玻管拉制成长 6～8cm，直径 1mm 左右的毛细管，并将一端封口。将 $VO(acac)_2$ 的甲苯饱和溶液吸入到上述测定用的毛细管中（高 4～6cm），并将另一端封口（注：溶液内不能留有气泡）。

(2) $VO(acac)_2$ 配合物的 ESR 谱测定　测量条件为：

磁场	3360Gs❶±500Gs	微波功率	0.2～4mW
扫场时间	4min	微波频率	9.4～9.5GHz
调制频率	100kHz	调制宽度	1.25Gs

五、实验结果和处理

1. 所得样品实际产量：________g；理论产量：________g；产率：________%。

2. 紫外光谱分析结果

根据电子光谱吸收曲线，对吸收峰进行归属。

3. ESR 谱的测试条件

微波频率：____________；Mn^{2+}标 g 值：____________；

中心磁场强度：________；扫场宽度：____________。

4. ESR 谱参数

Mn^{2+}标准磁场强度：________；试样磁场强度：____________；

试样谱峰宽度：________。

5. $VO(acac)_2$ 配合物的 g 值和 A 值计算

① 按共振频率计算：

$$g=h\nu/(\beta H)$$

② 按标样对照法计算：

$$g=g_s/(1-\Delta H/H)$$

③ 根据峰总宽度和峰数计算平均耦合常数。

④ 根据所测 ESR 谱图得到的 g 值和 A 值，分析 VO^{2+} 的未成对电子与核的耦合情况。

六、思考题

1. 配合物的电子光谱有哪些类型？如何区别？

2. 从 ESR 谱计算的 g 值和 A 值，讨论与配合物结构的关系。

七、参考文献

[1] 浙江大学化学系组编．杜志强主编．综合化学实验．北京：科学出版社，2005：82.

[2] 王伯康主编．综合化学实验．南京：南京大学出版社，2000，57.

[3] 谢明进等．有机羧酸氧钒配合物的合成及其抗糖尿病活性．中国药物化学杂志，2001，11（3）：134.

[4] 孙瑞卿等．三种不同的钒氧簇合物的合成和光谱研究．光谱学与光谱分析，2006，26（2）：282.

实验 8　无水四碘化锡的制备和性质

一、实验目的

1. 了解无水四碘化锡的性质。

2. 掌握无水四碘化锡的制备原理和方法，学习非水溶剂制备的方法。

二、实验原理

四碘化锡是橙红色针状晶体，相对密度 4.50(299K)，熔点 416.6℃，沸点 637K，约 453K 开始升华，遇水即发生水解，在空气中也会缓慢水解，所以必须贮存在干燥容器中。

四碘化锡易溶于四氯化碳、三氯甲烷和二硫化碳等溶剂，在石油醚中溶解度较小，含有

❶ $1Gs=10^{-4}T$。

四碘化锡的丙酮溶液与碱金属碘化物作用生成 $M_2[SnI_6]$ 黑色晶状化合物。

根据四碘化锡的特性，可知它不能在水中制备，除采用碘蒸气与金属锡的气-固直接合成方法外，一般可在非水溶剂中制备。溶剂可以选择二硫化碳、四氯化碳、三氯甲烷、苯、冰乙酸和乙酸酐体系、石油醚等。本实验选用金属锡和碘在非水溶剂冰乙酸和乙酸酐体系中直接合成法制备无水四碘化锡：

$$Sn + 2I_2 \xrightarrow[\text{乙酸酐}]{\text{无水乙酸}} SnI_4$$

用冰乙酸和乙酸酐溶剂比用二硫化碳、四氯化碳、三氯甲烷、苯等非水溶剂的毒性小，产物不会水解，可以得到较纯的晶状产品。

三、仪器和试剂

1. 仪器

托盘天平、圆底烧瓶、冷凝管、温度计、干燥管、试管、小烧杯、提勒管、布氏漏斗、抽滤瓶、熔点管。

2. 试剂

锡箔、碘、无水乙酸、乙酸酐、三氯甲烷（甘油或石蜡油）、无水氯化钙、$AgNO_3$ 溶液（0.1mol/L）、$Pb(NO_3)_2$ 溶液（0.1mol/L）、H_2SO_4（稀）、NaOH（稀）、饱和 KI 溶液。

四、实验步骤

1. 四碘化锡的制备

称取 0.5g 锡箔（剪成碎片）和 2.2g 碘，置于干燥清洁的 100～150mL 圆底烧瓶中，再加入 25mL 无水乙酸和 25mL 乙酸酐，加入少量沸石，以防暴沸。安装好冷凝管和干燥管（注：要防止无水乙酸和乙酸酐的刺激性气味逸出，刺激眼睛和皮肤），空气浴加热使混合物沸腾，保持回流状态 1～1.5h，直至烧瓶中无紫色蒸气，溶液颜色由紫红色变为深橙红色时，停止加热，冷却混合物，可见到橙红色针状四碘化锡晶体析出，迅速抽滤。

将晶体放在小烧杯中，加入 20～30mL 三氯甲烷，温水浴溶解，迅速抽滤，除去杂质。滤液倒入蒸发皿，在通风橱内不断搅拌滤液直至三氯甲烷全部挥发，得到橙红色晶体，称量，计算产率。

2. 四碘化锡熔点的测定

① 把研细的四碘化锡粉末在表面皿上堆成小堆，将熔点管的开口端插入试样中装料，然后，把熔点管竖起，在桌面顿几下，然后通过长约 40cm 的玻璃管进行自由落体运动数次，至试样紧密堆积为止，试样高度为 2～3mm。

② 将提勒管夹在铁架台上，倒入甘油，甘油液面高出侧管 0.5cm 左右，提勒管口配一缺口单孔软皮塞，用于固定水银温度计。将装好的熔点管借少量甘油粘在温度计旁，将熔点管中的试样处于温度计的中间，温度计插入提勒管的深度以水银球的中点恰在提勒管两侧管口连线的中点为准。

③ 加热提勒管弯曲支管的底部，每分钟升温 4～5℃，直到试样熔化，记下温度计的读数，得到一个近似熔点，然后将浴液冷却下来，换一根新的熔点管（注：每一根装试样的熔点管只能用一次），进行第二次测定。

④ 第二次测定时，在熔点 20℃以下时加热可以加快些，但接近熔点时，调节火焰，使温度每分钟约升高 1℃，注意观察熔点管中的试样变化，熔点管中刚有微细液滴出现为初

熔，全部变为液体为全熔，分别记录初熔和全熔时的温度，即为试样在实际测定中的熔点范围。

3. 四碘化锡的某些性质实验

① 取少量四碘化锡固体于试管中，再向试管中加入少量蒸馏水，观察现象，写出反应式，其溶液及沉淀留作下面实验用。

② 取四碘化锡水解后的溶液，分盛两支试管中，一支滴加 $AgNO_3$ 溶液，另一支滴加 $Pb(NO_3)_2$ 溶液，观察现象，写出反应式。

③ 取①中沉淀分盛两支试管中，分别滴加稀酸、稀碱，观察现象，写出反应式。

④ 制备少量四碘化锡的丙酮溶液并分成两份，分别滴加 H_2O 和饱和 KI 溶液，观察现象。

五、实验结果和处理

1. 四碘化锡的制备的实验现象记录

实际产量：__________ g；产率：__________%。

2. 四碘化锡熔点的测定

粗测：______℃。

测定：______℃，______℃，______℃。

熔点约为______℃。

若熔点测定值与理论值相近，说明制得的晶体纯度较高。

3. 四碘化锡的某些性质的实验现象记录

(1)

(2)

(3)

(4)

六、思考题

1. 在制备无水四碘化锡时，所用仪器都必须干燥，为什么？

2. 若制备反应完毕，锡已经完全反应，但体系中还有少量碘，用什么方法除去？

3. 在本实验中使用乙酸和乙酸酐有什么作用？

七、参考文献

[1] 北京师范大学无机化学教研室等编. 无机化学实验. 第3版. 北京：高等教育出版社，2001：214.
[2] 钟山主编. 中级无机化学实验. 北京：高等教育出版社，2003：1.
[3] 华东化工学院无机化学教研组. 无机化学实验. 第3版. 北京：高等教育出版社，1990：122.
[4] 中山大学等校编. 无机化学实验. 第3版. 北京：高等教育出版社，1992：107.

实验9 化学镀镍磷合金镀层的制备及镀层性能测定

一、实验目的

1. 了解化学镀镍合金的发展状况及应用前景。

2. 了解化学镀镍磷合金镀层的性能。

3. 掌握化学镀镍磷合金在制备过程中的一般工艺流程及操作。

二、实验原理

1. 工艺流程

脱脂 → 水洗 → 酸洗 → 水洗 → 化学镀 → 干燥 → 成品

2. 脱脂

在镀件表面常附有一层油污，它的主要成分是植物油、动物油、矿物油等，在化学镀之前必须除掉，否则会影响镀层的质量和结合力。利用碱性条件下的皂化和乳化原理将它们除掉。

3. 酸洗

金属在加工和贮存过程中，为了防腐常常用一层薄薄的保护膜保护，常见的保护膜有氧化膜、磷化膜、氧化铁皮（四氧化三铁）、复合膜等；另外金属在运输和贮存过程中常常生锈，在化学镀之前必须除掉，否则会影响镀层的质量和结合力。利用混酸溶液进行浸泡，经过化学反应和物理过程，将它们溶解和剥离，获得洁净的表面。

4. 沉积原理

化学镀镍磷合金的沉积过程，是依靠金属表面自催化进行的氧化还原反应进行的。常见的还原剂有次亚磷酸钠、硼氢化合物等。该过程的反应机理比较复杂，常见的有 1946 年 Brenner 和 Riddel 析氢机理、1959 年 W. Machu 的电子还原机理、1964 年 Hersch 的正负氢离子机理、1968 年的 Cavallocei-Salvage 机理和 1981 年 Van den Meerakker 的统一机理。比较公认的统一反应机理为：

脱氢　$$H_2PO_2^- \longrightarrow HPO_2^- + H$$

氧化　$$HPO_2^- + OH^- \longrightarrow H_2PO_3^- + e^-$$

再结合　$$H + H \longrightarrow H_2$$

氧化　$$H + OH^- \longrightarrow H_2O + e^-$$

金属析出　$$Ni^{2+} + 2e^- \longrightarrow Ni$$

析氢　$$2H_2O + 2e^- \longrightarrow H_2 + 2OH^-$$

磷析出　$$mNiL_2^{2+} + H_2PO_2^- + (2m+1)e^- \longrightarrow Ni_mP + 2mL + 2OH^-$$

5. 影响因素

在化学镀镍镀液中，一般含有二价镍盐、还原剂、配合剂、添加剂等。在施镀过程中，镀液的组成成分、酸度、温度及镀件表面的状况等，对沉积速度及镀层质量等都有较大的影响。影响趋势如图 1～图 3 所示。

三、仪器和试剂

1. 仪器

扫描电镜及能谱仪	1 台	滤纸	2 张
电化学测量系统	1 台	秒表	1 块
分析天平	1 台	台秤	1 台
恒温水浴	1 台	干燥箱	1 台
烧杯(200mL)	4 只	烟雾箱	1 台
量筒(100mL)	1 只	温度计(100℃)	2 支
砂纸(180～360 号)	1 张	冷轧铁片(20mm×40mm×0.5mm)	10 片

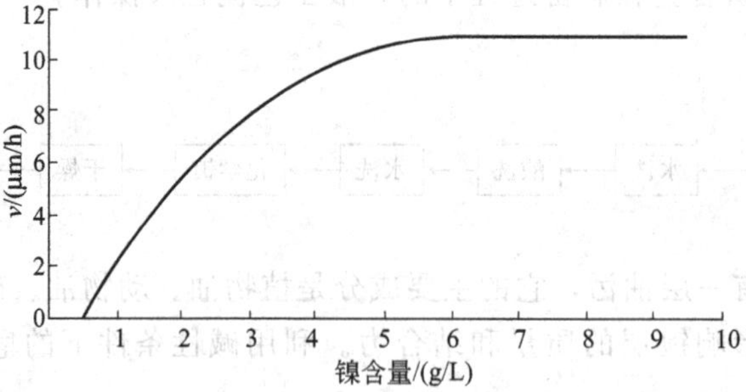

图 1　镍含量对沉积速度的影响

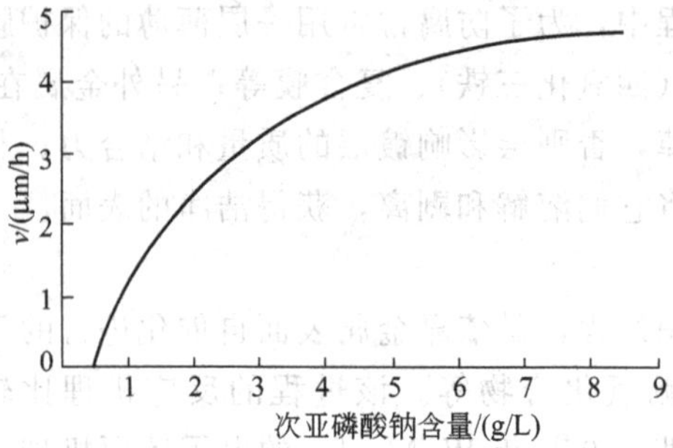

图 2　次亚磷酸钠对沉积速度的影响

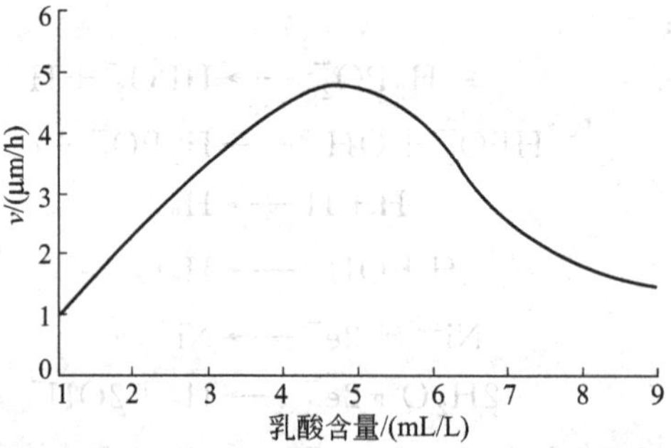

图 3　乳酸对沉积速度的影响

细铁丝	50cm
精密 pH 试纸(3.8～5.4)	1 本

2. 试剂

氢氧化钠	C. P.	碳酸钠	C. P.
偏磷酸钠	C. P.	乳化剂(OP-10)	C. P.
十二烷基硫酸钠	C. P.	硫酸	C. P.
磷酸	C. P.	盐酸	C. P.
硫酸镍	C. P.	次亚磷酸钠	C. P.
乳酸	C. P.	乙酸钠	C. P.
苹果酸	C. P.	琥珀酸	C. P.
氯化钠	C. P.	铁氰化钾	C. P.
硝酸	C. P.	乙酸	C. P.

四、实验步骤

1. 化学镀镍磷合金镀层的制备

（1）前处理工艺配方

① 脱脂液：氢氧化钠 10g/L、碳酸钠 15g/L、偏磷酸钠 5g/L、乳化剂（OP-10）3g/L、十二烷基硫酸钠 1g/L，温度为 40～60℃，浸泡时间为 5～15min。

② 酸洗液：硫酸 10mL/L、磷酸 5mL/L、盐酸 500mL/L、乳化剂（OP-10）0.2g/L，常温浸泡 5～10min。

（2）化学镀工艺配方　化学镀液：六水硫酸镍 35g/L、次亚磷酸钠 40g/L、乳酸 20mL/L、乙酸钠 10g/L、苹果酸 2g/L、琥珀酸 1g/L，pH 值为 4.5～5.5，温度 80～85℃，时间 10～15min。

（3）操作步骤　按上述配方分别配制 200mL 溶液，根据工艺流程进行操作。

首先将镀片进行脱脂处理，取出后用清水冲洗 2～3 次，当镀片表面呈均匀水膜后即可；再将镀片放入酸洗液中进行处理，当镀片表面形成均匀的色泽后，取出后用清水冲洗 2～3 次即可（如果镀片表面水膜不均匀，需要重新进行脱脂、酸洗）。将处理好的镀片立即吊挂入化学镀镍磷合金液中，镀片下端距离容器底部为 1～1.5cm 处，镀片上部在液面以下 1～1.5cm 处，镀好后立即取出用清水冲洗干净，沥去大量水珠后，再用滤纸吸干即可。再用同样的方法，制得镀片后放在干燥箱内，保温处理 2h 备用。

2. 化学镀镍磷合金镀层性能测定

（1）镀层表面形貌和成分测定　用扫描电镜测定镀层形貌，用电子能谱仪测定镀层镍磷含量。

（2）镀层失重量的测定　将上述两种试片，分别在室温下，放入含量为 10％的氢氧化钠、氯化钠、盐酸、硫酸、乙酸的水溶液中浸泡，2h 后用称量法测定失重量。

（3）镀层耐变色时间的测定　将镀层放入浓硝酸中浸泡，每隔 10 s 检查镀层是否变色，记录镀层出现第一个变色点的浸泡时间。

（4）镀层孔隙率的测定

① 配制孔隙率检测液，铁氰化钾 10g/L，氯化钠 20g/L。

② 测试，将滤纸浸到测试液中，湿润后贴在干净的镀层表面上，5min 后取下滤纸，检查滤纸单位面积上的蓝色斑点数。

（5）镀层极化曲线的测定　在 5％的氯化钠溶液中，分别测定两种镀片的阳极极化曲线。

五、实验结果和处理

实验结果填入下面两个表中。

镀层性能测定

表面形貌	磷含量/％	镍含量/％	镀层孔隙率	硝酸变色/s

镀层失重量测定　　单位：$g/(m^2 \cdot d)$

氢氧化钠	氯化钠	盐酸	硫酸	乙酸

六、思考题

1. 在操作过程中，用手触摸试片的表面、接触有机物或接触难溶于水的油类物质，对镀层会有什么影响？

2. 洗涤过程要充分，如果每道工序之间间隔时间太长，会出现什么不良现象？

3. 在进行施镀时，为什么镀片不能靠底、靠边或靠近上层液面？

七、参考文献

[1] 李宁，屠振密编. 化学镀实用技术. 北京：化学工业出版社，2004.

[2] 张丕俭等. 低温快速化学镀镍工艺的研究. 电镀与环保，2005，25（2）：24.

[3] Miller R E. Trends in the electroless nickel industry. Plating & Surface Finishing，1987，74（12）：52.

八、附注

化学镀简介：化学镀（electroless plating）是以次亚磷酸盐为还原剂，通过自催化的氧化还原反应，使金属离子沉积在基体表面的工艺，也叫无电解镀和自催化镀。早在1845年Wartz和1916年Roux都从事过化学镀镍的有关实验，但没有成功。其真正的应用是在100多年以后，由美国科学家A. Brenner和G. Riddel于1949年在进行电镀镍的实验时，发现了次亚磷酸钠和镍的自催化现象，后来在实验室成功地实现了化学镀镍。从此化学镀镍开始被世界各国科技工作者所认识，并进行了深入的研究。由于工艺本身的特殊优点和镀层厚度均匀，有较高的硬度、较好的耐磨性、耐蚀性、导电性等优良特性，在航天、航空、石油、化工、机械、电子工业、计算机、信息、印刷、汽车、食品、模具、纺织、医疗等领域得到广泛的应用。

在20世纪80年代，化学镀镍在世界范围内进入鼎盛时期，化学镀镍技术有了很大突破，初步解决了镀液寿命、稳定性、沉积速度、配合剂、光亮剂、镀层质量以及镀覆成本等一些问题。据统计，20世纪80年代中期化学镀的年产量为1500 t，其中美国占40%，远东地区占20%，其余为南非和南美洲。在我国，化学镀领域研究起步较晚，自20世纪90年代化学镀才开始进入快速发展的时期，在短短的十几年中，不仅很快从科研走向产业化，而且在生产规模、产品质量、化学镀液商品化、经济效益等方面，都在快速缩短与其他先进国家的差距。到今天我国化学镀技术，无论是在装饰镀、代替硬铬的耐蚀抗磨镀以及功能镀层等方面，都已在国际化学镀领域占有了一席之地。

实验10　固相室温模板法制备类分子筛材料磷酸镉及其吸附性能研究

一、实验目的

1. 通过类分子筛材料磷酸镉的制备掌握固相室温模板合成中的基本操作技术。

2. 通过配位聚合物磷酸镉吸附重金属离子Pb（Ⅱ）来研究其吸附性能。

二、实验原理

近些年来，新型微孔材料因其结构的多样性以及在分离吸附、离子交换和催化等领域内潜在的应用前景而受到广泛的关注。1982年U. C. C. 公司的科学家S. T. Wilson和E. M. Flanigen等成功合成开发出在多孔物质发展史上堪称为一个重要里程碑的全新分子筛家族——磷酸铝分子筛$AlPO_4$-n，并在此基础之上发展了大量具有微孔结构的过渡金属与主族元素的磷酸盐。具有开放骨架结构的磷酸金属盐的晶体化学内容非常丰富，一般多采用水热方法合成得到具有新型结构和组成的磷酸盐单晶，解析其晶体结构。但是对这类微孔材料形貌控制研究方面的报道则相对较少，而颗粒形貌和物性之间存在密切的关系，会对诸如粉体的比表面积、流动性、填充性以及化学活性等性质产生很大影响。

本实验借助模板剂 DABCO［$N(C_2H_4)_3N$］，使用简单的室温固相法合成制备新颖的、具有规则矩形片状形貌的磷酸镉铵（NH_4)$CdPO_4 \cdot H_2O$。

图 1　磷酸镉的透射电镜图

这种室温固相合成方法相对于常用的水热/溶剂热法和高温固相法而言，不仅操作简单，没有溶剂污染，而且具有安全、成本低、能耗小和产率高等优点，该实验方法提供了合成特殊形貌磷酸盐微孔材料的一种简单方法。

类分子筛材料磷酸镉（图 1）对于含有重金属离子的工业废水有吸附作用，尤其是对 Pb(Ⅱ) 离子的吸附具有吸附量大和吸附时间短的特点。在 1h 内可以达到饱和吸附；在 278 K 和溶液起始浓度为 $1.68\times10^3 \mu g/mL$ 的条件下，其吸附量为 5.50mmol/g，并且通过吸附热力学研究发现 Langmuir 方程与实验数据相吻合。

三、仪器和试剂

1. 仪器

离心机	1 台	研钵	3 只
X 射线衍射仪	1 台	JEOL JEM-1230 透射电镜	1 台
GBC-932 原子吸收光谱仪	1 台	红外光谱仪	1 台
气浴振荡器	1 台		

2. 试剂

氯化镉	A. R.	磷酸铵	A. R.
DABCO	A. R.	硝酸铅	A. R.
乙醇	A. R.		

四、实验步骤

1. 样品的合成

将 1.37g 的 $CdCl_2 \cdot 2.5H_2O$、1.32g 的 $DABCO \cdot 6H_2O$ 和 0.81g 的 $(NH_4)_3PO_4 \cdot 3H_2O$ 在室温下分别用研钵研磨 10min，然后将研磨好的氯化镉和 DABCO 混合后再研磨 10min。最后加入研磨好的磷酸铵一并研磨 30min，在此过程中固体混合物先变成黏稠的胶状物，后又逐渐固化。将产品用蒸馏水进行离心洗涤，在室温下放至自然干燥，即得到样品，称量，并计算产率。

2. 样品的表征

其物相结构（XRD）由日本 Rigaku MAX-2500VPC 型 X 射线衍射仪测定，铜靶（λ=0.154056nm）；样品的红外光谱（KBr 压片）使用 Magna-IR 550（Series Ⅱ）Fourier transform 光谱仪测定；样品的形貌（TEM）采用 JEOL JEM-1230 透射电镜观测。

3. 样品的吸附 Pb(Ⅱ) 金属离子性能研究

取 20mg 所合成的磷酸镉放入 20mL 含 Pb(Ⅱ) 离子的溶液中，在 278 K、288 K 和 298K 温度下振荡不同的时间。离心分离后取清液用原子吸收光谱仪测定 Pb(Ⅱ) 离子的浓度，通过公式计算吸附量：

$$Q(\text{mmol/g})=(c_0-c)\cdot V/W \tag{1}$$

式中，c_0 和 c 分别是吸附前和吸附后的 Pb(Ⅱ) 离子的浓度，mmol/L；V 是吸附溶液的体积，L；W 是所用吸附剂磷酸镉的质量，g。

Langmuir 方程为：

$$c/Q=1/(bQ_0)+c/Q_0 \tag{2}$$

式中，Q 是吸附量，mmol/g；c 是 Pb(Ⅱ) 离子的平衡浓度，mmol/mL；Q_0 是饱和吸附量，mmol/g；b 是经验参数。

五、实验结果和处理

1. 样品的制备

产量：__________ g；理论产量：__________ g；产率：__________%。

2. 样品的表征

(1) 红外光谱数据记录

波数/cm^{-1}	谱峰特征	谱峰归属

(2) XRD 图谱数据记录及分析

2θ	衍射峰相对强度	晶面指数

与标准图谱（JCPDS No. 33-0048）进行比对，检查二者是否相一致。

(3) 取少量样品加入无水乙醇，用超声波清洗器超声处理 20min。通过透射电镜观测样品的形貌和尺寸：____。

3. 吸附金属 Pb(Ⅱ) 离子的性能研究

(1) 吸附金属 Pb(Ⅱ) 离子的吸附动力学实验数据记录

$T=278K, 288K, 298K$

吸附时间 t/min	吸附前溶液浓度/($\mu g/mL$)	吸附后溶液浓度/($\mu g/mL$)	吸附剂用量/g	Q/(mmol/g)
2				
10				
30				
60				
120				
180				

作出不同温度下吸附量 Q-t 的图形。

(2) 吸附金属 Pb(Ⅱ) 离子的吸附热力学实验数据记录

$T=278K, 288K, 298K$

吸附前溶液浓度/($\mu g/mL$)	达吸附平衡后溶液浓度/(g/mL)	达吸附平衡后溶液浓度 C_e/(mmol/L)	吸附剂用量/g	Q/(mmol/g)	C_e/Q

作出不同温度下 C_e/Q-C 的图形。

六、思考题

1. 在磷酸镉的室温固相合成中，模板剂如何起到控制形貌的作用？
2. 对 Pb(Ⅱ) 离子吸附性能的研究除了使用原子吸收法之外，还可使用什么方法？

七、参考文献

[1] Lin Z E, Zhang J, Zheng S T, et al. Hydrothermal Synthesis and Characterization of a New Inorganic-Organic Hybrid Cadmium Phosphate Cd(phen)(H_2PO_4)$_2$ · H_2O. Solid State Science, 2005, 7: 319.

[2] Yin P, Hu Y, Sun Y, et al. Solid-state Synthesis of Amorphous Iron(Ⅲ) Phosphate at Room Temperature and Its Absorption Properties for Hg(Ⅱ) and Ag(Ⅰ) Ions. Mater Lett, 2007, 61: 3755.

[3] 殷平等，特殊形貌磷酸镉铵的室温固相合成. 化学工程，2007，35 (7)：53.

实验 11　氧化铝粉末的压缩成型

一、实验目的

1. 通过氧化铝粉末的压缩成型掌握粉末原料成型的基本过程。
2. 了解影响成型的一些基本因素。

二、实验原理

成型是一门古老而又是近代的新颖技术，早在窑业制作陶瓷的时代就已采用成型工艺。随着生产和科学技术的发展，成型工艺已渗入许多重要行业，如建筑材料、耐火材料、医药、橡胶、塑料加工、电瓷、催化剂等工业。

化学工业的发展很大程度上依赖于催化剂的开发。催化剂通过成型加工，就能根据催化反应及反应装置要求，提供适宜形状、大小和机械强度的颗粒催化剂，并使催化剂充分发挥其所具有的活性和选择性，延长催化剂使用寿命。

成型有多种方法，主要包括压缩成型法、挤出成型法、转动成型法、喷雾成型法等，其中压缩成型法是工业上应用较早而又普遍应用的成型方法之一。与其他催化剂成型法相比较，压缩成型法有以下特点：

① 成型产物粒径一致，质量均匀；

② 可以获得堆积密度较高的产品，催化剂强度好；

③ 催化剂或载体粒子的表面较光滑；

④ 可以采用干粉成型，或添加少量黏合剂成型，因此可省去或减少干燥动力消耗，并避免催化剂成分蒸发损失。

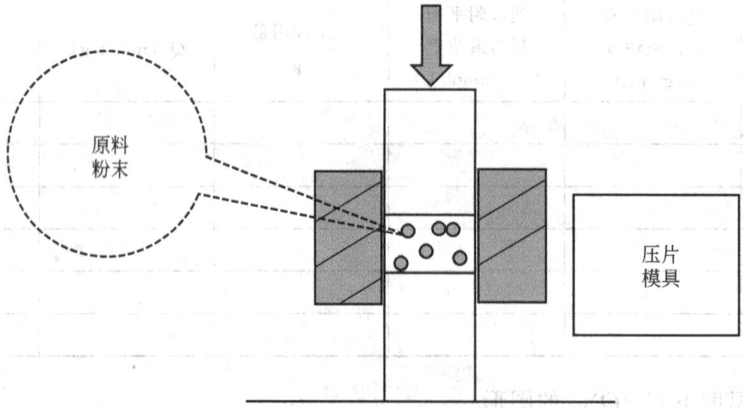

图 1　压片成型过程

压片成型过程如图 1 所示。在压缩成型过程中，粉体的空隙减少、颗粒发生变形，颗粒之间接触面展开，粉体致密化而使颗粒间黏附力增强。其过程包括填充阶段、增稠阶段、压紧阶段、变形或损坏阶段和出片阶段五个阶段。影响压缩成型的因素如下。

(1) 粉体的压缩性　填充在冲模上的粉体用冲头进行压缩时，开始时，粉体的空隙率随压力增加而显著减小。以后减少幅度逐渐减慢，至最后阶段，即使仍施加压力，空隙率也很少减小。最终成型产品的密度与粉体真密度相接近。

(2) 粉体的粒度分布　充填粉体进行成型时，颗粒间的间隙越小，越能获得理想的成型物。通常，为了获得满意的催化剂成型物，对粉体原料要选择一定的粒度分布。而粉体的最大极限粒径取决于成型产品的大小，成型片小时，最大极限粒径也小。

(3) 成型助剂　压缩成型一般在较高压力下进行，为了避免成型物产生层裂、锥状裂纹、缺角或边缘缺损等现象，一般在成型原料中加入少量非金属黏合剂。这些黏合剂对催化剂无害，使用时稳定，或在高温灼烧时能自行挥发掉。

通常，黏合剂用量大时，成型物的强度高。但成型压力高时，黏合剂用量可少些。水是最常用的黏合剂。

润滑剂也是催化剂压缩成型时最常用的助剂。压缩成型时，摩擦起着决定性的作用，加入润滑剂后，由于摩擦系数减小，使粉体层压力传递率增大，同时使脱模推出力减小。

三、仪器和试剂

1. 仪器

TDP-1.5 小型压片机	1 台	量筒	1 个
电子天平	1 台	250mL 烧杯	1 个
游标卡尺	1 个		

2. 试剂

氧化铝粉末和石墨均为工业品　　　　蒸馏水自制

四、实验步骤

1. 称取 50 g 氧化铝样品于烧杯中，往其中加入 10mL 水和 1g 石墨，搅拌混合均匀。

2. 将混合好的物料放入压片机的料斗中，选用 5mm×5mm 的模具，开启压片机。通过调整转速进行压片。

3. 对获得的每个片用游标卡尺测量其内径和高度。

五、实验结果和处理

实验数据记录如下。

样品号	1	2	3	4	5	6	7	8	9	10	平均值
内径/mm											
高度/mm											

六、思考题

1. 影响压片成型效果的因素主要有哪些？

2. 石墨在成型时起什么作用？

七、参考文献

[1] 朱洪发．催化剂成型．北京：中国石化出版社，1992：1.

[2] 高正中．实用催化．北京：化学工业出版社，1996：195.

实验 12　成型样品的抗压碎强度测试

一、实验目的

掌握成型样品抗压碎强度的测试方法。

二、实验原理

一种成功的催化剂，除具有足够的活性、选择性和耐热稳定性之外，还必须具有足够的与寿命有关的机械强度。因此，成品催化剂往往需要进行机械强度测定。

对被测催化剂均匀施加压力直至颗粒碎片被压碎为止前所能承受的最大压力或负荷，称为抗压（碎）强度，或称压碎强度，一般多采用单颗压碎试验法，适合的测定对象主要是条状、片状、球形等成型颗粒。

将代表性的单颗催化剂以正向（轴向）或侧向（径向）或任意方向（球形颗粒）放置在两平直表面间使其经受压缩负荷，测量粒片被压碎时所加的外力作为强度值，球形颗粒以

N/粒表示，柱状或片状表示为：

正向（轴向）N/cm^2

侧向（径向）N/cm^2

测试时应注意以下几点：

① 取样必须在形状和粒度两方面具有大样代表性。

② 样品须在400℃预处理3h以上，处理后在干燥器中冷却，然后立即测定，并且控制各次平行实验尽量一致，否则，在外界空气中暴露时间过长，会因吸湿造成测定结果出现较大的波动。

③ 要求加压恒定，并且大小适宜。

三、仪器和试剂

1. 仪器

GCS抗压强度测试仪　　1台

马弗炉　　1台

2. 试剂

球形、片状、条状氧化铝颗粒

游标卡尺(精度为0.1mm)　　1个

四、实验步骤

取50～100g氧化铝样品，400℃烘箱中预热2h，干燥器中冷却后取20～50g颗粒，将单粒样品放在GCS抗压强度测试仪的托盘上，样品在压头和托盘之间受压。经压力传感器(量程0～20daN[❶]，注：量程可变，厂家出售过0～100daN的)测定样品破碎时的压力值。然后将被测的样品用标准筛过筛称重并计算结果。

对球状催化剂颗粒，结果以daN，即力值显示。对柱状/片状催化剂，如果负载沿母线方向施加，则结果以daN/mm表示。在一般情况下，只给出样品颗粒的平均值、最大值和最小值。

① 球状样品按下式计算结果：

$$抗压碎强度平均值\ X=\sum N/n$$

式中，$\sum N$ 为 N 次测定压力值的和；n 为催化剂颗粒数目。

② 柱状和片状催化剂样品用精度为0.1mm的游标卡尺测量催化剂颗粒长度。每粒催化剂的破碎强度被其长度除所得值即为催化剂的抗压碎强度。

$$单颗粒抗压碎强度(N/mm)GCS=N_i/L_i$$

$$平均抗压碎强度=(\sum N_i/L_i)/n$$

式中，N_i 为单粒抗压碎强度；$\sum N_i$ 为抗压碎强度；L_i 为颗粒长度；n 为催化剂颗粒数目。

五、实验结果和处理

实验数据记录如下。

样品	球状					片状					条状				
	1	2	3	4	5	1	2	3	4	5	1	2	3	4	5
强度/N															

❶ 1daN=10N。

六、思考题

不同形状的成型样品强度的表示方法有什么不同?

七、参考文献

[1] 黄仲涛. 工业催化. 北京：化学工业出版社，1994：141.
[2] 高正中. 实用催化. 北京：化学工业出版社，1996：257.

实验 13　富勒醇的制备及表征

一、实验目的

1. 通过富勒醇的制备掌握合成中的一些基本操作技术。

2. 通过对富勒醇的表征了解并掌握常用的化合物表征手段。

二、实验原理

H. W. Kroto 于 1985 年发现了碳的第三种同素异形体 C_{60} 及其家族——富勒烯［图 1(a)］。1996 年诺贝尔化学奖授予发现 C_{60} 的三位科学家：R. F. Curl、H. W. Kroto 和 R. E. Swalley。$C_{60}(OH)_n$［图 1(b)］是 C_{60} 的多羟基化合物，又称富勒醇（Fullerols），因分子中含有多个羟基而易溶于水。目前人们已发现 $C_{60}(OH)_n$ 不仅在生物、医药及高分子材料等方面有许多应用前景，而且 $C_{60}(OH)_n$ 的水溶液在化学及电化学等理论研究方面具有重要意义。正因为如此，人们利用各种不同的方法合成出各种不同的 $C_{60}(OH)_n$。富勒醇分子结构上仍保留着一半的共轭双键（约 10～15 个 π 电子组成的共轭体系），与其母体 C_{60} 分子相比大大降低了它的生物毒性，而分子结构上共存有适中电子亲和性基团和烯丙基羟基结构，该特点可使其在生物体系中用作自由基清除剂和水溶性抗氧化剂。现已发现富勒醇不但能有效降低病患者血液中的自由基浓度，还可以抑制畸形及患病细胞的生长。

从 C_{60} 合成 $C_{60}(OH)_n$，认为在 $C_{60}(OH)_n$ 的形成过程中存在羟基化富勒烯环氧化物［$C_{60}(OH)_xO_y$］这种中间产物，本实验通过富勒醇的制备和表征，了解其形成机理，掌握常见表征手段的使用。

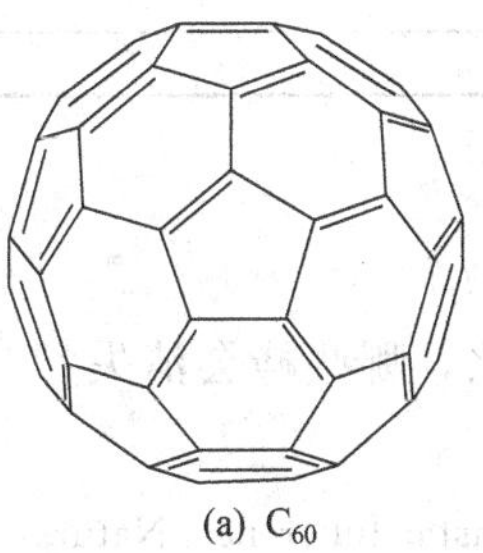

(a) C_{60}

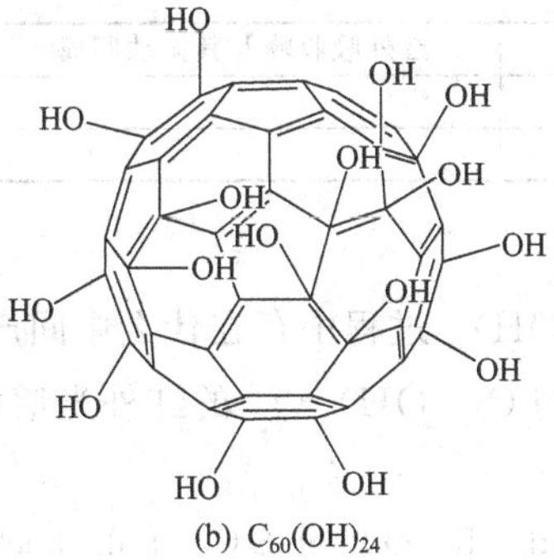

(b) $C_{60}(OH)_{24}$

图 1　C_{60} 和富勒醇 $C_{60}(OH)_{24}$ 的结构

三、仪器和试剂

1. 仪器

精密天平	1 台	精密数显酸度计	1 台
分液漏斗	1 只	离心机	1 台
傅里叶变换红外光谱仪	1 台	核磁共振仪	1 台

基体辅助激光解吸电离型时间飞行质谱仪（MALD I-TO F-M S） 1台

2. 试剂

C_{60}	纯度>99.5%	苯	A. R.
甲醇	A. R.	氢氧化钠	A. R.
30%过氧化氢	A. R.	10%四丁基氢氧化铵(TBAH)	A. R.
二次蒸馏水			

四、实验步骤

1. 富勒醇的制备

在100mL含C_{60}饱和苯溶液中，加入2mL 4mol/L的NaOH，并用1.5mL 10%的四丁基氢氧化铵作为相转移催化剂，在加热下加入10mL 30%的H_2O_2，继续加热回流，直至苯溶液由紫色变为无色，同时水溶液由无色变为棕黄色，用分液漏斗将有机相与水相分开，得到棕黄色$C_{60}(OH)_xO_y$溶液，用甲醇使$C_{60}(OH)_xO_y$沉淀，加水使沉淀溶解，再加入甲醇沉淀，离心去掉甲醇，反复几次，直至甲醇溶液的pH≤8，用甲醇沉淀并在50 ℃下真空干燥，得到棕黄色固体$C_{60}(OH)_xO_y$。将干燥得到的固体加水溶解，水解24h后，用甲醇沉淀并干燥得到棕黑色固体$C_{60}(OH)_x$。

2. 富勒醇的表征

将所得棕黄色固体$C_{60}(OH)_xO_y$和棕黑色固体$C_{60}(OH)_x$分别进行红外光谱、核磁共振和质谱表征，并与文献相比较。$C_{60}(OH)_xO_y$红外吸收峰及其归属：3400cm^{-1}的OH振动峰，1600cm^{-1}附近的C═C伸缩振动峰，1080cm^{-1}附近的C—O伸缩振动峰，1380cm^{-1}附近的OH面内弯曲振动峰，900cm^{-1}的峰归属于环氧乙烷类结构中的C—O伸缩振动峰，987cm^{-1}的峰归属于C_{60}中碳键断裂后的环氧轮烯类结构═C—O伸缩振动峰。$C_{60}(OH)_xO_y$ MALD I-TO F-M S的m/z=664，720，880，1016。$C_{60}(OH)_xO_y$ ^{1}HNMR谱有一个δ=4.5的OH峰。$C_{60}(OH)_x$的文献表征数据请读者查阅相关文献。

五、实验结果和处理

实验数据记录如下。

产　　物	红外吸收峰及其振动归属	^{1}H-核磁共振谱化学位移值	质谱 m/z
$C_{60}(OH)_xO_y$			
$C_{60}(OH)_x$			

六、思考题

1. 在制备$C_{60}(OH)_x$过程中存在什么中间产物？

2. $C_{60}(OH)_x$与$C_{60}(OH)_xO_y$的红外光谱相比，哪些峰会消失？

七、参考文献

[1] Kroto H W，Heath J R，O'Brien S C，et al. Buckminster-fullerene. Nature，1985，318：162.

[2] Li T B，Huang K X，Li X H，et al. Synthesis of $C_{60}(OH)_xO_y$ and Its Hydrolyzation to $C_{60}(OH)_n$. Chem Commun，1999，4：30.

实验14 锂离子电池正极材料$LiCoO_2$的制备和结构表征

一、实验目的

1. 通过实验掌握制备$LiCoO_2$正极材料所使用的固相制备方法。

2. 通过测定 $LiCoO_2$ 材料的 XRD 粉末衍射数据，掌握层状 $LiCoO_2$ 正极材料的结构特征。

二、实验原理

当前，随着科学技术特别是电子科技的快速发展，使得数字化电子仪器日趋小型化、便携化，如手机、笔记本电脑、数码相机、MP3 等与生活息息相关的产品。它们的稳定、有效和长时间持续工作都离不开一个重要组成部分——电源（power）。其中，锂离子电池具有性能稳定、更适合便携、高比能量和环保等诸多优点，在便携电子产品中得到广泛应用。

1990 年，SONY 能源技术公司采用可以使锂离子嵌入和脱出的碳材料作为负极，并采用可以可逆地脱出和嵌入锂离子的 $LiCoO_2$ 作为正极材料，以 $LiPF_6$（EC+DEC）作为电解质，研制出了新一代实用化的锂二次电池（充电电池），同时首次提出了“锂离子电池”这一全新概念。

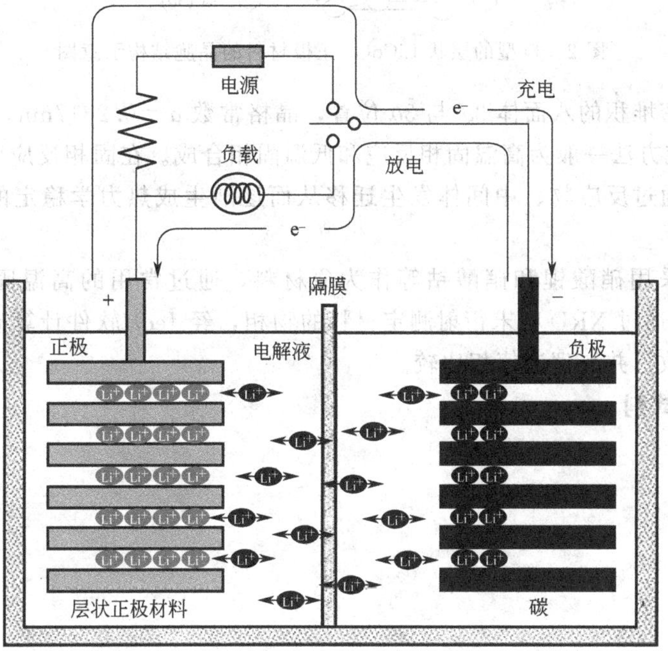

图 1　锂离子电池的工作原理图

电池充放电过程仅仅是通过正、负极材料的拓扑反应（如图 1 所示），即在电池内部，充放电过程中电极材料仅发生锂离子的嵌入和脱出反应，并不产生新相，保持自己的结构不变；当反应逆向进行时，又恢复原状，因此也称为“摇椅式电池”。其充、放电电极反应为：

正极反应　　$LiCoO_2 \Longrightarrow Li_{1-x}CoO_2 + xLi^+ + xe^-$

负极反应　　$6C + xLi^+ + xe^- \Longrightarrow Li_xC_6$

电池的总反应为　　$6C + LiCoO_2 \Longrightarrow Li_{1-x}CoO_2 + Li_xC_6$

因此，正极材料（阴极材料）$LiCoO_2$ 在锂离子电池中扮演了重要角色，它的电势高、嵌锂状态的氧化物或化合物也成为锂离子的“贮存库”，被称为锂离子电池的第一代正极材料。

$LiCoO_2$ 有两种晶体结构：层状结构和尖晶石型结构。常被用作锂离子电池正极材料的氧化钴锂为层状结构（如图 2 所示），属 R3m 空间群，氧原子构成立方密堆积序列，钴和锂

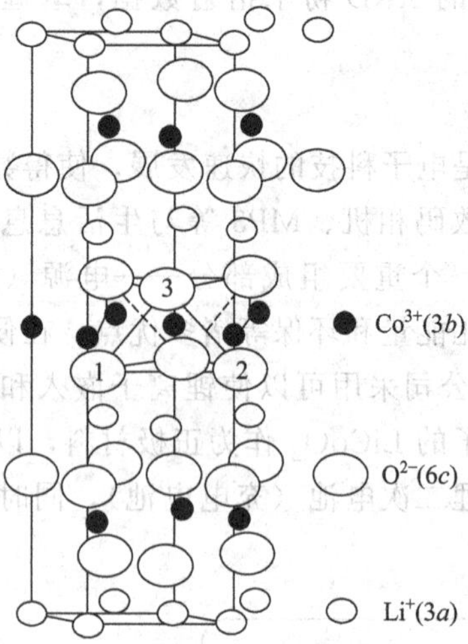

图 2　典型的层状 $LiCoO_2$ 正极材料的晶胞结构示意图

则分别占据立方密堆积的八面体 $3a$ 与 $3b$ 位置，晶格常数 $a=0.2817$nm，$b=1.415$nm。层状 $LiCoO_2$ 的合成方法一般为高温固相反应和低温固相合成。在固相反应中，一定温度下反应离子和原子会通过反应物、中间体发生迁移从而逐渐生成热力学稳定的固相粉体或块体产品。

本实验中拟采用硝酸锂和硝酸钴等作为原材料，通过常用的高温固相反应制备层状 $LiCoO_2$ 粉体，并通过 XRD 粉末衍射测定材料的物相，经 Jeda 软件计算确定所得样品的晶体结构和晶胞常数，并与理论值相比较。

三、仪器和试剂

1. 仪器

玛瑙研钵	1 套
马弗炉	1 台
氧化铝坩埚	1 支

2. 试剂

碳酸锂	A. R.
碳酸钴	A. R.

四、实验步骤

1. 前驱体的制备

按化学计量比 Li/Co=1∶1 称取碳酸锂和碳酸钴加入玛瑙研钵中，不断地研磨混合均匀，最后将研磨所得蓬松的前驱体收集到氧化铝坩埚中，待用。

2. 样品的高温合成

在空气气氛下，将装有前驱体的氧化铝坩埚放入马弗炉并于 500℃下，加热分解 6h，冷却至室温并再次充分研磨；接着将样品于 800℃晶化 12h，自然冷却至室温收集所得样品。

3. 样品的粉末衍射数据测定和处理

观察样品的颜色。利用粉末衍射仪收集所得样品的粉末衍射数据。

五、实验结果和处理

将粉末衍射数据导入 Jeda 软件，计算晶胞常数（a、b、c）、样品所属晶系和空间群，通过与标准图谱对比，确定是否合成了预期的样品，是否存在杂质。

六、思考题

在前驱体的分解步骤中可能的中间产物是什么？试写出从中间产品到预期化合物的反应方程式？

七、参考文献

[1] Mitzushima K，Jones P C，Wiseman P J，Goodenough J B. Li_xCoO_2 （$0<x<1$）：A New Cathode Material for Batteries of High Energy Density. Mater Res Bull，1980，15：783.

[2] Wakihara M. Recent Developments in Lithium Ion Batteries. Materials Science and Engineering：R：Reports，2001，33：109.

实验 15　含咪唑基配体-锌配合物的制备及生物酶模拟研究

一、实验目的

1. 通过制备含咪唑基配体-锌配合物掌握制备配合物的一般方法。
2. 通过含咪唑基配体-锌配合物催化酯水解活性的测定，了解生物酶模拟研究的方法。
3. 学习和掌握紫外-可见光谱仪的使用方法。

二、实验原理

在自然界的生物体内，广泛分布着许多含过渡金属离子的蛋白或酶，约占所发现蛋白的1/3，在催化生物体内化学反应、运输分子（如氧分子、二氧化碳分子等）或离子、调控细胞生长或遗传物质表达等方面发挥着重要作用。其中含锌离子的蛋白或酶是一类比较重要的金属酶或蛋白，以水解酶为主，参与了催化体内 CO_2、蛋白质、核酸、脂类的水解代谢等最基本、最重要的生化过程。如在可催化 CO_2 水合作用的含锌碳酸酐酶存在下（其活性中心的结构如图 1 所示），在 2ms 内可使 95%的 CO_2 转化为 HCO_3^-，相比较没有催化剂存在时，水合速度可提高 13000 倍。从而，将生物体组织内的废气 CO_2 转化为可溶于水的 HCO_3^-，随血液循环到肺泡，又由碳酸酐酶催化使它解离为 CO_2 而排出体外，对于维持体内 CO_2 的平衡起着重要作用。除此之外，碳酸酐酶还可以催化醛和酯等底物的水解。研究表明，在金属蛋白和酶中起催化作用的往往是生物体内蛋白质或其他配体与过渡金属离子形成的配合物。为了更好地研究天然的金属酶或蛋白，人们常合成一些结构类似但又简单的配合物，从对这些模拟化合物的研究中可以观察到类似的生命现象。

$$CO_2+H_2O \rightleftharpoons HCO_3^- +H^+ \quad (1)$$

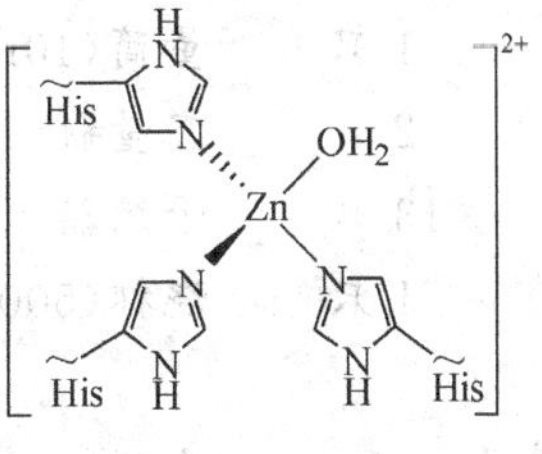

图 1　碳酸酐酶的活性中心结构

本实验就是通过含咪唑基的三脚架配体 N^1-(2-氨基乙基)-N^1-(2-咪唑基乙基)-乙二胺（L）（图 2）与高氯酸锌反应制备得到配合物 $[ZnL]_2$（图 3），来模拟天然含锌水解酶的活性中心结构。结构分析表明，在固体状态下，配合物具有双核锌结构（图 3），配体与金属离子之间的摩尔比为 1∶1，配体起到桥联的作用将两个锌离子连接起来，同时锌离子还与水分子配位。而在溶液中，研究发现，双核配合物发生了分解，主要是以单核的结构形式存在，与一个配体和水分子配位，结构上更接近于碳酸酐酶的活性中心，通常选用活化的底物对硝基苯酚乙酸酯（简写为 NA）来测定配合物的催化水解活性。本实验测定了这个配合物在 25℃下，pH 值为 9.0 时，对底物对硝基苯酚乙酸酯（NA）的催化水解反应，反应式示于图 4。水解产物对硝基苯酚在 402nm 处有一个强的紫外吸收峰，而其他的反应物和产物在此处都没有吸收峰。因此通过紫外-可见光谱仪来监测反应混合物在 402nm 处的紫外吸光度随时间的变化，就可测定水解反应的反应速度。

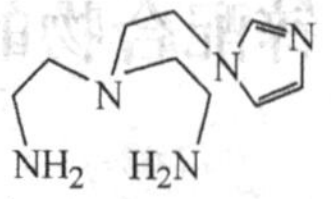

图 2　配体 L 结构

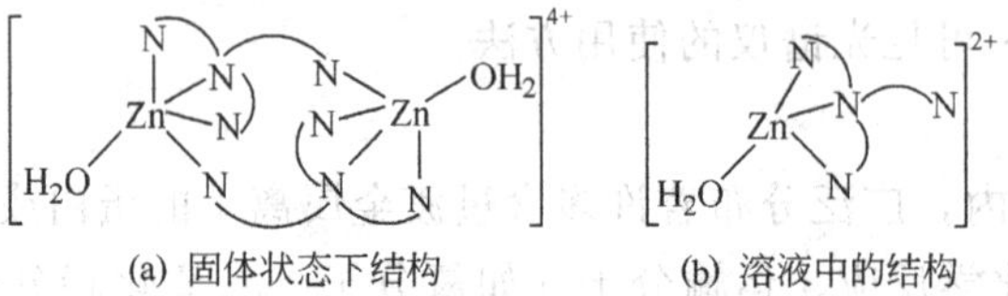

(a) 固体状态下结构　　(b) 溶液中的结构

图 3　配合物 $[ZnL]_2$ 的结构示意图

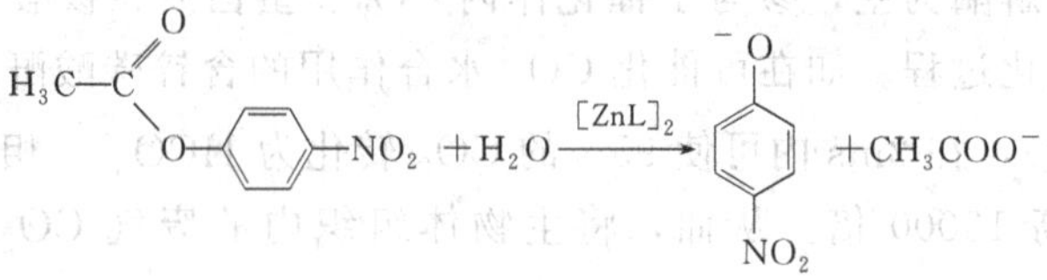

图 4　配合物 $[ZnL]_2$ 催化下的对硝基苯酚乙酸酯（NA）水解反应式

三、仪器和试剂

1. 仪器

磁力搅拌器	1 只	紫外-可见光谱仪	
pH 计	1 台	注水浴恒温装置	1 台
吸滤瓶和布氏漏斗	各 1 只	微量进样器(200 微升)	1 只
移液管(25mL)	1 只	量筒(10mL)	1 只
移液管(10mL)	2 只	容量瓶(100mL)	1 只
容量瓶(10mL)	13 只	干燥器	1 只
烧杯（50mL）	1 只	烧杯(500mL)	1 只

2. 试剂

*N*¹-(2-氨基乙基)-*N*¹-(2-咪唑基乙基)-乙二胺四盐酸盐(L・4HCl)	A. R.	乙腈	A. R.
		$Zn(ClO_4)_2 \cdot 6H_2O$	A. R.
NaOH(0.5mol/L)		$NaClO_4$(饱和溶液)	
对硝基苯酚乙酸酯	A. R.	*N*-环己烷基-2-氨基乙基磺酸	A. R.

四、实验步骤

1. $[Zn(L)(H_2O)]_2(ClO_4)_4 \cdot 4H_2O$ 配合物的制备

称取配体 L・4HCl 0.414g 置于 50mL 烧杯中，加 10mL 水溶解，在搅拌下缓慢滴加 $Zn(ClO_4)_2 \cdot 6H_2O$ 0.458g 的水溶液（10mL）。通过滴加 0.5mol/L 的 NaOH 溶液将 pH 值调节到 7。然后在上述混合溶液中加入 4mL 饱和的 $NaClO_4$ 水溶液，生成大量白色沉淀，继续搅拌约 0.5h，减压过滤，并用少量水冲洗，得大量无色片状固体（滤液在室温下于空气中缓慢挥发，数日后又可得配合物）。置入干燥器内干燥，称量，计算产率［产物分子式为 $[Zn(L)(H_2O)]_2(ClO_4)_4 \cdot 4H_2O$］。

（注意：高氯酸盐与有机化合物接触时有爆炸危险，合成使用时应该小心谨慎操作！）

2. 对硝基苯酚乙酸酯水解反应动力学测定

（1）溶液的配制　精确配制 0.100mol/L 对硝基苯酚乙酸酯的乙腈溶液 10mL。配制含有 20mmol/L *N*-环己烷-2-氨基乙基磺酸（CHES），含有 10%（体积分数）乙腈的缓冲溶液 250mL，在搅拌的情况下，离子强度用 $NaNO_3$ 调节到 0.100mol/L，pH 值通过缓慢滴加 0.5mol/L 的 NaOH 调节到 9.0。

用缓冲溶液配制 2.00mmol/L 配合物溶液 100mL。再用此溶液配制浓度分别为 0.500mmol/L、1.50mmol/L 的配合物溶液各三份 10mL，依次编号为 1-1、1-2、1-3、2-1、2-2、2-3。并用移液管移取 10.00mL 2.00 mmol/L 配合物溶液三份于容量瓶内，编号为 3-1、3-2、3-3。另外移取三份 10.00mL 缓冲溶液于容量瓶中，编号为 0-1、0-2、0-3。

（2）对硝基苯酚乙酸酯水解反应动力学测定　将配制得到的 12 份溶液样品在 25℃ 水浴中恒温半小时。按浓度由稀到浓的顺序测定。测定方法如下：用微量进样器移取对硝基苯酚乙酸酯（NA）溶液 40μL 加入到编号为 1-1 的配合物溶液中，迅速摇匀，同时取同样量的对硝基苯酚乙酸酯溶液加入到编号为 0-1 的缓冲溶液中作为参比液，立即在紫外可见光谱仪上记录 402nm 的紫外吸光度（注意：因为水解速度很快，操作过程中速度要快），直至反应进行 5min。测定完后将比色皿冲洗干净。各取 60μL、80μL 对硝基苯酚乙酸酯溶液分别加入到编号为 1-2、1-3 的溶液中，按上面相同的方法中记录紫外吸光度值。依同法，测定其他六份溶液的紫外吸光度值，将数据填于表 1 中。

表 1　数据的记录

实验编号		1			2			3		
		1-1	1-2	1-3	2-1	2-2	2-3	3-1	3-2	3-3
试剂浓度/(mmol/L)	[NA]	0.4	0.6	0.8	0.4	0.6	0.8	0.4	0.6	0.8
	[Zn(Ⅱ)配合物]	0.5	0.5	0.5	1.5	1.5	1.5	2.0	2.0	2.0
A										
k_{obs}/s^{-1}										
$k_{NA}/[(mol/L)^{-1} \cdot s^{-1}]$										

五、实验结果和处理

反应速率常数的计算如下：

$$v_{total} = v_{Zn} + v_{buffer} = k_{in}[NA] \quad (2)$$

$$v_{buffer} = (k_{OH^-}[OH^-] + \cdots)[NA] \quad (3)$$

$$v_{Zn} = k_{obs}[NA] = k_{NA}[Zn(Ⅱ)配合物]_{total}[NA] \quad (4)$$

测得的总的反应速度由两部分组成，自发水解速度，即 v_{buffer} 和在配合物催化下的速度

v_{Zn}。通过将缓冲溶液作为紫外测定中的参比，从而将它从配合物存在时测得的速率中扣除。数据采用初始斜率法来处理。其原理是当一种反应物的浓度（如配合物的浓度）保持不变时，则反应速率与另外一种反应物（如反应底物 NA）的浓度变化有关，如果两者作图得一直线，这说明水解反应对底物而言是一级反应，其斜率定义为表观速率常数 $k_{obs}(s^{-1})$。然后将得到的速率常数 k_{obs} 再对变化的 [Zn(Ⅱ) 配合物]$_{total}$ 作图，也得到一条直线，其斜率即反应速率常数 $k_{NA}[(mol/L)^{-1} \cdot s^{-1}]$，此反应级数为 2。

本实验速率常数的测定值误差不超过 10% [文献参考值：0.046$(mol/L)^{-1} \cdot s^{-1}$]。

六、思考题

1. 含锌的酶或蛋白在生物体内的重要作用有哪些？
2. 为什么催化反应要在缓冲溶液中进行？
3. 在制备锌的配合物中，饱和的 $NaClO_4$ 起什么作用？

七、参考文献

[1] Kimura E, Nakamura I, Kimura E, Shiro M. Carboxyester Hydrolysis Promoted by a New Zinc(Ⅱ) Macrocyclic Triamine Complex with an Alkoxide Pendant: A Model Study for the Serine Alkoxide Nucleophile in Zinc Enzymes. J Am Chem Soc, 1994, 116: 4764.

[2] Kimura E, Shiota T, Koike T, Shiro M, Kodama M. A Zinc(Ⅱ) Complex of 1,5,9-Triazacyclododecane ([12] aneN3) as a Model for Carbonic Anhydrase. J Am Chem Soc, 1990, 112: 5805.

[3] Xia J, Xu Y, Li S A, Sun W Y, Yu K B, Tang W X. Carboxy Ester Hydrolysis Promoted by a Zinc (Ⅱ) 2-[Bis(2-aminoethyl)amino] ethanol Complex: A New Model for Indirect Activation on the Serine Nucleophile by Zinc(Ⅱ) in Zinc Enzymes. Inorg Chem, 2001, 40: 2394.

[4] Kong L Y, Zhu H F, Okamura T, Mei Y H, Sun W Y, Ueyama N. Dinuclear Zinc(Ⅱ) Complex with Novel Tripodal Polyamine Ligand: Synthesis, Structure and Kinetic Study of Carboxy Ester Hydrolysis. J Inorg Biol, 2006, 100: 1272.

八、附注

① 生物模拟化学是现代生物无机化学中非常重要的组成部分，是指运用配位化学的思路和方法，设计合成简单的化学模型来模拟复杂的金属酶、金属蛋白的活性中心的结构或功能。模拟研究对于揭示金属离子在酶或蛋白中所起的重要作用，以及结构和活性、作用机理之间的关系等起着重要作用。在设计模型化合物时，通过合理设计的配体与金属离子之间的反应来构筑模型化合物已成为生物无机化学家们普遍采用的方法，并取得了长足的发展。为了更好地模拟金属酶活性中心的配位环境及物理化学性质，设计含有活性中心配位基团的配体尤为重要。研究表明，大部分金属酶活性中心都有来自于组氨酸上咪唑基团的配位，所以，研究咪唑及其衍生物与金属离子的作用对理解生物体系中咪唑基团的作用机理显得非常重要。

② 因对硝基苯酚乙酸酯在水中会有少量的水解，配制时乙腈需提前干燥，且现配现用。配制其他溶液时所用到的水均为去离子水，否则会影响实验的准确性。

③ 配合物结构的测定一般是通过单晶 X 射线衍射的方法来进行，即需要对配合物重结晶得到适合单晶衍射的单晶。本实验中配合物的固体结构也是通过单晶衍射的方法获得的，单晶样品通过将得到的配合物的沉淀溶于乙腈溶液，然后在室温下缓慢挥发溶剂制备得到。

实验 16 纳米金胶体的制备及吸收光谱测定

一、实验目的

1. 通过纳米金胶体的制备掌握金属纳米材料的相关知识。

2. 通过纳米金胶体吸收光谱的测定了解纳米粒子的表征手段。

二、实验原理

近年来，纳米尺寸的胶体金颗粒由于具有优异的光学性质、电学性质、化学活性、生物兼容性，在生物领域的应用最为广泛，特别是光学响应中由于表面等离子共振（surface plasma resonance，SPR）引起的吸收光谱带已成为研究热点。研究表明，金纳米颗粒的表面等离子共振与金纳米颗粒的大小、形状及单分散性有关系，因此金纳米颗粒的制备也一度成为人们研究的热点，迄今为止，已经有多种制备金纳米粒子的方法见诸报道。制备方法简单、单分散性好、粒径可控，一直是各种方法追求的目标。

纳米金一般用氯金酸（$HAuCl_4 \cdot 4H_2O$）通过化学还原法制备，还原方法主要有白磷还原法、抗坏血酸还原法、柠檬酸钠还原法、鞣酸-柠檬酸钠还原法。在还原剂的作用下，氯金酸水溶液中的金离子被还原成金原子，并聚集成微小的金核，在其表面吸附负离子（$AuCl_2^-$）和部分正离子（H^+）形成的吸附层，依靠静电作用形成稳定的胶体溶液。不同种类的还原剂和不同浓度决定了金颗粒的粒径大小。较小的纳米金基本是圆球形的，较大的纳米金（直径大于30nm）多呈椭圆形。纳米金一般不是非常稳定，加入反絮凝剂或表面活性剂可以避免这种团聚。

纳米金的颜色随其直径由大到小呈现红色至紫色，具有很强的二次电子发射能力。金纳米颗粒的吸收为表面等离子共振吸收，它与金属表面的自由电子运动有关系。胶体金在510～550nm可见光谱范围之间有一吸收峰，吸收波长随金颗粒直径的增大而增加。当粒径从小到大变化时，表观颜色则依次从淡橙色（＜5nm）、葡萄酒红色（5～20nm）向深红色（20～40nm）、蓝色（＞60nm）变化。若金颗粒聚集，则吸收峰变宽。

本实验采用柠檬酸钠还原法来制备金纳米粒子，通过改变氯金酸与柠檬酸钠浓度之比来控制纳米颗粒的大小，并测定其紫外-可见吸收光谱。

三、仪器和试剂

1. 仪器

250mL 三口烧瓶	1只
紫外-可见分光光度计	1台
加热磁力搅拌器	1台

2. 试剂

氯金酸	A. R. Au 含量＞47.8%
超纯水	电阻 18MΩ·cm
柠檬酸三钠	99.0%

四、实验步骤

1. 溶液配制

（1）配制1%氯金酸母液　称取0.1g氯金酸溶解于10mL超纯水中即可，并于4℃下避光保存以备使用。（注：氯金酸极易吸潮，对金属有强烈的腐蚀性，不能使用金属药匙，避免接触天平称盘，称量动作要快，用聚四氟乙烯药匙称取。实验用水一般为超纯水，实验室中要保持干净，浮尘颗粒要尽量少。）

（2）配制0.01%氯金酸溶液　取1mL 1% 氯金酸母液用超纯水稀释至100mL即可。

（3）配制1%柠檬酸三钠水溶液　称取0.10g柠檬酸三钠溶于10mL超纯水中即可（注：由于柠檬酸三钠的还原剂性质容易失效，故应使用前新鲜配制）。

2. 纳米金胶体的制备

将所有用于金胶制备的玻璃器皿均在新配置的王水（浓硝酸与浓盐酸体积比为1∶3）溶液中浸泡2h以上，并用超纯水反复冲洗后使用（否则影响金颗粒的稳定性，不能获得预期大小的金颗粒）。氯金酸和柠檬酸三钠水溶液在使用前用22μm混合纤维素酯微孔滤膜过滤器过滤。将100mL的0.01%的氯金酸水溶液加入250mL三口烧瓶中，加热至剧烈沸腾后，剧烈搅拌下分别快速加入3mL、2mL、1mL、0.75mL的1%柠檬酸三钠水溶液（即改变氯金酸与柠檬酸三钠浓度之比），继续加热搅拌15min后，停止加热，继续搅拌30min后静置，室温自然冷却，获得不同尺寸的纳米粒子。制得的金溶胶存放于棕色瓶里，4℃下保存，细心观察各种金溶胶的颜色。相应的金溶胶直径分别为10nm、15nm、30nm、50nm。

3. 金胶体吸收光谱的测定

分别取3.00mL新制的金纳米粒子溶液，用超纯水作参比，在紫外-可见分光光度计上，在400～650nm波长范围内扫描，观察各溶液吸收波长的位置。

五、实验结果和处理

实验数据记录如下。

1%柠檬酸三钠的体积/mL	金溶胶颜色	吸收峰波长
3		
2		
1		
0.75		

六、思考题

1. 制备金纳米粒子的玻璃器皿为什么要用王水充分清洁？
2. 称取氯金酸时为什么不能使用金属药匙？
3. 氯金酸/柠檬酸三钠浓度之比与金纳米粒子大小关系如何？

七、参考文献

[1] Xu H, Wu H P, Fan C H, et al. Highly Sensitive Biosensors Based on Water-soluble Conjugated Polymers. Chinese Science Bulletin, 2004, 49 (21): 2227.

[2] Cao Y C, Jin R, Mirkin C A. Nanoparticles with Raman Spectroscopic Fingerprints for DNA and RNA Detection. Science, 2002, 297: 1536.

[3] Hostetler M J, Wingate J E, Zhong C J, et al. Alkanethiolate Gold Cluster Molecules with Core Diameters from 1.5 to 5.2nm: Core and Monolayer Properties as a Function of Core Size. Langmuir, 1998, 14: 17.

[4] Wuelfing W P, Gross S M, Miles D T, et al. Nanometer Gold Clusters Protected by Surface-bound Monolayers of Thiolated Poly (ethylene glycol) Polymer Electrolyte. J Am Chem Soc, 1998, 120: 12696.

八、附注

纳米科技是研究由尺寸在1～100nm之间的物质组成体系的运动规律和相互作用以及可能在实际中推广应用其技术问题的科学技术。其最终目标是人类按自己的意愿直接操纵单个原子、分子，制造出具有特定功能的产品。金属纳米材料是指三维空间中至少有一维处于纳米尺度或由它们作为基本单元构成的金属材料。纳米材料，特别是金属纳米材料之所以在未来高新技术发展中占有重要地位，是因为其奇异特性及产业化的大好前景。

实验 17　离子液体辅助液相法制备二氧化锰

一、实验目的

1. 了解离子液体的分类及其应用。
2. 通过实验掌握制备二氧化锰所使用的合成方法。
3. 学习离心分离的正确使用方法。
4. 通过测定材料的 XRD 粉末衍射数据，掌握二氧化锰的结构特征。

二、实验原理

室温离子液体（简称为离子液体）是由阳离子和阴离子组成的、在室温或近于室温下呈液态的盐类，又称为室温熔融盐、非水离子液体或液态有机盐。它不燃烧，导电性好，热稳定性较高，几乎无蒸气压，在很宽的温度范围内处于液体状态。它能溶解许多有机物和无机物，并可循环使用，是一种新型的优良溶剂。自从 20 世纪 80～90 年代以来，世界各国的科学家对离子液体的研究开展得越来越红火，原因是这种离子液体具有以往液体物质所没有的独特性质，如没有蒸气压，使用中不会因蒸发而散失到环境中，因而是环境友好的绿色溶剂，可以取代挥发性有机溶剂，如作为化学反应或分离过程的溶剂，可以循环使用。由于人类活动的加剧，对生态环境造成严重的威胁，20 世纪 90 年代发展起来的绿色化学成为化学科学发展的前沿，绿色化学的原则要求从源头上根除化学化工过程对环境的污染，离子液体符合绿色化学的原则，因而被称为绿色溶剂。

离子液体的品种很多，大致可分为三类：$AlCl_3$ 型离子液体、非 $AlCl_3$ 型离子液体及其他特殊离子液体。前两种类型离子液体主要区别是阴离子不同。离子液体的阳离子主要是三类季铵离子：咪唑离子、吡啶离子、一般的季铵离子。也用其他种类的季铵；其中最稳定的是烷基取代的咪唑阳离子。所谓特殊离子液体是指针对某一性能或应用设计的离子液体，也有的是针对某一特殊结构而设计的离子液体。$AlCl_3$ 型离子液体是在 1982 年发现［EMIM］Cl-$AlCl_3$ 液体以来，才开始被重视的，离子液体也是从那时起被认真加以研究的。$AlCl_3$（Cl 可被 Br 取代，Al 也可被其他类似元素取代）型离子液体的组成不是固定的。以研究得最多的［EMIM］Cl-$AlCl_3$ 离子液体为例，阴离子存在复杂的化学平衡，当 $AlCl_3$ 含量 x（摩尔分数）＝0.5 时，为中性离子液体，阴离子主要是 $AlCl_4^-$；当 x（摩尔分数）＞0.5 时，为酸性离子液体，阴离子主要是 $Al_2Cl_7^-$；当 x（摩尔分数）＜0.5 时，为碱性离子液体，阴离子主要是 $AlCl_4^-$ 和 Cl^-。其物理化学性质如熔点、密度、电导率、电化学窗口等也随之不同。虽然 $AlCl_3$ 型离子液体有许多优良性质，但是对水和空气不稳定。为了寻找阴离子稳定的离子液体，对非 $AlCl_3$ 型离子液体的研究迅猛发展，品种不断增加，研究得较多的阴离子有：BF_4^-、PF_6^-、$CF_3SO_3^-$、$[N(CF_3SO_2)_2]^-$、$[C(CF_3SO_2)_3]^-$ 等。

由于离子液体独特的性质，其在许多方面都得到应用，如在分离工程中作气体吸收剂和液体萃取剂；在化学反应中作反应介质，有时可作为催化剂；在电化学中作为电解质（包括制作离子导电高分子电解质）；也可能用于其他方面（如溶解纤维素，作为增塑剂、润滑剂，用于质谱及色谱中，用于核废料的处理等）。离子液体是一种新的物质，其未知的方面还很多，比如作为化学反应溶剂，由于它为反应提供了新的化学环境，因而可能得到与从前不同的结果。相对于离子液体在有机合成方面的应用，其在无机纳米粒子制备方面的研究尚处于起步阶段，相应的研究比较少。

自然界中二氧化锰（MnO_2）以多种晶型存在，如α、β、γ、δ等晶型，不同的晶型有不同的晶体结构，从而产生不同的物理化学性质。目前人们公认的 MnO_2 微观结构是：氧原子位于八面体角顶上，锰原子在八面体中心，[MnO_6] 八面体共棱连接成单链或双链结构，这些链和其他链共顶，形成空隙或隧道结构。不同晶型 MnO_2 晶体均以 [MnO_6] 八面体为基础，与相邻的八面体沿棱或顶点相结合，形成各种晶型。其结构主要分为两大类：一类是隧道结构，通过八面体的连接形成1×1、1×2、2×2、2×3、2×4、2×5、3×3等三维孔道结构，例如，α、β、γ等晶型，α型 MnO_2 具有2×2的隧道结构，γ型 MnO_2 具有1×1和1×2混合隧道结构，其结构如图1所示；另一类是层状结构，如δ-MnO_2 就属于这一类，Na^+、Mg^{2+}、Cu^{2+} 等阳离子多存在于层间或孔道中，使结构得以稳定。

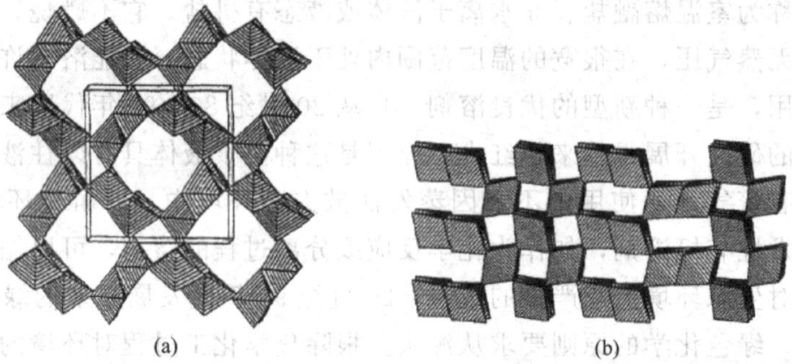

图1 α型 MnO_2（a）和γ型 MnO_2（b）晶体结构

本实验通过 $MnCl_2$ 和 $KMnO_4$ 之间的氧化还原反应制备 MnO_2，在该合成体系中引入离子液体1-丁基-3-甲基咪唑四氟硼酸盐（[BMIM]BF_4）。发掘离子液体在无机材料制备方面的潜力，丰富离子液体的应用领域。[BMIM]BF_4 化学结构式如图2所示。

图2 1-丁基-3-甲基咪唑四氟硼酸盐（[BMIM]BF_4]）的化学结构式

三、仪器和试剂

1. 仪器

反应试管(10mL)	4支	吸量管(1mL)	2支
注射器	2支	电子天平	1套
磁力搅拌器	2套	恒温水浴	1套
离心机	1套		

2. 试剂

二氯化锰	A. R.	高锰酸钾	A. R.
1-丁基-3-甲基咪唑四氟硼酸盐	A. R.	无水乙醇	C. P.

四、实验步骤

1. α-MnO_2 的制备

称取0.036g $MnCl_2 \cdot 4H_2O$ 磁力搅拌溶解于0.8mL [BMIM]BF_4 中；称取0.010g $KMnO_4$ 溶于0.8mL去离子水中。将 $MnCl_2$ 离子液体溶液水浴加热到90℃，用注射器快速加入 $KMnO_4$ 水溶液。将该混合溶液在90℃保温60min后结束加热，冷却至室温后，离心得到粉末产物。离心转速为10000r/min，离心时间为2min。将产物加水后超声分散，离心分离，用滴管转移上层分离液，再用水和无水乙醇按照前面操作依次各洗涤2～3次，干燥得到样品1。

2. γ-MnO_2 的制备

称取0.036g $MnCl_2 \cdot 4H_2O$ 磁力搅拌溶解于0.8mL去离子水中；称取0.010g $KMnO_4$ 溶于0.8mL去离子水中。将 $MnCl_2$ 水溶液水浴加热到90℃，用注射器快速加入 $KMnO_4$ 水溶液。将该混合溶液在90℃保温60min后结束加热，冷却至室温后离心得到粉末产物。离心洗涤操作同上，干燥得到样品2。

3. 样品结构表征

利用XRD粉末衍射仪收集所得样品的粉末衍射数据。

五、实验结果和处理

产物物相测试结果通过与标准图谱对比确定是否合成了预期的样品，是否存在杂质。

实验结果列表如下。

1. α-MnO_2对应卡片号：________

序　号	实验结果		标准卡片		
	晶面间距 d/Å	相对强度 I/I_0	晶面间距 d/Å	相对强度 I/I_0	hkl

注：1Å=10^{-10}m=0.1nm。

2. γ-MnO_2 对应卡片号：________

序　号	实验结果		标准卡片		
	晶面间距 d/Å	相对强度 I/I_0	晶面间距 d/Å	相对强度 I/I_0	hkl

六、思考题

1. 离子液体［BMIM］BF_4 在反应体系中起什么作用？
2. 离子液体［BMIM］BF_4 是否可以回收再利用？
3. 对制备α-MnO_2 实验而言，采用离心分离有什么好处？

七、参考文献

［1］ Welton T. Room-temperature Ionic Liquids Solvents for Synthesis and Catalysis. Chem Rev, 1999, 99: 2071.
［2］ Dupont J, de Souza R F, Suarez P A. Ionic Liquid (Molten Salt) Phase Organometallic Catalysis.

Chem Rev，2002，102：3667.
[3] Blanchard L，Hancu D，Beckman E J，Brennecke J F. Green Processing Using Ionic Liquids and CO_2. Nature，1999，399：28.
[4] 李汝雄编著. 离子液体的合成与应用. 北京：化学工业出版社，2004.
[5] Wang X，Li Y. Selected-control Hydrothermal Synthesis of Alpha-and Neta-MnO_2 Single Crystal Nanowires. J Am Chem Soc，2002，124：2880.
[6] Malinger K A，Laubernds K，Son Y C，Suib S L. Effects of Microwave Processing on Chemical，Physical，and Catalytic Properties of Todorokite-type Manganese Oxide. Chem Mater，2004，16：4296.
[7] Hill J R，Freeman C M，Rossouw M H. Understanding γ-MnO_2 by Molecular Modeling. J Solid State Chem，2004，177：165.
[8] Naidja A，Liu C，Huang P M. Formation of Protein-birnessite Complex：XRD，FTIR，and AFM Analysis. J Colloid Interf Sci，2002，251：46.
[9] Yang L X，Zhu Y J，Wang W W，Tong H，Ruan M L. Synthesis and Formation Mechanism of Nanoneedles and Nanorods of Manganese Oxide Octahedral Molecular Sieve Using an Ionic Liquid. J Phys Chem B，2006，110：6609.

实验 18 非晶态常温薄膜磷化及磷化膜性能测试

一、实验目的

1. 了解钢铁磷化处理的发展状况及应用前景。
2. 了解磷化种类、磷化膜的组成成分。
3. 掌握钢铁磷化的一般工艺流程及操作。
4. 掌握磷化膜质量检测方法及操作。

二、实验原理

1. 工艺流程

脱脂 → 水洗 → 酸洗 → 水洗 → 磷化 → 干燥 → 成品

2. 脱脂

在镀件表面常附有一层油污，它的主要成分是植物油、动物油、矿物油等，在化学镀之前必须除掉，否则会影响镀层的质量和结合力。利用碱性条件下的皂化和乳化原理将它们除掉。

3. 酸洗

金属在加工和贮存过程中，为了防腐，常常用一层薄薄的保护膜保护，常见的保护膜有氧化膜、磷化膜、氧化铁皮（四氧化三铁）、复合膜等；另外金属在运输和贮存过程中常常生锈，在化学镀之前必须除掉，否则会影响镀层的质量和结合力。利用混酸溶液进行浸泡，经过化学反应和物理过程，将它们溶解和剥离，获得洁净的表面。

4. 反应原理

磷化反应是一个复杂的化学物理过程，因磷化液不同、反应温度不同、促进剂不同、材质不同等，反应差别很大，反应机理各不相同。早在 20 世纪 60 年代，Ghaili 等人对锌系磷化过程的电位-时间曲线做过研究，提出了著名的 Ghaili 五步机理：*AB* 为阳极溶解、*BC* 为氧化结晶、*CD* 为溶解成膜、*DE* 为成膜、*EF* 为膜增厚，如图 1 所示。后来很多人在这方面做了很多研究工作，发现反应机理各不相同，一般现代公认的有四个基本过程，如图 2 所示：*AB* 为溶解、*BC* 为氧化、*CD* 为成膜、*DE* 为膜增厚。在整个过程中，伴随着副反应生成沉渣。

溶解 $Fe-2e^- \longrightarrow Fe^{2+}$，$2H+2e^- \longrightarrow 2[H] \longrightarrow H_2$

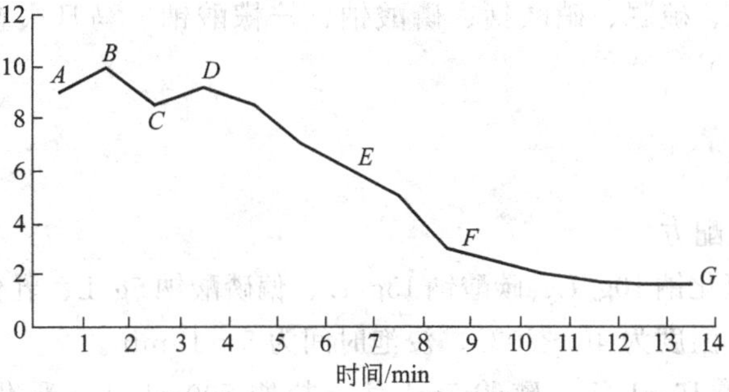

图 1　Ghaili 磷化机理电位-时间曲线

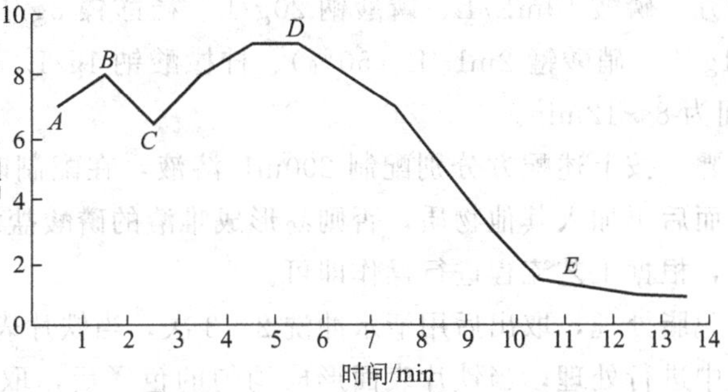

图 2　现代磷化机理电位-时间曲线

氧化　$[O]+2H \longrightarrow H_2O$，$Fe^{2+}+[O] \longrightarrow Fe^{3+}$，$Fe^{3+}+Fe \longrightarrow 2Fe^{2+}$

成膜　$H_3PO_4 \rightleftharpoons H_2PO_4^- + H^+ \rightleftharpoons HPO_4^{2-} + 2H^+ \rightleftharpoons PO_4^{3-} + 3H^+$

$Zn^{2+}+Fe^{2+}+PO_4^{3-}+H_2O \longrightarrow Zn_2Fe(PO_4)_2 \cdot 4H_2O \downarrow$

$Zn^{2+}+PO_4^{3-}+H_2O \longrightarrow Zn_3(PO_4)_2 \cdot 4H_2O \downarrow$

$(Me^{2+}Fe^{2+})+PO_4^{3-}+HPO_4^{2-}+H_2O \longrightarrow (Me^{2+}Fe^{2+})_5H_2(PO_4) \cdot 4H_2O \downarrow$

膜增厚　继续成膜反应

副反应　$Fe^{3+}+PO_4^{3-} \longrightarrow FePO_4 \downarrow$（沉渣）

三、仪器和试剂

1. 仪器

烧杯(200mL)	5 只	温度计	2 支
台秤	1 台	量筒（100mL）	1 只
干燥箱	1 台	秒表	1 块
移液管(10mL)	1 支	容量瓶(100mL)	1 只
分析天平	1 台		

2. 材料

20mm×40mm×0.5mm 普通铁片	10 片	180～360 号砂纸	1 张
细铁丝	50cm	0.5～5 精密 pH 试纸	1 本
1～14pH 试纸	1 本		

3. 试剂

氢氧化钠、碳酸钠、偏磷酸钠、乳化剂（OP-10）、十二烷基硫酸钠、硫酸、磷酸、盐酸、硫酸镍、硝酸锌、硫脲、硝酸锰、磷酸钠、柠檬酸钠、马日夫蓝、氯化钠、硫酸铜等（以上试剂皆是 C.P.）。

四、实验步骤

1. 磷化处理

（1）前处理工艺配方

① 脱脂液：氢氧化钠 10g/L、碳酸钠 15g/L 、偏磷酸钠 5g/L、乳化剂（OP-10）3g/L、十二烷基硫酸钠 1g/L，温度为 40～60℃，浸泡时间为 5～15min。

② 酸洗液：硫酸 10mL/L、磷酸 5mL/L、盐酸 500mL/L、乳化剂（OP-10）0.2g/L，常温浸泡 5～10min。

（2）磷化工艺配方　磷酸 10mL/L、磷酸钠 20g/L、硫酸镍 3g/L、硝酸锌 5g/L、马日夫蓝 5g/L、硫脲 0.1g/L、硝酸锰 2mL/L（50%）、柠檬酸钠 1g/L，pH 值为 3.0，温度为 10～25 ℃，磷化时间为 8～12min。

（3）磷化操作步骤　按上述配方分别配制 200mL 溶液，在配制时，要先将磷酸、磷酸钠、柠檬酸等溶解，而后再加入其他物质，否则易形成难溶的磷酸盐沉淀。当溶质全部溶解后，得到清澄的溶液，根据工艺流程进行操作即可。

首先将铁片进行脱脂处理，取出后用清水冲洗 2～3 次，当铁片表面呈均匀水膜后即可；再将铁片放入酸洗液中进行处理，当铁片表面形成均匀的色泽后，取出用清水冲洗 2～3 次即可（如果铁片表面水膜不均，需要重新进行脱脂、酸洗）。将处理好的铁片立即吊挂入磷化液中，铁片下端距离容器底部为 1～1.5cm 处，铁片上端在液面以下 1～1.5cm 处，磷化膜长好后，立即取出用清水冲洗干净，沥去大量水珠后，再用滤纸吸干即可。放在干燥箱内，在 60～80℃保温处理 5min，取出备用。

2. 磷化膜性能测试

根据 GB 6807—86，进行硫酸铜点滴测试。

（1）试液配制　准确称取五水硫酸铜 4.100g，氯化钠 3.500g 放入 100mL 的小烧杯中，加蒸馏水 50mL，加入 1.30mL 0.1mol/L 的盐酸溶液，搅拌溶解后，移入 100mL 的容量瓶中，用蒸馏水定容即可。

（2）测试步骤　在 15～25℃下，在干燥的磷化膜表面上滴一滴检测液，同时启动秒表，观察液滴从天蓝色变为浅黄色或淡红色的时间，30s 以上即为合格产品。

五、实验结果和处理

实验数据记录如下。

序　号	1	2	3	平均值
硫酸铜点滴变色时间/s				

六、思考题

1. 磷酸盐为什么在酸性磷化液中形成难溶的磷化膜？

2. 为什么到目前为止，磷化机理还没有一个准确的、统一的说法？

3. 配制磷化液时要注意哪些问题？

七、参考文献

［1］ 唐春华．现代磷化技术问答．电镀与环保，1998，18：1.
［2］ 张丕俭等．常温快速磷化添加剂的研制．电镀与环保，1996，16（4）：16.

[3] Gorecki G. Improved Iron Phosphate Corrosion Resistance by Modification with Metal Ions. Metal Finishing，1995，93：36.

八、附注

磷化距今已有138年的历史，最早是英国的W. A. Ross申请了世界上第一个磷化专利。磷化是金属表面处理技术的重要领域之一，所谓磷化处理，就是指金属表面与含磷酸二氢盐的酸性溶液接触，发生化学与电化学反应，在金属表面生成稳定的、不溶性的磷酸盐膜层的一种表面处理方法。所形成的磷酸盐膜称为磷化膜。它可以大幅度提高金属表面耐腐蚀性，操作简单可靠、费用低廉。它的主要作用是防止钢铁表面的腐蚀，提高与涂装漆膜的结合力，减少机械加工时的摩擦力，还有较好的装饰性。因此被广泛地应用于机械加工业、航天航空、汽车船舶、化工机械、电子工业、工农业生产、家用电器及日常用品等领域。传统的磷化工艺包括脱脂、除锈、表面调整、磷化、钝化及各工序间的水洗，有的还包括水洗后的烘干，其工艺流程一般为：脱脂→水洗→除锈→表调→磷化→水洗→烘干。目前随着科学技术的快速发展，磷化技术也在不断提高，其发展趋势主要是低能耗、低成本、高性能、高质量，这也是近十几年应用研究的热点领域。

实验19　水热法制备硫化锌纳米粒子

一、实验目的

1. 了解水热法的基本概念及特点。

2. 掌握高温高压下水热合成纳米粒子材料的特殊方法和操作的注意事项。

二、实验原理

水热合成是无机合成的一个重要分支。水热合成研究从模拟自然界矿石生成到沸石分子筛和其他晶体材料的合成，已经历了100多年的历史。它是指在特制的密闭反应器（高压釜）中，采用水溶液作为反应体系，通过反应体系加热、加压（或自生蒸气压），创造一个相对高温、高压的反应环境，进行无机合成与材料处理的一种有效方法。

水热合成技术不仅仅用来生产工程材料，如人造铁电硅酸盐，还用来制备许多在自然界并不存在的新化合物。水热法已成为目前多数无机功能材料、特种组成与结构的无机化合物以及特种凝聚态材料，如超微粒、溶胶与凝胶、非晶态、无机膜等合成的越来越重要的途径。

水热合成可总结有以下特点。

① 由于在水热条件下反应物性能的改变、活性的提高，水热合成方法有可能代替固相反应以及难以进行的合成反应，并产生一系列新的合成方法。

② 由于在水热条件下中间态、介稳态以及特殊物相易于生成，因此能合成开发一系列特种介稳结构、特种凝聚态的新合成产物。

③ 能够使低熔点化合物、高蒸气压且不能在融体中生成的物质、高温分解相在水热与溶剂热低温条件下晶化生成。

④ 水热合成的低温、等压、溶液条件，有利于生成极少缺陷、取向好、完美的晶体，且合成产物结晶度高以及易于控制晶体的粒度。

⑤ 由于易于调节水热条件下的环境气氛，因而有利于中间价态与特殊价态化合物的生成，并能均匀地进行掺杂。

纳米材料因其独特的性质而具有广阔的应用前景。虽然目前纳米材料的制备技术多种多样，但大多数都需要昂贵的设备以及复杂的工艺，这些都阻碍了其进一步应用。水热合成技术具有设备简单，成本较低，易于制备出纯度高、结晶好的材料等优点，因此成为一种合成纳米材料与结构的非常有效的方法。

硫族化合物半导体因其具有重要的非线性光学性质、发光性质、量子尺寸效应及其他重要的物理化学性质等，受到物理学家、化学家和材料学家的高度重视。硫化锌是宽禁带(3.66eV) ⅡB-ⅥA 族半导体，因为具有红外透明、荧光、磷光等特性，一直是被广泛研究的材料。ZnS 在这些物理和化学属性方面的特殊应用强烈依赖于其尺寸和形状，因此，制备出具有量子限域效应、窄粒度分布、合适形状的纳米粒子具有重大意义。

本实验采用水热法以尿素为矿化剂在低温和较简单的工艺条件下制备 ZnS 纳米粒子。

三、仪器和试剂

1. 仪器

50mL 烧杯	1 只	分析天平	1 台
水热反应釜	1 只	控温烘箱	1 台
磁力搅拌器	1 台		

2. 试剂

尿素	A. R.	乙酸锌	A. R.
硫化钠	A. R.	氨水	A. R.

四、实验步骤

1. 样品的制备

将 3mmol 的 $Zn(CH_3COO)_2 \cdot 2H_2O$ 溶于蒸馏水中，在磁力搅拌器搅拌的同时，向溶液中逐滴滴入氨水（1mL/min），直至溶液的 pH 值为 9～10 时为止。将上述溶液移入容积为 50mL 带聚四氟乙烯内衬的水热反应釜中（填充比为 60%），再向反应釜中加入 4.5mmol 的 $Na_2S \cdot 9H_2O$ 和 21mmol 的尿素。将密封的反应釜放入干燥箱中，在 150℃温度下保温 24h。反应结束后，自然冷却至室温，用蒸馏水对产物进行多次洗涤，然后在 80℃下干燥 4h。

2. 样品的表征

采用日本理学 D/max-2500VPC 型 X 射线衍射仪对样品进行 XRD 的测量，得到 ZnS 纳米粒子的物相。用 JSM-5610LV 型扫描电子显微镜观察粒子的形貌。用 PE 公司 LS-55 型荧光分光光度计测定样品的发光性能。

五、实验结果和处理

1. 所得到的 ZnS 的质量为：________，收得率为：________。

2. XRD 表征结果中，特征衍射峰对应的 2θ 衍射角为：________________，ZnS 的 JCPDS 数据库中，特征衍射峰对应的 2θ 衍射角为：____________。

3. 分子荧光光谱中，激发光谱的最大波长为：________________，发射光谱的最大波长为：____________。

六、思考题

尿素的作用是什么？

七、参考文献

[1] 徐如人. 无机合成与制备化学. 北京：高等教育出版社，2001：128.

[2] 贺颖，刘鹏，朱刚强，边小兵. 水热法制备 ZnS 纳米粒子. 陕西师范大学学报：自然科学版，2007，35 (2)：80.

实验 20 锂离子电池正极材料 $LiMn_2O_4$ 的电池性质测定

一、实验目的

1. 了解锂离子电池特别是其正极材料 $LiMn_2O_4$ 研究的主要进展。

2. 掌握电池性质测试的方法。

二、实验原理

1980 年，Goodenough 等人提出的 $LiCoO_2$ 系列层状过渡金属氧化物使锂离子电池在 1990 年实现了商业化，被称为第一代正极材料。直到现在，$LiCoO_2$ 材料仍然占据着锂离子电池正极材料的主要市场，但是昂贵的钴价格已经明显地制约了钴系列材料的应用。

尖晶石型 $LiMn_2O_4$ 的结构为 Fd3m 空间群（见图 1）。氧原子构成立方密堆积（CCP）序列，锂在 CCP 堆积的四面体间隙位置（8*a*），而锰则在 CCP 堆积的八面体间隙位置（16*d*）上，锂可以从 $LiMn_2O_4$ 骨架提供的二维隧道进行可逆脱嵌。相对于已经商品化的 $LiCoO_2$ 正极材料来说，$LiMn_2O_4$ 材料的实际容量相对较小，约为 120mA·h/g，但是制备容易，且在市场价格和环保方面具有很大的优势，目前已逐步在动力电池方面实现商业应用。

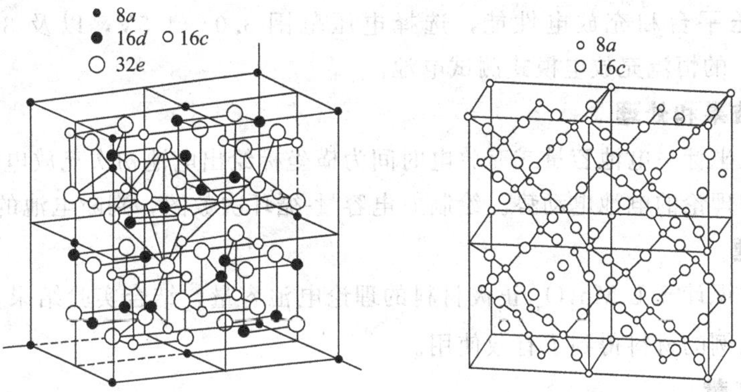

(a) 晶胞 (b) 锂扩散通道

$LiMn_2O_4$; $(Li)_{8a}[Mn_2]_{16d}O_4$

图 1 尖晶石型 $LiMn_2O_4$ 的结构和锂离子扩散路径示意图

本实验拟采用商品的 $LiMn_2O_4$ 材料作为电池正极，在实验室组装成简易电池，然后利用电池测试仪测定其电池充放电循环性能。

三、仪器和试剂

1. 仪器

实验电池模具	3 套	烘箱	1 台
电池测试仪	1 台	常压手套箱	1 台
高温管式炉	1 台	真空干燥箱	1 台
玛瑙研钵	1 套	高纯氮气瓶	2 个
超声波清洗机	1 台		

2. 试剂

负极锂片	99.99%	铝箔	99.99%
隔膜	Cegard 2400	高纯氮气	99.99%
乙炔黑	电池级	$LiMn_2O_4$ 材料	工业级
电解液	1mol/L $LiPF_6$ 的 EC-DMC（体积比为 1∶1）有机电解液		

四、实验步骤

1. 铝箔正极极片的制备

比照实验电池正极片的模型剪取圆形铝片，利用细砂纸小心磨去边缘锐利金属切面，然后碾压平整。放入装有 10mL 丙酮的溶液的烧杯中，超声波处理 10min 后，再用 10mL 0.1mol/L 的稀盐酸溶液超声处理 10min，用倾泻法除去残液并用蒸馏水洗涤 5 次，取出于烘箱中烘干待用。

2. 电池测试

采用涂膜法制备电池正极，将商品的 $LiMn_2O_4$ 材料作为正极活性物质，按照质量分数比 $LiMn_2O_4$ 材料∶乙炔黑∶PVDF＝80∶15∶5 的比例将正极材料和乙炔黑均匀混合，在特定 PVDF 浓度的 NMP 溶液中制成黏稠的糊状正极浆液，然后将浆液涂糊在预处理过的铝箔上，经过 110℃充分的干燥、脱除 NMP 溶剂和少量的残留水以后，作为正极极片。以金属锂片为负极，1mol/L $LiPF_6$ 的 EC-DMC（1∶1）无水有机液为电解液，Cegard 2400 为锂离子隔膜，在装配脱水脱氧系统的常压高纯氮气手套箱中装配实验电池。利用电池测试仪测试实验电池的电压平台和充放电性能，选择电压范围 3.0～4.3V，以及 30mA/g(0.2C)、75mA/g(0.5C) 的恒流充放电模式测试电池。

五、实验结果和处理

以电压为纵坐标、电池容量或充放电时间为横坐标绘出电池初次充放电曲线，从图中计算充放电容量和理论的电池电动势。绘制放电容量-循环次数图，判断电池的循环性能。

六、思考题

利用所学知识计算 $LiMn_2O_4$ 正极材料的理论电池容量，结合实验结果，判断电池实验过程中有多少比例的材料得到了有效使用。

七、参考文献

[1] Whittingham M S. Lithium Batteries and Cathode Materials. Chem Rev，2004，104：4271.

[2] Thackeray M M，David W I F，Bruce P G，Goodenough J B. Lithium Insertion into Manganese Spinels. Mater Res Bull，1983，18：461.

[3] Xie Y T，Xu Y B，Yan L，Yang Z Y，Yang R D. Synthesis and Electrochemical Characterization of $Li_{1.05}RE_xCr_yMn_{2-x-y}O_4$ Spinel as Cathode Material for Rechargeable Li-battery. Solid State Ionics，2005，176：2563.

实验 21　水热法制备氢氧化钴及其热分解制备四氧化三钴

一、实验目的

1. 学习和掌握水热制备方法的原理和操作。
2. 学习一种前驱体高温分解制备氧化物的方法，并掌握马弗炉的使用。
3. 了解光学显微镜的基本构造，学会运用显微镜观察沉淀晶形。

二、实验原理

水热一词起源于地质学。所谓水热制备技术或者水热法，就是在密闭的压力容器中，以水（或其他试剂）为溶剂，通过升温提高压力，人为地创造一个高温高压环境，使前驱体反应和结晶。水热法制备出的纳米晶，晶粒发育完整，颗粒之间团聚少，可以得到理想的化学计量组成材料。大自然向人们展示了水热法制备材料最精彩的例子，许多矿物就是地球表层长期演化变迁过程中发生的水热反应的产物。直到今天，水热法仍然是地球科学研究的重要手段。在水热法基础上，用有机溶剂代替水作介质，在新的溶剂体系中产生一种新的合成途径，即溶剂热法。它能够实现通常条件下无法实现的反应，包括制备具有亚稳态结构的纳米微粒，使用非水溶剂合成技术能减少或消除硬团聚。水热或溶剂热法的特点在于可降低产物粒子成核与生长的温度，经过该方法得到的产品一般为结晶态，不需要后续热处理。通过改变反应条件，如反应温度、反应物浓度、反应时间、溶剂种类以及矿化剂等可以对产物的物相、尺寸和形貌进行调控。

氢氧化钴［$Co(OH)_2$］近年来因为一些重要的技术应用而受到研究重视。$Co(OH)_2$ 添加到 $Ni(OH)_2$ 电极中，可提高电极的导电性和可充电性。$Co(OH)_2$ 与超稳定的 Y 型沸石分子筛复合材料在电化学电容器方面有应用的潜力，更有趣的是 Kurmoo 将不同阴离子插层到氢氧化钴层中形成有机磁性材料。四氧化三钴（Co_3O_4）是一种重要的 p 型半导体材料，在许多领域有着诱人的应用前景，如可作为催化剂、传感器和电池用材料。

本实验首先采用水热法合成 $Co(OH)_2$，然后通过煅烧该 $Co(OH)_2$ 前驱体来制备相应的氧化物，同时使 Co_3O_4 保持 $Co(OH)_2$ 的三维结构。从结晶学角度看，六方相 $Co(OH)_2$ 比较容易得到片状形貌，而对立方相 Co_3O_4 来说则很难形成片状结构。采用这种间接制备氧化物材料的方法可以得到直接结晶所得不到的特殊形貌，这一设计思想在进行其他材料的制备时亦可以加以利用。

三、仪器和试剂

1. 仪器

烧杯(50mL)	5 个	电子天平	1 套
磁力搅拌器	1 套	反应釜及聚四氟乙烯内衬	5 套
烘箱	1 台	离心机	1 套
坩埚	2 个	坩埚钳	1 个
马弗炉	1 台		

2. 试剂

乙酸钴	A. R.	无水乙醇	A. R.
乙二醇	A. R.	丙三醇	A. R.

四、实验步骤

1. 反应温度对产物产率的影响

称取 0.250g $Co(CH_3COO)_2 \cdot 4H_2O$ 溶于 22.5mL 水和 7.5mL 丙三醇的混合溶液中形成均一溶液，将溶液转入 40mL 反应釜中，放置烘箱中，加热升温，烘箱温度分别升为 100℃、160℃和 200℃，在此温度保温 10.5h。停止加热，当反应釜自然冷却到室温后，离心分离得到粉末样品，离心转速为 10000r/min，离心时间为 2min。将产物加水后超声分散，离心分离，用滴管转移上层分离液，再用水和无水乙醇按照前面的操作依次各洗涤 2～3 次，最后在 60℃烘箱中干燥，得到样品，观察产物颜色，称量，并计算产率。200℃反应产物记为样品 1。

2. 反应溶剂对产物物相影响

称取 0.250g $Co(CH_3COO)_2 \cdot 4H_2O$ 溶于 30mL 水中，将溶液转入 40mL 反应釜中，放置于烘箱中，烘箱温度升为 200℃保温 10.5h。停止加热，当反应釜自然冷却到室温后，分离和洗涤过程同前，干燥后得到样品，观察样品颜色。

称取 0.250g $Co(CH_3COO)_2 \cdot 4H_2O$ 溶于 10mL 水和 20mL 乙二醇的混合溶液中形成均一溶液，将溶液转入 40mL 反应釜中，放置于烘箱中，烘箱温度升为 200℃，在此温度保温 20.5h。停止加热，当反应釜自然冷却到室温后，分离和洗涤过程同前，干燥得到样品，称量，并计算产率，记为样品 2。

3. 灼烧 $Co(OH)_2$ 制备 Co_3O_4

分别取一半干燥后的样品 1 和样品 2 转移至坩埚中，放入马弗炉中进行灼烧。升温速率为 5℃/min，升至 400℃后保温 3h。当达到灼烧要求后，先关掉电源，待温度降至 200℃以下时，可打开马弗炉，用长柄坩埚钳取出装试样的坩埚，放在石棉网上。

五、实验结果和处理

1. 产物产率分析

不同温度得到的产物产率分别为 100℃：________；160℃：________；200℃：______。

2. 产物物相结果分析

观察不同条件下所得产物的颜色，测得样品的 XRD 图谱，通过与标准图谱对比，确定是否合成了预期的样品，是否存在杂质。

3. 晶体的观察

使用光学显微镜观察所得产物的形貌，并对产物形貌加以描述。

六、思考题

1. 乙二醇或丙三醇的加入有什么作用？

2. 反应温度对合成有什么影响？

3. 从 $Co(OH)_2$ 到 Co_3O_4 的反应方程式是什么？

七、参考文献

[1] Datta A，Kar S，Ghatak J，Chaudhuri S. Solvothermal Synthesis of CdS Nanorods：Role of Basic Experimental Parameters. J Nanosci Nanotech，2007，7：677.

[2] Ismail J，Ahmed M F，Kamath P V. Cyclic Voltammetric Studies of Electrodeposited Solid Solution and Composite Oxide/hydroxide Electrodes in 1 M KOH：the $Co(OH)_2$-$Ni(OH)_2$-MnO_2 System. J Power Sources，1993，41：223.

[3] Cao L，Xu F，Liang Y Y，Li H L. Preparation of the Novel Nanocomposite $Co(OH)_2$/ Ultra-stable Y Zeolite and Its Application as a Supercapacitor with High Energy Density. Adv Mater，2004，16：1853.

[4] Kurmoo M. Hard Magnets Based on Layered Cobalt Hydroxide：the Importance of Dipolar Interaction for Long-range Magnetic Ordering. Chem Mater，1999，11：3370.

[5] Li W Y，Xu L N，Chen J. Co_3O_4 Nanomaterials in Lithium-ion Batteries and Gas Sensors. Adv Funct Mater，2005，15：851.

[6] Kang Y M，Song M S，Kim J H，Kim H S，Park M S，Lee J Y，Liu H K，Dou S X. A Study on the Charge-discharge Mechanism of Co_3O_4 as An Anode for the Li Ion Secondary Battery. Electrochim Acta，2005，50：3667.

[7] Fujita S，Suzuki K，Mori T. Preparation of High-performance Co_3O_4 Catalyst for Hydrocarbon Combustion from Co-containing Hydrogarnet. Catal Lett，2003，86：139.

[8] Yang L X，Zhu Y J，Li L，Zhang L，Tong H，Wang W W，Cheng G F，Zhu J F. A Facile Hydrothermal Route to Flower-like Cobalt Hydroxide and Oxide. Eur J Inorg Chem，2006：4787.

八、附注

进行水热反应时要注意以下几点操作。

① 水热反应釜及内衬要配套，以确保其严密配合。

② 装反应釜盖时用力要均匀，不允许釜盖向一边倾斜，不可超过规定的拧紧力，以达到良好的密封效果为宜。

③ 水热反应填充量不要太大，以不超过75%为宜。

④ 水热温度要以采用内衬材料来确定，对聚四氟乙烯内衬一般不超过200℃。

⑤ 禁止速冷速热，以防过大的温度应力使釜体造成裂纹。反应结束后，一般应进行自然冷却降温。

⑥ 每次操作完毕，应清除釜体、釜盖上的残留物，以备下次使用。

实验22　大粒径水溶性金纳米粒子的制备及催化性能测试

一、实验目的

1. 掌握金纳米催化剂的制备原理、过程及相关的实验基本操作技术。

2. 掌握对纳米级粒子的常用表征技术。

3. 通过对催化剂性能的测试，理解金催化剂的作用机理。

二、实验原理

1. 金纳米粒子

将宏观物体细分成纳米级颗粒后，其光学、热学、电学、力学、磁学及化学方面的性质与其为大块固体时的性质显著不同，即量子尺寸效应。由于这些特性，纳米材料具有潜在的技术应用价值。金纳米粒子具有良好的稳定性、小尺寸效应、表面效应、光学效应以及特殊的生物亲和效应，使得其在催化剂制备、传感器构建、光学探针、电化学探针、单电子隧道、组织修复、药物传递、生物标记以及DNA测序等领域有广泛的应用前景。

制备金纳米粒子的方法有物理法和化学法，其中物理方法有真空蒸镀法、软着陆法、电分散法和激光消融法等；化学方法主要有氧化还原法、电化学法、相转移法、晶种法、微乳液法、模板法、溶胶法、光化学法和微波法等。

氧化还原法是在含有高价金离子的溶液中（如氯金酸中）加入一些还原剂（如磷、柠檬酸三钠、硼氢化钠等还原剂），金离子被还原而聚集成金纳米粒子。

本实验采用化学氧化还原法，利用柠檬酸三钠还原氯金酸溶液制备金纳米粒子的溶胶；此方法可以合成直径在12～70nm范围内近似球形的金纳米粒子。

2. 纳米金的催化性能

由于金的电负性（2.28）比其他所有的金属都要大，并且其第一电离能也很大（9.22eV），所以很难失去电子，它对电子的亲和能力（2.31eV）比氧元素（1.46eV）还要大，因此它很难发生氧化反应；同时金的氧化物也不稳定，并且位于周期表第IB族的金的原子半径小于同族的银原子，其熔点和升华焓都比银高，即其本身原子间的相互作用力较强，金的单晶表面和其他分子间的相互作用力很弱，它对氧或其他气体的化学吸附能力也很弱；所以金一直被认为是化学惰性最高的金属，且远不及铂族金属活泼，一般不认为可以作催化剂。

然而，随着科技的发展，科学研究的进步，近年来新的催化剂制备技术层出不穷，各种新的纳米催化剂包括纳米金属负载催化剂应运而生，纳米技术的诞生彻底改变了人们对金催化作用的认识。当把金高度分散形成纳米粒子时，化学惰性的金具有了高度的催化活性，打破了对金的传统观念的认识。

目前，有关金催化剂的研究和开发日益活跃，其在氮氧化物的催化消除、水-汽迁移、二氧化碳加氢制甲醇、烃类的催化燃烧、氯氟烃的催化分解及不饱和烃的选择加氢等诸多反应中都显示出非常优异的催化活性；且金的价格远低于铂和钯，使金催化剂有了更加广阔的应用前景。

本实验利用纳米金的催化活性，催化硼氢化钠和对硝基酚的反应，并可通过该反应时间的长短比较催化剂的量与催化活性的关系。

三、仪器和试剂

1. 仪器

电子分析天平	1个	调温电热套	1个
机械搅拌器	3个	电热鼓风干燥箱	1个
恒温水浴	1个	玻璃棒	1个
烧杯(100mL)	1个	烧杯(50mL)	3个
量筒(50mL)	1个	移液管(10mL)	1个
圆底烧瓶(50mL)	3个	三口烧瓶(100mL)	1个

2. 试剂

氯金酸($HAuCl_4 \cdot 4H_2O$)	A. R.	柠檬酸三钠	A. R.
对硝基苯酚	A. R.	硼氢化钠	A. R.
二次蒸馏水			

四、实验步骤

1. 大粒径水溶性金纳米粒子的制备

① 称取 6.5mg 的 $HAuCl_4 \cdot 4H_2O$ 粉末于干净的 100mL 烧杯中，加入 36.3mL 二次蒸馏水溶解。

② 另称量柠檬酸三钠 14.8mg，于干净的小烧杯中，加 1.3mL 二次蒸馏水溶解。

③ 将上述配好的氯金酸水溶液倒入 100mL 的三口烧瓶中，搅拌，加热至溶液沸腾。如图 1 所示。

④ 待三口烧瓶内溶液沸腾后，将之前配制好的柠檬酸三钠溶液迅速加入，并加速搅拌。

⑤ 观察三口烧瓶内溶液颜色，从无色逐渐变成深紫色，再变成酒红色。

⑥ 变为酒红色后，保持加热搅拌 10min。

⑦ 移走热源，继续搅拌使溶液降至室温后，将样品存放于干净的样品瓶中。

2. 大粒径水溶性金纳米粒子的表征

① 将制备的金纳米粒子溶液进行粒径大小及分布测试（广角激光散射仪——布鲁克-BI-200SM）

② 将制备的金纳米粒子溶液进行透射电镜测试分析（场发射透射电子显微镜——日本电子 JEM-2100F），测量所得金粒径大小，如图 2 所示。

3. 大粒径水溶性金纳米粒子催化性能的测试

以金纳米粒子水溶液催化硼氢化钠还原对硝基苯酚的反应来表征金的催化性能。

① 对硝基苯酚溶液的配制。称取 8.3mg 对硝基苯酚，加入 20mL 二次蒸馏水溶解，制得 3mmol/L 的对硝基苯酚溶液。

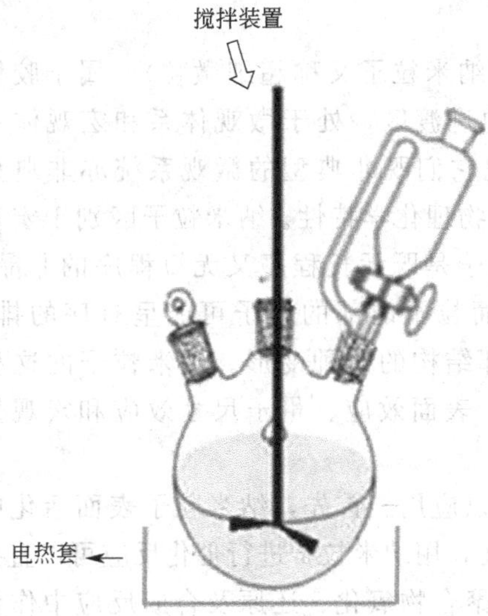

图 1 反应装置图

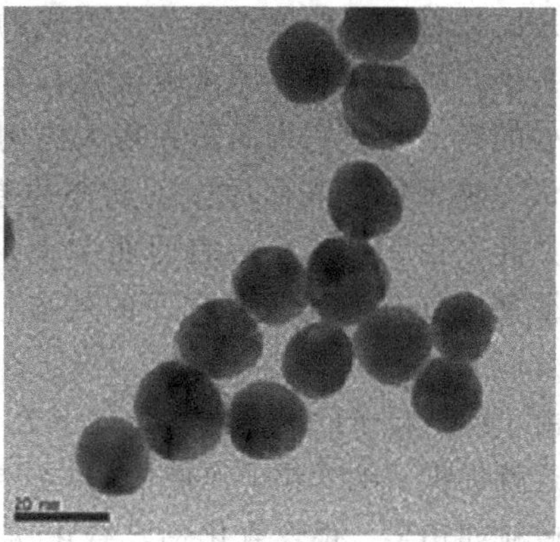

图 2 金的 TEM 测试图例

② 硼氢化钠溶液的配制。称取 0.2mg 硼氢化钠，加入 20mL 二次蒸馏水溶解，制得 0.3mol/L 的硼氢化钠溶液。

③ 大粒径金纳米粒子水溶液催化硼氢化钠还原对硝基苯酚反应。室温下，取上述已经制备的金纳米粒子水溶液 2mL、4mL、6mL 于三个 50mL 圆底烧瓶中，然后在每个烧瓶中分别加入 4mL、2mL、0mL 蒸馏水；以及新配制的 4-对硝基苯酚水溶液 6mL，在 30℃ 恒温水浴下，剧烈搅拌，并加入 6mL 新配制的硼氢化钠水溶液，加入后会发现溶液由之前的淡黄变为鲜黄色，继续剧烈机械搅拌，开始计时，直到溶液变为无色，停止计时。

④ 以每个催化反应时间的长短来衡量金纳米粒子的量对催化活性的影响规律。

五、实验结果和处理

实验记录表如下。

广角激光散射仪测得金粒径/nm	
透射电镜测得金粒径/nm	

	催化剂的加入量	催化反应时间
催化反应一		
催化反应二		
催化反应三		

六、思考题

1. 在制备金纳米粒子时，改变氯金酸与柠檬酸钠的比例，所制得的金粒径大小有何变化？
2. 简述金纳米粒子催化硼氢化钠还原对硝基苯酚的反应机理。

七、参考文献

[1] Frens G. Regulation of the particle size in monodisperse gold suspensions. Nature: Physical Science, 1973, 241 (105): 20.

[2] Tang Q, Cheng F, Lou X, et al. Comparative study of thiol-free amphiphilic hyperbranched and linear polymers for the stabilization of large gold nanoparticles in organic solven. Journal of Colloid and Interface Science. 2009, 337: 485.

八、附注

纳米粒子是指粒度在1～100nm之间的粒子（纳米粒子又称超细微粒），属于胶体粒子大小的范畴。它们处于原子簇和宏观物体之间的过渡区，处于微观体系和宏观体系之间，是由数目不多的原子或分子组成的基团，因此它们既非典型的微观系统亦非典型的宏观系统。可以预见，纳米粒子应具有一些新异的物理化学特性。纳米粒子区别于宏观物体结构的特点是，它表面积占很大比例，而表面原子是既无长程序又无短程序的非晶层。可以认为纳米粒子表面原子的状态更接近气态，而粒子内部的原子可能呈有序的排列。即使如此，由于粒径小，表面曲率大，能导致内部结构的某种变形。纳米粒子的这种结构特征使它具有下列四个方面的效应：体积效应、表面效应、量子尺寸效应和宏观量子隧道效应。

由于纳米粒子的以上特性，使其在很多方面得以应用。首先，纳米粒子表面活化中心多，这就提供了纳米粒子作催化剂的必要条件。目前，用纳米粒子进行催化反应可以直接用纳米微粒如铂黑、银、氧化铝、氧化铁等在高分子聚合物氧化、还原及合成反应中作催化剂，可大大提高反应效率。

其次，纳米粒子在磁性材料方面有许多应用，例如：可以用纳米粒子作为永久磁体材料、磁记录材料和磁流体材料。

再次，纳米粒子体积效应使得通常是在高温烧结的材料如SiC、WC、BC等在纳米状态下于较低温度下可进行烧结，获得高密度的烧结体。另外，由于纳米粒子具有低温烧结、流动性大、烧结吸缩大的特征，可作为烧结过程的活性剂使用，加速烧结过程，降低烧结温度，缩短烧结时间。

此外，高纯度纳米粉可作为精细陶瓷材料。它具有坚硬、耐磨、耐高温、耐腐蚀的能力，并且有些陶瓷材料具有能量转换、信息传递功能。纳米材料还可作为红外吸收材料，如Cr系合金纳米粒子对红外线有良好的吸收作用。纳米材料在医学和生物工程领域也有许多应用。已成功开发了以纳米磁性材料为药物载体的靶向药物，称为“生物导弹”，等等。随着制备纳米材料技术的发展和功能的开发，会有越来越多的新型纳米材料在众多的高科技领域中得到广泛的应用。

实验23　溶胶-凝胶法制备纳米二氧化硅

一、实验目的

1. 掌握溶胶-凝胶法制备纳米二氧化硅的实验操作和原理。
2. 通过对样品的表征了解和掌握一些常用的表征技术和仪器。

二、实验原理

所谓纳米材料，是指微观结构至少在一维方向上受纳米尺度（1～100nm）调制的各种固体超细材料，它包括零维的原子团簇（几十个原子的聚集体）和纳米微粒、一维调制的纳米多层膜、二维调制的纳米微粒膜（图层）以及三维调制的纳米相材料。简单地说，是指用晶粒尺寸为纳米级的微小颗粒制成的各种材料，其纳米颗粒的大小不应超过100nm，而通常情况下不应超过10nm。目前，国际上将处于1～100nm尺寸范围内的超微颗粒及其致密的聚集体，以及由纳米微晶所构成的材料，统称为纳米材料，包括金属、非金属、有机、无机和生物等多种粉末材料。

纳米二氧化硅为无定形白色粉末，无毒、无味、无污染，表面存在羟基和吸附水，具有粒径小、纯度高、密度低、比表面积大、分散性好等特点，以及优越的稳定性、补强性、触变性和优良的光学及机械性能，可用于陶瓷、塑料、橡胶、农药、催化剂载体等领域，对产品的升级具有重要的意义，具有广泛的应用前景。

目前制备纳米二氧化硅的方法有很多，如沉淀法、溶胶-凝胶法、微乳液法、真空冷凝法等。其中溶胶-凝胶法制备过程容易控制，获得颗粒粒径均匀。溶胶-凝胶法是一种条件温和的材料制备方法，是以无机物或金属醇盐作前驱体，在液相将这些原料均匀混合，并进行水解、缩合化学反应，在溶液中形成稳定的透明溶胶体系，溶胶经陈化，胶粒间缓慢聚合，形成三维空间网络结构的凝胶，凝胶网络间充满了失去流动性的溶剂，形成凝胶（其合成路线如图 1 所示）。凝胶经过干燥、烧结固化制备出分子乃至纳米结构的材料。溶胶-凝胶法具有如下优点。

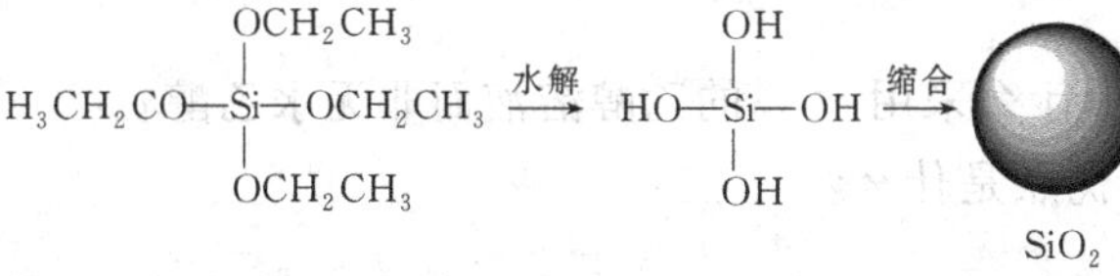

图 1 溶胶-凝胶法合成纳米二氧化硅示意图

① 由于溶胶-凝胶法中所用的原料首先被分散到溶剂中而形成低黏度的溶液，因此可以在很短的时间内获得分子水平的均匀性，在形成凝胶时，反应物之间很可能是在分子水平上被均匀地混合。

② 由于经过溶液反应步骤，容易均匀定量地掺入一些微量元素，实现分子水平上的均匀掺杂。

③ 与固相反应相比，化学反应将容易进行，而且仅需要较低的合成温度，一般认为溶胶-凝胶体系中组分的扩散在纳米范围内，而固相反应时组分的扩散是在微米范围内，因此反应容易进行，温度较低。

④ 通过改变不同的条件可以制备各种新型材料。

三、仪器和试剂

1. 仪器

500mL 烧杯	1 只	100mL 量筒	1 只
恒温加热磁力搅拌器	1 台	pH 试纸	1 本
研钵	1 个	LS13220 激光粒度仪	1 台
干燥箱	1 台	JSM-5610V 扫描电镜	1 台
马弗炉	1 台		

2. 试剂

正硅酸乙酯、无水乙醇、醋酸、醋酸铵均为分析纯。

四、实验步骤

1. 纳米二氧化硅的制备

在 50mL 正硅酸乙酯中加入 200mL 50% 的乙醇溶液，在磁力搅拌下升温到 70℃，继续搅拌 2h。在该混合溶液中加入醋酸和醋酸铵的缓冲溶液，调节 pH 值为 5～6。继续搅拌 2h，然后在放置了通风橱在空气中陈化几天。将陈化好的凝胶放入干燥箱中干燥 4h，研磨成凝胶粉。放入马弗炉中 700℃高温煅烧 3h，即得到二氧化硅粉末。

2. 纳米二氧化硅性能的表征

① 使用激光粒度仪来检测样品的粒度分布情况。

② 使用扫描电镜来观察样品的表面特征。

五、实验结果和处理

凝胶陈化时间/d	干燥凝胶研磨质量/g	高温煅烧后的样品质量/g

使用激光粒度仪测定样品的粒度分布为：______________________________

使用扫描电镜检测样品的形貌为：______________________________

六、思考题

1. 在实验过程中为什么采用 50% 的乙醇溶液而非无水乙醇？

2. 溶胶-凝胶法的优点是什么？

七、参考文献

[1] 高慧，杨俊玲．溶胶-凝胶法制备纳米二氧化硅．化工时刊，2010，4：16.

[2] 张宁，熊裕华．溶胶-凝胶法制备纳米二氧化硅．南昌大学学报（理科版），2003，3：267.

八、附注

① 二氧化硅具有良好机械强度和化学稳定性、热稳定性，表面富含硅羟基易进行物理、化学改性，通常可通过硅烷偶联剂和表面硅羟基的反应引入氨基、羧基等不同的官能团，在环境保护、催化、重金属离子脱除与富集方面具有重要的应用，而纳米二氧化硅除了兼具二氧化硅的优点外，还具有粒径小、纯度高、密度低、比表面积大、分散性好等特点，以及优越的稳定性、补强性、触变性和优良的光学及机械性能，可用于陶瓷、塑料、橡胶、农药、催化剂载体等领域，具有重要的应用价值。

② 在正硅酸乙酯通过溶胶-凝胶法制备纳米二氧化硅的过程中，水和乙醇的比例以及搅拌速度对得到的纳米材料的粒径和粒径分布具有重要的影响，因此需注意合成条件。

实验 24　单分散二氧化硅微球及其胶体晶的制备

一、实验目的

1. 了解溶胶-凝胶法制备单分散二氧化硅微球的基本原理。

2. 掌握单分散二氧化硅微球及其胶体晶的制备方法。

3. 学习和掌握扫描电子显微镜的使用方法。

二、实验原理

单分散微球是指组成、形状相同，而且粒子尺寸较为均匀的球形颗粒，其粒径范围一般在纳米到微米之间，属于胶体的范畴。单分散二氧化硅微球由于分散性好、有巨大的比表面积、极好的光学性能和化学稳定性，已在陶瓷制品、橡胶改性、塑料、涂料、颜料、防晒剂、生物细胞分离、医学工程等方面获得了广泛的应用。

单分散二氧化硅微球的制备方法有很多，如微乳液法、化学气相沉积法、沉淀法、水热合成法、溶胶-凝胶法等。其中，溶胶-凝胶法因其工艺简单、成本低廉，成为制备单分散二氧化硅微球的首选方法之一，其形成机理可用控制凝聚法来解释（见图 1）。

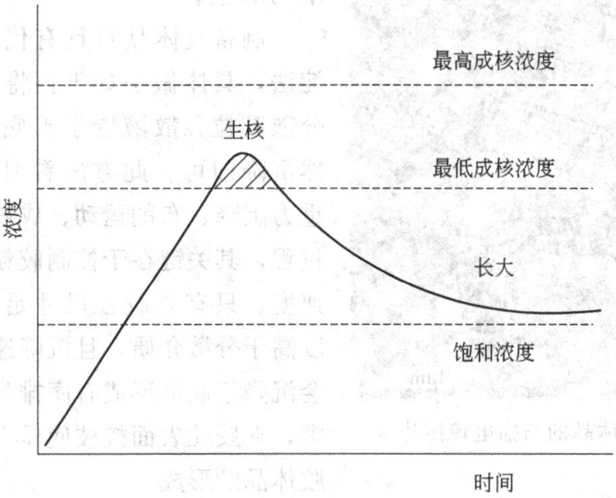

图 1　LaMer 的“成核扩散控制”模型示意图

根据 LaMer 的“成核扩散控制”模型，控制凝聚法由晶核形成和长大两步组成，并且要严格控制两步相互分离。通常的凝聚法中新核的生成与已有核的长大同时进行而使得单分散性差，因此必须控制溶质的过饱和程度，使之略高于成核浓度，造成爆发性成核。晶核形成之后，溶液浓度迅速降低到最低成核浓度以下，故不再有新核生成，但浓度仍高于饱和浓度，因此已有的核能够以相同的速度慢慢长大，形成单分散胶粒。1968 年，Stöber 等人应用这一方法制备了单分散二氧化硅胶粒，他们将极稀的原硅酸乙酯（TEOS）的乙醇溶液在碱性条件下水解而得到均一的无定形二氧化硅颗粒，仅通过调节反应物浓度就可将粒径控制在 50nm～2 μm 范围内。经过 Bogush 等人的改善，目前这种方法已经成为制备单分散 SiO_2 最简单有效的方法。其反应机理为在氨水催化下，正硅酸乙酯发生水解缩聚。反应分为两步：首先正硅酸乙酯水解形成羟基化的产物和相应的醇；第二步硅酸之间或硅酸与正硅酸乙酯之间发生缩合反应。具体的化学反应式如图 2 所示。

$$Si(OC_2H_5)_4 + 4H_2O = Si(OH)_4 + 4C_2H_5OH$$

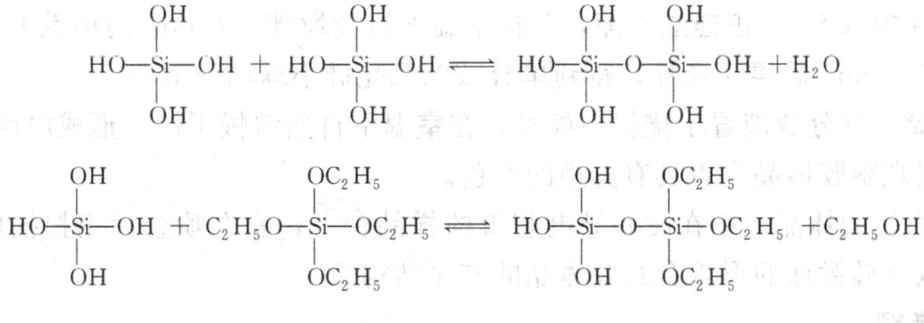

图 2　正硅酸乙酯水解缩聚反应式

由于单分散二氧化硅微球易于制备，粒径均一并且大小可控，成为目前应用较广泛的制备光子晶体的材料。在力场作用下，二氧化硅胶体颗粒可以有序自组装得到具有折射率在三维空间内呈周期性变化的胶体晶，如图 3 所示。胶体晶是制作许多功能材料和器件，如各种传感器、过滤器、开关的潜在材料。直径 150～400nm 的单分散二氧化硅微球形成的胶体晶对可见光具有布拉格衍射现象，呈现出鲜艳的颜色。这种颜色不是二氧化硅本身所具

图 3　二氧化硅胶体晶的扫描电镜照片

有的，而与其周期性有序结构有关，因而称为结构颜色。

制备胶体晶较具有代表性的方法之一为沉淀法，具体做法如下：将一定浓度和体积的单分散胶粒分散液置于平底容器中，静置待其自然沉降即可。此方法看似简单，实际上包含了重力沉降、布朗运动、成核及增长等多个复杂的过程，其关键在于控制胶粒的尺寸、密度和沉降速度。只有当胶粒尺寸足够大（>100nm），密度高于分散介质，且沉降速度足够慢时，胶粒才会沉降于底部形成有序排列。合理选择分散剂种类，在胶粒表面接枝使斥力增大等方法都有助于胶体晶的形成。

本实验采用基于溶胶-凝胶过程的 Stöber 法制备直径 300nm 左右的单分散二氧化硅微球，通过沉淀法制备二氧化硅胶体晶，并用扫描电子显微镜观察其有序结构。

三、仪器和试剂

1. 仪器

磁力搅拌器	1 台	扫描电子显微镜	1 台
电子天平	1 台	烧杯(50mL)	1 只
烧杯(500mL)	1 只	烧杯(250mL)	1 只
烧杯(50mL)	3 只	三口烧瓶(250mL)	1 只

2. 试剂

氨水(25%)	A. R.	正硅酸乙酯	A. R.
无水乙醇	A. R.	蒸馏水	

四、实验步骤

① 将 160.6g 无水乙醇、28.7g 蒸馏水、8.5g25%的氨水依次加入到三口烧瓶中，用磁力搅拌器混合均匀后，调整搅拌速度温和且保持恒定。

② 一次性加入 8.9g 正硅酸乙酯，并在室温下持续搅拌。10min 内体系变浑浊，呈乳白色。继续反应 40min 后停止搅拌，得到单分散二氧化硅小球的分散液。

③ 将二氧化硅分散液置于烧杯中静置，在室温下自然缓慢干燥，形成厚度约为 1mm 的胶体晶，肉眼观察胶体晶是否具有鲜艳的颜色。

④ 取一小块胶体晶，粘在贴有导电胶带的样品台上，真空喷金后用扫描电子显微镜观察单分散二氧化硅微球的形貌及其胶体晶的有序结构。

五、思考题

1. 溶胶-凝胶法制备单分散二氧化硅微球的基本原理是什么？

2. 二氧化硅本身是无色的，为什么本实验制备的单分散二氧化硅胶体晶具有鲜艳的颜色？

六、参考文献

[1]　沈钟，王果庭. 胶体与表面化学. 化学工业出版社，北京，1997：16.

[2]　Stöber W，Fink A，Bohn E. Controlled growth of monodisperse silica spheres in the micron size range.

Journal of Colloid and Interface Science，1968，26：62.
[3] Bogush G H，Tracy M A，Zukoskiiv C F. Preparation of monodisperse silica particles：control of size and massfraction. Journal of Non-Crystalline Solids，1988，104：95.

七、附注

光子晶体（photonic crystal）是在1987年由S. John和E. Yablonovitch分别独立提出的，由不同折射率的介质周期性排列而成的人工微结构。光子晶体即光子禁带材料，从材料结构上看，光子晶体是一类在光学尺度上具有周期性介电结构的人工设计和制造的晶体。与半导体晶格对电子波函数的调制相类似，光子带隙材料能够调制具有相应波长的电磁波——当电磁波在光子带隙材料中传播时，由于存在布拉格衍射而受到控制，电磁波能量形成能带结构。能带与能带之间出现带隙，即光子带隙。所具能量处在光子带隙内的光子，不能进入该晶体。光子晶体和半导体在基本模型和研究思路上有许多相似之处，原则上人们可以通过设计和制造光子晶体及其器件，达到控制光子运动的目的。光子晶体的出现，使人们操纵和控制光子的梦想有望实现。简单地说，光子晶体具有波长选择的功能，可以有选择地使某个波段的光通过而阻止其他波长的光通过其中。迄今为止，已有多种基于光子晶体的全新光子学器件被相继提出，包括无阈值的激光器，无损耗的反射镜和弯曲光路，高品质因子的光学微腔，低驱动能量的非线性开关和放大器，波长分辨率极高而体积极小的超棱镜，具有色散补偿作用的光子晶体光纤，以及提高效率的发光二极管等。光子晶体的出现使信息处理技术的“全光子化”和光子技术的微型化与集成化成为可能，它可能在未来导致信息技术的一次革命，其影响可能与当年半导体技术相提并论。本实验制备的单分散二氧化硅胶体颗粒可以有序自组装，得到具有折射率在三维空间内呈周期性变化的胶体晶，是制备光子晶体的潜在材料。

实验25　离子液体辅助模板法制备空心球状二氧化硅材料

一、实验目的

1. 了解空心材料的性质及制备方法，掌握材料制备中的一些常用方法。
2. 了解离子液体的性质及应用，了解表面活性离子液体。

二、实验原理

空心材料因具有高比表面积、低密度、大的空腔结构等特点而被广泛用于药物运输、催化、化学生物感应器以及医疗等领域。空心材料的制备方法主要包括模板法和非模板法两类。非模板法主要包括蒸发溶剂法、喷雾干燥法、超声法、激光法等。其中，蒸发溶剂法是制备空心材料的一种非常有效的方法。目前通过蒸发溶剂法已制备了二氧化硅纳米纤维、二氧化硅纳米管、二氧化硅空心球等不同形貌的二氧化硅材料。通过蒸发溶剂法可以制备结构新颖的材料，但也存在一些缺点，比如难以控制形貌，从而限制了蒸发溶剂法的应用范围。模板法包括硬模板法和软模板法两种。硬模板是指具有相对刚性结构的模板，而软模板则主要包括胶体、溶致液晶、微乳液等有序分子聚集体和一些聚合物形成的聚集结构。软模板法中的乳液模板法被认为是制备空心材料的有效手段，它对应的模板体系包括水包油、油包水、水包油包水、油包水包油等。这些体系为我们制备空心材料提供了方便，是一类非常重要的模板。然而，它也存在自身的缺陷，比如产率低且制备过程复杂，等等。蒸发溶剂法和乳液模板法作为两类非常有效的方法，在空心材料的制备过程中得到了广泛运用。离子液体是由阴阳离子组成的一类液态物质，通常所指的离子液体是熔点低于100℃的有机盐。离子液体具有熔点低、不挥发、热稳定性高、不易燃烧等优点，在有机合成、萃取分离、催化、材料制备等领域得到广泛应用。当链长较短时，离子液体常被用作取代传统挥发性物质的溶剂，当链长增加到八个碳以后，它可以与传统表面活性剂一样，在不同溶剂中自组装形成各种有序聚集体，常被称作“表面活性离子液体”。

本实验将利用表面活性离子液体1-十二烷基-3-甲基咪唑溴（C_{12}mimBr）结合蒸发溶剂法和乳液模板法制备空心球状二氧化硅材料。首先，正硅酸乙酯和水、乙醇的混合溶液在C_{12}mimBr的辅助下形成了水包油型微乳液，其中正硅酸乙酯作为油核被C_{12}mimBr分子包围，在碱性条件催化下，以正硅酸乙酯及水、乙醇的混合溶液和C_{12}mimBr所形成的微乳液液滴为模板，正硅酸乙酯分子在微乳液液滴表面开始水解，最终通过溶剂蒸发、煅烧合成空心二氧化硅材料（见图1）。

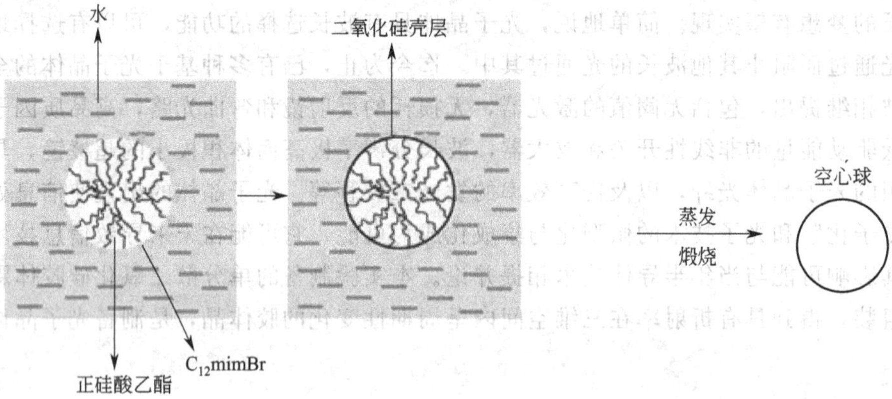

图1　合成空心二氧化硅材料机理图

三、仪器和试剂

1. 仪器

50mL容量瓶	1个	磁力搅拌器	1套
1mL移液管	4支	控温烘箱	1台
2mL移液管	1支	马弗炉	1台
5mL烧杯	1个	分析天平	1台
玻璃片	1个	坩埚	1个

2. 试剂

1-十二烷基-3-甲基咪唑溴	A.R.	氨水	A.R.
正硅酸乙酯(TEOS)	C.P.	乙醇	A.R.

四、实验步骤

① 配制浓度为54mmol/L的C_{12}mimBr溶液：先在分析天平上准确称取2.7mmol C_{12}mimBr固体，放入50mL容量瓶中，加入蒸馏水定容。

② 在室温下，用移液管移取0.5mL C_{12}mimBr溶液、0.8mL水、0.5mL氨水溶液（1.25%，质量分数）和2.0mL乙醇溶液混合并搅拌；15min后，将0.15mL的正硅酸乙酯缓慢加入到溶液中，继续搅拌5min。将搅拌好的溶液倒在玻璃片上并放入120℃的烘箱中，4h后取出。将得到的白色粉末在600℃下煅烧6h，冷却，即得到最后的产品。这一过程对

应的流程图如图 2 所示。

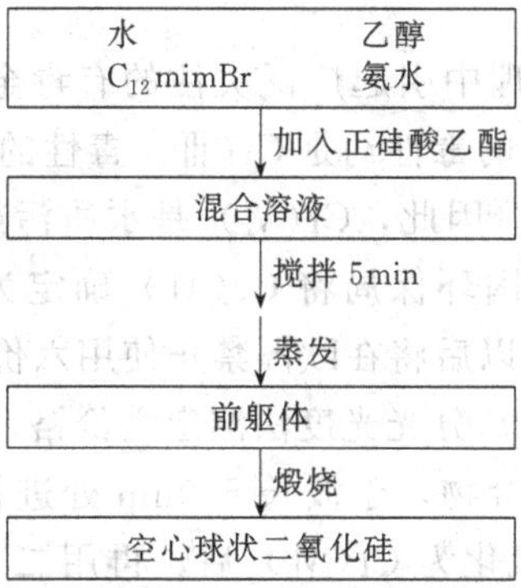

图 2　空心球状二氧化硅的合成步骤

五、实验结果和处理

① 产品产量、产率。

理论产量：____________；实际产量：____________；产率：____________。

② 使用扫描电子显微镜观察所得产物的形貌，并对产物形貌加以描述。

六、思考题

1. 空心二氧化硅材料合成中，C_{12}mimBr 的作用是什么？

2. 如何分析合成的二氧化硅材料中是否含有 C_{12}mimBr？

七、参考文献

[1] Lu H B，Liao L，Li H，et al. Fabrication of CdO nanotubes via simple thermal evaporation. Materials Letters，2008，62：3928.

[2] Zoldesi C I，Imhof A. Synthesis of monodisperse colloidal spheres，capsules，and microballoons by emulsion templating. Advanced Materials，2005，17：924.

[3] Cayre O J，Biggs S. Hollow microspheres with binary porous membranes from solid-stabilised emulsion templates. Journal of Materials Chemistry，2009，19：2724.

[4] Zhao M W，Gao Y A，Zheng L Q，et al. Microporous silica hollow microspheres and hollow worm-like materials：A simple method for their synthesis and their application in controlled release. European Journal of Inorganic Chemi-stry，2010，6：975.

八、附注

乳液模板法：微乳液是两种互不相溶的液体形成的热力学稳定、各相同性、外观透明或不透明的分散体系；是由水、有机溶剂、表面活性剂以及助表面活性剂构成的，一般有水包油（O/W）型和油包水（W/O）型以及近年来发展的连续双包型。以微乳液为模板制备纳米材料的特点在于：微反应器的界面是一层表面活性剂分子，在微反应器中形成的纳米颗粒因这层界面膜隔离而不能聚结，是理想的反应介质。由于微乳液的结构可以限制颗粒的生长，使纳米颗粒的制备变得容易。这种方法的实验装置简单，操作方便，并且可以人为控制粒径，因此在纳米材料的制备中具有极其广泛的应用前景。

实验 26　分光光度法检测水中六价铬及总铬的含量

一、实验目的

1. 练习分光光度计的使用方法。

2. 掌握水中六价铬和总铬的测定方法

二、实验原理

铬是一种在废水和废弃物处理中引起广泛关注的有毒金属，废水中的铬主要以Cr(Ⅲ)和Cr(Ⅵ)的形式存在，Cr(Ⅳ)的毒性约是Cr(Ⅲ)毒性的100倍，且氧化性非常强，容易引起基因突变而产生很强的毒性。因此，Cr(Ⅵ)是水质污染控制的一项指标，各国都制定了含铬废水的排放标准，如：美国环保局将Cr(Ⅵ)确定为17种高度危险毒性物质之一；欧盟发布指令：2007年7月1日以后将在欧洲禁止使用六价铬及其制品。

通常用二苯碳酰二肼（DPCI）分光光度法测定六价铬，在酸性条件下，Cr(Ⅵ)与二苯碳酰二肼反应，生成紫红色的化合物，于波长540nm处进行分光光度测定。然而在测定总铬和Cr(Ⅲ)时要先将Cr(Ⅲ)氧化为Cr(Ⅵ)后，再用二苯碳酰二肼分光光度法测定。其原理为：在酸性溶液中，试样的Cr(Ⅲ)被高锰酸钾氧化成Cr(Ⅵ)。过量的高锰酸钾用亚硝酸钠分解，而过量的亚硝酸钠又被尿素分解，再用本法测定。

三、仪器和试剂

1. 仪器

紫外-可见分光光度计		容量瓶(500mL)	1只
容量瓶(1000mL)	1只	移液管	
烧杯(100mL)	1只		

2. 试剂

重铬酸钾(基准)	4%高锰酸钾
(1+1)硫酸	20%尿素
(1+1)磷酸	2%亚硝酸钠
二苯碳酰二肼(A.R.)	丙酮(A.R.)

四、实验步骤

1. 溶液的配制

(1) 铬标准储备液　称取120℃干燥2h的重铬酸钾0.2829g，用水溶解后转移至1000mL容量瓶中，用水稀释至标线，摇匀。此溶液的浓度为100mg/L。

(2) 铬标准使用液　吸取5.00mL铬标准储备液于500mL容量瓶中，用水稀释至标线，摇匀。此溶液浓度为1mg/L。

(3) 显色剂　称取0.2g二苯碳酰二肼，溶于50mL丙酮中，加水稀释至100mL，摇匀。其浓度为2g/L，保存于棕色瓶中。

2. 六价铬的测量

(1) 标准曲线的绘制　取7支50mL比色管，依次加入0、0.5mL、1.00mL、2.00mL、4.00mL、6.00mL、8.00mL铬标准使用液，用水稀释至标线，加入(1+1)硫酸0.5mL和(1+1)磷酸0.5mL，摇匀。加入2mL显色剂溶液，摇匀。10min后于540nm波长处用1cm比色皿，以水作参比，测定吸光度并做空白校正。以吸光度为纵坐标，相应六价铬含量为横坐标，绘出标准曲线。

(2) 水样中六价铬的测量　取适量含Cr(Ⅵ)的无色透明或经过预处理的水样于50mL比色管中（铬含量小于50μg），用水稀释至标线，其他步骤同2.(1)，检测吸光度。从标准曲线上查的六价铬的含量。

3. 水样中总铬的测量

（1）标准曲线的绘制　向一系列150mL锥形瓶中分别加入0、0.5mL、1.00mL、2.00mL、4.00mL、6.00mL、8.00mL铬标准使用液，加水至约50mL，加入几粒玻璃珠，并加入（1+1）硫酸0.5mL和（1+1）磷酸0.5mL，摇匀。加入4%高锰酸钾溶液2滴，如紫红色消褪，则应添加高锰酸钾溶液保持紫红色，加热煮沸至溶液体积约剩20mL，冷却后，加入1mL 20%的尿素溶液，摇匀。用滴管滴加2%亚硝酸钠溶液，每加一滴充分摇匀，至紫色刚好消失。稍停片刻，待溶液内气泡逸出，转移至50mL比色管中，稀释至标线，加入2mL显色剂摇匀，10min后在540nm波长下，以水作参比，测定吸光度并做空白校正。

（2）水样中总铬的测量　取适量同时含Cr(Ⅲ)和Cr(Ⅵ)的未知水样（铬含量小于50μg）于150mL锥形瓶中，按3（1）中的步骤处理，检测吸光度，从校准曲线3（1）上查得总铬含量。

五、实验结果和处理

① 六价铬的测量：按照实验步骤，绘制六价铬标准曲线，并从曲线上查的未知水样中六价铬的含量。

标准曲线的绘制

编号	0	1	2	3	4	5	6
加入铬量/μg							
吸光度 A							

② 绘制总铬标准曲线，并从曲线上查的未知水样中总铬的含量。

标准曲线的绘制

编号	0	1	2	3	4	5	6
加入铬量/μg							
吸光度 A							

六、注意事项

① 当水样浑浊或有色时，应进行预处理。

② 所有玻璃仪器都不能用重铬酸钾洗液洗涤，可用硝酸-硫酸混合液或洗涤液洗涤。洗涤后要冲洗干净。

七、思考题

1. 从实验测出的吸光度求铬含量的根据是什么？如何求得？

2. 如果试液测得的吸光度不在标准曲线范围内怎么办？

八、参考文献

[1] 中华人民共和国国家标准，GB 7466—87，水质总铬的测定．

九、附注

① 重金属铬广泛存在于在电镀、金属加工、制革、印刷、染料、颜料等工业废水中，工业生产过程中含铬废水的大量排放对环境构成了严重的威胁，它对人体健康和植物生长有严重的危害，且铬对人体的危害是潜在的，达到一定的累积后将引起疾病。各国都制定了含铬废水的排放标准。所以六价铬及总铬含量的测定是在现实生活中常用的一项分析技术。

② 如果水中只含有三价铬可按照总铬的测定方法进行，先将三价铬氧化为六价铬，然后测定。

实验 27　磁性四氧化三铁纳米材料的制备及其表面修饰

一、实验目的

1. 通过制备磁性四氧化三铁纳米材料，掌握共沉淀法制备过程中一些基本的操作技术。
2. 通过对磁性四氧化三铁纳米材料的表面修饰，了解一些表面修饰的方法。
3. 通过对磁性四氧化三铁纳米材料的表征，了解和掌握一些常用的表征技术。

二、实验原理

磁性纳米四氧化三铁是一种重要的尖晶石型铁氧体，具有低毒、制备简单、性能稳定、比表面积大、磁性强、具有表面效应和磁效应等优点，在外磁场作用下可有效富集、分离、回收和再利用，不仅广泛作为吸附材料用于废水处理、环境保护领域，而且在催化、生物医学、生物工程等领域起着重要的作用。近年来有关磁性四氧化三铁纳米材料的制备方法和性质的研究受到了广泛关注。

目前，制备磁性纳米四氧化三铁的方法有很多，如水热反应法、中和沉淀法、化学共沉淀法、微波辐射法等。其中以共沉淀法最为简便，共沉淀法是在含有两种及两种以上金属离子的可溶性盐溶液中，加入合适的沉淀剂，使金属离子均匀沉淀或者结晶出来，然后将沉淀物脱水或热分解处理而得到纳米微粉。共沉淀法不仅可以使原料细化和均匀混合，且具有工艺简单、煅烧温度低和时间短、产品性能良好等优点。

由于磁性纳米四氧化三铁具有较高的比表面积，具有强烈的聚集倾向，所以通过表面修饰降低纳米粒子的表面能是得到可分散性的纳米粒子的重要手段。通过采用表面化学连接、表面聚合反应、吸附沉积、声化学方法等，现已可在磁性纳米粒子表面包覆有机高分子、生物分子和无机纳米材料等。通过表面修饰赋予磁性纳米四氧化三铁更多的性能，从而扩展其应用领域。

本实验首先通过化学共沉淀法合成磁性纳米四氧化三铁，随后通过与正硅酸乙酯的溶胶-凝胶化反应在四氧化三铁表面包覆二氧化硅层，对其表面进行初步修饰。其反应原理如图 1 所示。

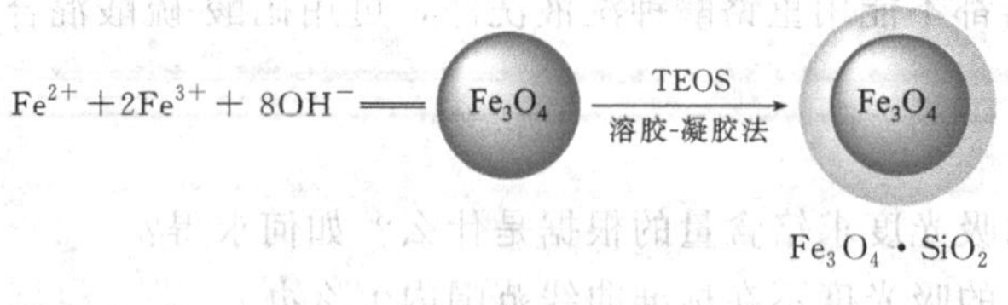

图 1　表面修饰磁性纳米四氧化三铁的制备

三、仪器和试剂

1. 仪器

三口烧瓶(200mL)	1 个	FC204 分析天平	1 台
回流冷凝管	1 个	恒温水浴锅	1 台
pH 试纸	1 本	烘箱	1 台
量筒(50mL)	1 只	强磁性磁铁	1 块
移液管(10mL)	1 只	超声清洗机	1 台
电动搅拌器	1 台	Nicolet 红外光谱仪	1 台

2. 试剂

$FeCl_3 \cdot 6H_2O$、$FeCl_2 \cdot 4H_2O$、无水乙醇、氨水、甲苯、正硅酸乙酯（TEOS）。

四、实验步骤

1. 磁性四氧化三铁纳米颗粒的制备

准确称取5.84g的$FeCl_3 \cdot 6H_2O$和2.15g $FeCl_2 \cdot 4H_2O$，加入到装有100mL二次蒸馏水的三口烧瓶中，逐渐加热到85℃，随后加入8mL 25%氨水，继续反应1h，冷却到室温后用蒸馏水倾析，静置沉淀，得到磁性四氧化三铁纳米颗粒。

2. 二氧化硅表面修饰四氧化三铁（$Fe_3O_4 \cdot SiO_2$）复合颗粒的制备

称量5g四氧化三铁纳米颗粒，超声分散在80mL二次蒸馏水中，取4.0mL TEOS，超声分散于80mL乙醇中。将上述两种溶液混合于200mL三口烧瓶中，超声并搅拌15min，然后加入8mL氨水，继续超声搅拌15min，然后在60℃下继续反应3h。上述产物用磁铁分离后，用乙醇洗涤数次至中性，干燥得到$Fe_3O_4 \cdot SiO_2$。

3. 材料的表征

利用Nicolet（美）生产的MAGNA55O型红外光谱仪对磁性四氧化三铁纳米颗粒及其表面修饰产物进行初步的表征。

五、实验结果和处理

1. 磁性四氧化三铁纳米颗粒的制备

$FeCl_3 \cdot 6H_2O$ 质量/g	$FeCl_2 \cdot 4H_2O$ 质量/g	氨水 体积/mL	磁性四氧化三铁质量/g

2. $Fe_3O_4 \cdot SiO_2$ 复合颗粒的制备

称量 Fe_3O_4 质量/g	TEOS 体积/mL	$Fe_3O_4 \cdot SiO_2$ 湿重质量/g	$Fe_3O_4 \cdot SiO_2$ 干重质量/g

3. 磁性四氧化三铁纳米颗粒及 $Fe_3O_4 \cdot SiO_2$ 复合颗粒的特征红外吸收峰

名称	特征吸收峰
磁性四氧化三铁纳米颗粒	
$Fe_3O_4 \cdot SiO_2$ 复合颗粒	

六、思考题

1. 制备磁性纳米四氧化三铁都有哪些方法，共沉淀法的优缺点各是什么？

2. $Fe_3O_4 \cdot SiO_2$ 复合颗粒的制备过程中为什么要超声分散？

七、参考文献

[1] 秦润华，姜炜，刘宏英等．纳米磁性四氧化三铁的制备及表征．材料导报，2003，17：66.

[2] 熊雷，姜宏伟，王迪珍．PVP-*b*-PLA修饰 Fe_3O_4 磁性纳米粒子的制备与表征．高分子学报，2008，8：791.

八、附注

① 磁性纳米材料由于独特的表面性质和物理化学性质备受关注，具有广泛的应用价值，常用的磁性纳米颗粒有Fe_3O_4、γ-Fe_2O_3、金属合金、铁氧体等，其中Fe_3O_4由于低毒、制备简单、性能稳定、比表面积大、磁性强、具有表面效应和磁效应等优点，在外磁场作用下

可有效富集、分离、回收和再利用，不仅广泛作为吸附材料用于废水处理、环境保护领域，而且在催化、生物医学、生物工程等领域起着重要的作用。

② 对磁性纳米 Fe_3O_4 的表面修饰主要包括以下三类：a. 有机小分子修饰，主要是偶联剂和表面活性剂；b. 有机高分子修饰，包括天然生物大分子及合成高分子；c. 无机纳米材料修饰，主要是 SiO_2、Au 和 Ag 等。采用 SiO_2 对磁性纳米 Fe_3O_4 进行表面包覆和改性，不仅可以很好地解决团聚和氧化的问题，还可以提供一个具有兼容性的表面，带来许多新的功能。SiO_2 具有良好的化学稳定性、热稳定性及生物相容性，表面含有大量的硅羟基，可通过与各种硅烷偶联剂反应，在其表面引入多种活性官能团如氨基、羧基、环氧基、巯基等，便于对磁性纳米 Fe_3O_4 进一步地进行化学修饰。

实验 28　特殊形貌氧化亚铜负极材料的制备及电池性能测试

一、实验目的

1. 了解锂离子电池负极材料，熟悉水热法控制形貌的方法。
2. 学会球形氧化铜负极材料的电性质表征及测试。

二、实验原理

锂离子电池是 20 世纪开发成功的新型高能电池。随着锂离子电池应用范围的扩大和锂离子电池工业的发展，其负极材料的研究成为热点之一。

锂离子电池中常用的负极材料主要有碳负极材料和非碳负极材料。

碳负极材料主要有石墨材料、软碳和硬碳。石墨材料导电性好，结晶度高，充放电效率在 90%以上，不可逆容量低于 50mA·h/g，具有良好的充放电电位平台，是目前锂离子电池应用最多的负极材料。软碳结晶度低，易石墨化，晶粒尺寸小，晶面间距较大，与电解液的相容性好，但是其首次充放电无明显电位平台。硬碳很难石墨化，是高分子聚合物的热解碳，其充放电的循环性能良好。

非碳负极材料主要包括氮化物、金属间化合物和金属氧化物。金属氧化物作为锂离子电池的负极，使电池具有良好的循环性能。研究发现，过渡金属氧化物（氧化锌、氧化亚铜、氧化钴、氧化镍、三氧化二铁等）材料作为锂离子电池负极材料具有较高的比容量。因此，寻找和开发 Li^+/Li 电对电位相近的氧化物负极材料很有意义。

氧化亚铜是具有广泛应用领域的化合物，由于其粒子的形貌和尺寸大小与其宏观的物理及化学性质有关，所以，不同形貌的氧化亚铜颗粒其应用领域不同。微米级氧化亚铜用作锂电池负极材料有更好的充放电性能。

目前，制备氧化亚铜的方法主要有烧结法、电化学法、水热法、溶剂热法、化学沉淀法、辐射法等。

(1) 烧结法　铜粉在反应中作还原剂，与氧化铜发生固相反应，存在反应不均匀、不彻底的缺点。制得的氧化亚铜的粒度取决于铜粉的粗细程度，且铜粉在烧结时难分散、易结块。

(2) 电化学法　以金属铜作阳极，以含铜粒子的溶液为电解液进行电解，在阴极得到较纯的氧化亚铜。电化学法工艺简单、纯度高、但电耗高，产量低。

(3) 水热法　水热法是在高温、高压下，以水为介质的异相反应合成方法。水热温度可控制在 100～300℃，反应过程中温度及升温速度、搅拌速度等因素都会影响粒径大小和粉末性能。水热法只需一步水热反应就能合成有规则形貌的微米粒子，能避免或者减少液相反应过程中颗粒的团聚现象，因此，近年来采用水热法合成纳米氧化亚铜粒子的研究备受青睐。

（4）溶剂热法 在溶剂热法中，溶剂既是一种化学组分参与反应，又是矿化的促进剂，同时还是压力的传播媒介。尤其是以乙二醇为代表的多元醇溶剂，在反应过程中作为稳定剂能有效地抑制粒子的生长及团聚。多元醇溶剂的沸点较高，反应可在高温下进行，得到结晶完好的产物。

（5）化学沉淀法 化学沉淀法中，强还原剂容易将 Cu^{2+} 还原成 Cu，而不能得到纯净的 Cu_2O。

本实验是在三乙醇胺存在的条件下，通过水热法制备氧化亚铜材料。采用乙二醇还原剂合成微米级球形氧化亚铜颗粒，并探讨表面活性剂对形貌的影响，以及其电池性能。

三、仪器和试剂

1. 仪器

扫描电子显微镜，型号 JSM-5610LV		手动封口机	1 台
鼓风干燥箱	1 台	高速离心机	1 台
惰性气体操作箱	1 台	水热反应釜 30(mL)	3 套
Land 电池测试仪	2 台	真空干燥箱	1 台
离心管	10 只	电池测试仪	1 只
电子天平	1 台	烧杯(100mL)	5 只

2. 试剂

乙酸铜	A. R.	三乙醇胺	A. R.
乙二醇	A. R.	无水乙醇	A. R.
电解液	LBC305-01	蒸馏水	自制
隔膜	Cegard2400	乙炔黑	电池级

四、实验步骤

1. Cu_2O 的制备

在 3 只 100mL 烧杯中各取 0.75g 乙酸铜，加入 10mL 去离子水持续搅拌至乙酸铜完全溶解，然后加入 10mL 乙二醇，再分别加入 2mL、4mL、6mL 三乙醇胺，标注为 1 号、2 号、3 号。将上述溶液分别注入水热反应釜中，封闭完好后在 140℃下恒温加热 2h，取出后冷至室温，离心并用去离子水洗涤沉淀三次，最后用无水乙醇洗涤沉淀并于烘箱中 100℃下干燥，得 1 号、2 号、3 号样品。

2. Cu_2O 负极材料的物性表征

（1）XRD 粉末衍射分析 按一般 X 射线物相分析步骤，测定制得的样品的衍射图。确定其晶胞参数和简单结构，计算样品晶粒度大小。

（2）负极材料的表观形貌观察 用扫描电子显微镜拍摄材料微观照片，讨论制备过程与样品表观形貌的关系。

3. Cu_2O 负极材料的电池组装和测试

采用涂膜法制备电池负极，将合成的样品作为负极活性物质，按照活性 Cu_2O：乙炔黑：PVDF＝80：10：10 的比例将正极材料和乙炔黑均匀混合在特定 PVDF 浓度的 NMP 溶液中制成黏稠的糊状负极浆液，然后将浆液涂糊在预处理过的铜箔上，经过 120℃干燥 5h，作为负极极片。以金属锂为正极，LBC305-01为电解液，Cegard2400为离子隔膜，在惰性气体操作箱中组装实验电池。利用Land-2001A电池测试系统测试实验电池的充放电性能，电压范围为0.35～2.2V，实验中分别选用50mA/g、100mA/g、200mA/g的恒流放电模式。

五、实验结果和处理

以电压为纵坐标、电池容量或充放电时间为横坐标绘出电池充放电曲线，从图中计算充放电容量和理论的电池电动势；绘制放电容量-循环次数图，判断电池的循环性能。

六、思考题

1. 结合实验讨论制备条件对球形样品形貌的影响。
2. 试根据所学知识给出氧化亚铜的充放电反应式。

七、参考文献

[1] 毕文团．氧化亚铜制备方法的研究进展．广州化工，2009，37（8）：56.

[2] Feldmann C. Polyol-mediated synthesis of nanoscale functional materials [J]. Solid State Sciencesl，2005，7：868.

八、附注

锂离子电池是一种可逆式充放电电池，它工作时主要依靠锂离子在正极和负极之间的移动来实现电荷传递。在充放电过程中，Li^+在两个电极之间往返嵌入和脱出。充电时，Li^+从正极脱嵌，正极材料发生氧化，锂离子经过电解质嵌入负极，负极处于嵌锂状态；放电时则相反。一般采用含有锂元素的材料作为电极，是当前高性能可逆电池的代表。

最早的锂电池是以金属锂为负极，也称为锂电池。正是由于日本索尼公司研发了以碳材料为负极，以含锂的化合物作正极的锂电池，在充放电过程中，没有金属锂形成，只有锂离子的迁移，这才成为真正意义上的锂离子电池。

锂离子电池能量密度大，平均输出电压高。自放电小，好的电池，每月在2%以下（可恢复），没有记忆效应。工作温度范围宽，为－20～60℃。循环性能优越，可快速充放电，充电效率高达100%，而且输出功率大，使用寿命长。不含有毒有害物质，被称为绿色电池。

实验29　量子点敏化太阳能电池的制备及性能表征

一、实验目的

1. 了解量子点敏化太阳能电池的基本原理、构成和性能特点。
2. 学会量子点敏化TiO_2纳米管阵列光电极的制备方法和敏化步骤。
3. 掌握太阳能电池的性能检测方法。

二、实验原理

近年来，由于能源的巨大需求和化石燃料的短缺促使人们将目光投向更加环保、可持续利用的新型能源上，而太阳能无疑是其中最璀璨夺目的一个。在太阳能的有效利用中，量子点敏化太阳能电池作为第三代太阳能电池材料，相比较硅基太阳能电池和染料敏化太阳能电池而言，具有成本低廉、制作简单、可以通过量子点粒径有效调控光谱吸收范围，以及耐久性好等优点。近几年研究成功的TiO_2纳米管阵列克服了电子传导路径曲折的缺点，规则有序的管状结构不仅有利于量子点的修饰和附着，同时电子可以沿着管壁迅速到达基体，降低电子在传输过程中被捕获的数量，量子点敏化TiO_2纳米管阵列太阳能电池引起人们的广泛关注。

TiO_2纳米管在电池组件中作为电子传输的导体，与多孔TiO_2薄膜相比，特殊的管状结构有利于电子的快速转移，降低了电子与空穴的复合率。此外，其管状结构也有利于量子点的有效负载，经过掺杂改性，光电功率转化效率可达到 5.2%。由阳极氧化法制备的 TiO_2 纳米管阵列由于其具有较大的比表面积可以吸附大量的量子点，并且这种高度有序阵列结构能够增强光散射，增加光生载流子产额，使光生电子迅速导出，减小了电子空穴对的复合概率。图 1(a) 给出了固态量子点敏化太阳能电池的结构示意图，图 1(b) 展示了电池的工作原理，在光照条件下，量子点激发产生光生电子跃迁到导带，留下空穴在价带中。电子迅速转移到 TiO_2 的导带中，并沿着管壁到达基体，与此同时，在量子点价带中的空穴则通过空穴导体转移到反电极，完成一次循环。

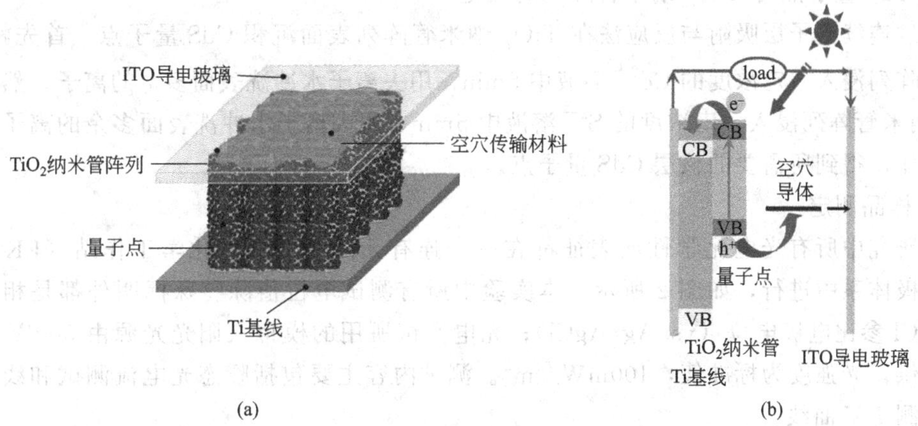

图 1　量子点敏化 TiO_2 纳米管阵列太阳能电池的结构组成和工作原理

本实验主要是通过阳极氧化法制备出 TiO_2 纳米管作为光阳极，然后采用连续离子层吸附与反应法在纳米膜表面沉积 CdS 敏化剂，进而组装成光电极，测定该太阳能电池的光电转化效率。

三、仪器与试剂

1. 仪器

超声清洗器	2 台	烘箱	1 台
直流稳压直流电源	10 台	胶头滴管	10 只
恒温磁力搅拌器	10 台	电子天平(分析)	1 台
镊子	10 只	电化学工作站	1 台
Xe 灯光源	1 台	烧杯(50mL)	15 只
马弗炉	1 台	铁夹子	20 只

2. 试剂

钛箔	A. R.	异丙醇	A. R.
丙酮	A. R.	乙醇	A. R.
硝酸	A. R.	氢氟酸	A. R.
氟化铵	A. R.	乙二醇	A. R.
氯化镉	A. R.	硫化钠	A. R.
亚硫酸钠	A. R.	硫酸钠	A. R.
甲醇	A. R.	蒸馏水	自制

四、实验步骤

1. 两步阳极氧化法制备 TiO_2 纳米管阵列

首先将高纯钛箔（99.9%）在丙酮、甲醇和异丙醇中依次超声脱脂处理，然后在混酸（HF∶HNO_3∶水＝1∶4∶5）中清洗，去除表面氧化物。选用第三代电解液——NH_4F 和去离子水的乙二醇溶液作为阳极氧化的电解液，钛箔为阳极，铂片为阴极。为了制备出规整有序的 TiO_2 纳米管阵列，需对钛箔进行两次阳极氧化处理。首先，在 60V 电压下进行阳极氧化 1h，取出钛箔，并将其表面生成的氧化物薄膜超声去除，在相同的条件下继续阳极氧化 2h，随后对制备的 TiO_2 纳米管阵列进行煅烧，实现锐钛矿相转变。

2. CdS 量子点对 TiO_2 纳米管阵列的敏化

通过连续离子层吸附与反应法在 TiO_2 纳米管阵列表面沉积 CdS 量子点。首先将 TiO_2 纳米管阵列浸入一定浓度的 Cd^{2+} 溶液中 5min，用去离子水冲洗表面多余的离子，然后再将 TiO_2 纳米管阵列浸入一定浓度的 S^{2-} 溶液中 5min，用去离子水冲洗表面多余的离子。重复上述操作，得到所需要的核层 CdS 量子点。

3. 样品测定

本研究中所有光电化学性质表征都在一个连有天津兰力科电化学工作站（LK98BⅡ）的三电极体系中进行，如图 2 所示。本实验中所有测试电位值除特殊标明外都是相对饱和 Ag/AgCl 参比电极电位（vs. Ag/AgCl）；光电测试所用的模拟太阳光光源由 500W 的球形氙灯提供，光强度为标准值，100mW/cm^2。测试内容主要包括瞬态光电流测试和线性扫描伏安法测 *I-V* 曲线。

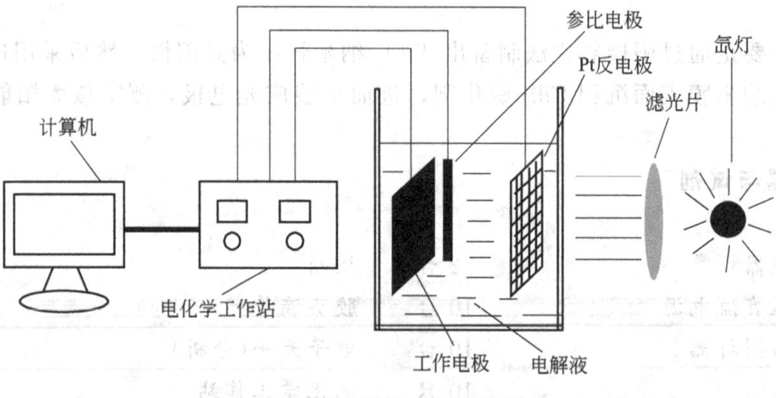

图 2　光电化学测试系统示意图

（1）瞬态光电流的测定　测定样品电极的可见光瞬态光电流性能，采用的是 500W 的氙灯（采用滤波片过滤掉 420nm）以下的紫外线，采用的是三电极体系，样品为工作电极，Pt 为反电极，饱和甘汞电极为参比电极，在测试过程中加入了 0.25V 的偏压。为研究样品的稳定性，电解液分别采用 0.1mol/L Na_2S 和 0.1mol/L Na_2SO_3 的溶液作为电解液。

（2）*I-V* 曲线的测定　测定样品电极的 *I-V* 曲线时，仍然采用实验室自组装的太阳能模拟系统。为研究样品稳定性，电解液分别采用 Na_2SO_4 电解液及含有 0.1mol/L Na_2S 和 0.1mol/L Na_2SO_3 的混合电解液。

五、实验结果和处理

① 测出电池的短路电流和开路电压。

② 计算电池的填充因子：填充因子 FF 为电池具有最大输出功率 P_{max} 时的光电流 J_{max} 和光电压 V_{max} 的乘积与短路光电流 J_{sc} 和开路光电压 V_{oc} 的乘积之比，即：

$$FF=\frac{P_{max}}{J_{sc}\times V_{oc}}=\frac{J_{max}\times V_{max}}{J_{sc}\times V_{oc}}$$

③ 光电功率转化效率 $\eta(\%)$：电池的最大输出功率 P_{max} 与电池的入射光功率 P_{inc} 的比值即为光电功率转化效率 $\eta(\%)$。即：

$$\eta(\%)=\frac{P_{max}}{P_{inc}}=J_{sc}\times V_{oc}\times FF$$

式中，P_{inc} 为入射光的功率。

六、思考题

1. 采用 TiO_2 纳米管作为光阳极的原因以及采用两步阳极氧化法制备纳米管的优点？

2. 影响量子点太阳能电池光电效率的因素有哪些？

七、参考文献

[1] 杨健茂，胡向华，田启威等. 量子点敏化太阳能电池研究进展. 材料导报 A 综述篇，2011，25（12）：1.

[2] Kouhnavard M，Ikeda S，Ludin N A，et al. A review of semiconductor materials as sensitizers for quantum dot-sensitized solar cells. Renewable and Sustainable Energy Reviews. 2014，37：397.

八、附注

随着世界经济的快速发展，人们对能源的需求量与日俱增，化石能源作为不可再生能源，已无法满足全球的能源消耗。此外，化石能源的大量使用会造成全球变暖和环境污染等问题。因而，寻求可高效利用并且对环境友好的可再生能源是世界各国的共同目标。太阳能作为一种清洁的可再生能源，已经引起了广泛的关注，被认为是传统能源的最佳替代品。量子点，是三维尺寸小于或接近激子波尔半径，具有量子局限效应的准零维纳米粒子。光敏性量子点是一种窄禁带宽度的半导体材料，如 CdS、CdSe、PbS、InAs 等，它可通过吸收一个光子能量产生多个激子或电子-空穴对，即多重激子效应，进而形成多重电荷载流子对，以更加有效地利用太阳能，具有更高的理论光电转换效率。并且，量子点太阳能电池的制造成本远低于硅基太阳能电池。因此，量子点太阳能电池被认为是极具发展潜力的新一代太阳能电池，成为世界范围内研究的热点之一。

实验 30　染料敏化 TiO_2 薄膜太阳能电池的制备和性能

一、实验目的

1. 了解染料敏化薄膜太阳能电池的原理、基本构成和特点。

2. 掌握染料敏化太阳能电池的制备过程，学会组装太阳能电池。

3. 熟悉太阳能电池的性能测试。

二、实验原理

染料敏化太阳能电池是一种模仿光合作用原理的、廉价的薄膜太阳能电池。它是基于由光敏电极和电解质构成的半导体，是一个电气化学系统。染料敏化太阳电池有原材料丰富、成本低、工艺技术相对简单等优势，在大面积工业化生产中具有较大优势，同时所有原材料和生产工艺都无毒、无污染，部分材料可以得到充分的回收，对保护人类环境具有重要意义。

染料敏化太阳能电池主要由表面吸附了染料敏化剂的半导体电极、电解质、Pt对电极组成，其结构如图1所示。

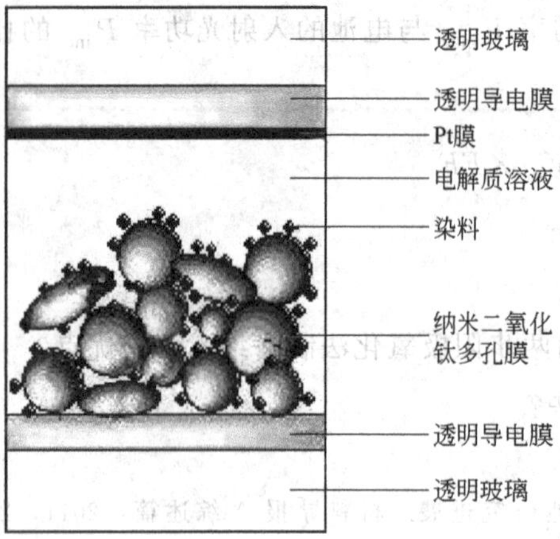

图1　染料敏化太阳能电池结构图

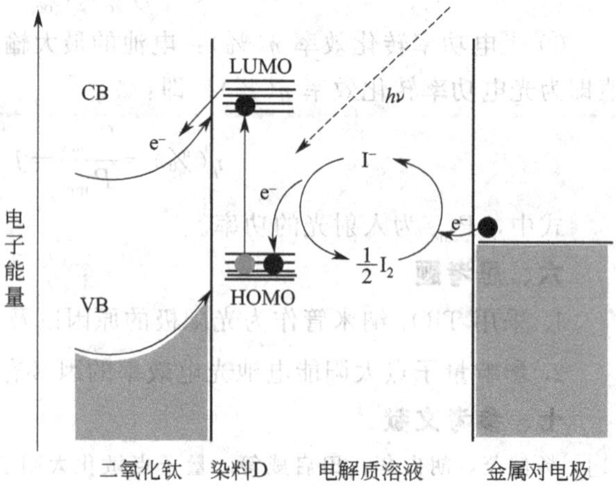

图2　染料敏化太阳能电池工作原理

当有入射光时，染料敏化剂首先被激发，处于激发态的染料敏化剂将电子注入半导体的导带。氧化态的染料敏化剂被中继电解质所还原，中继分子扩散至对电极充电。这样，开路时两极产生光电势，经负载闭路则在外电路产生相应的光电流（见图2）。

通过超快光谱实验可得出染料敏化太阳能电池各个反应步骤速率常数的数量级，具体如下。

① 染料（S）受光激发由基态跃迁到激发态（S^*）：

$$S + h\nu \longrightarrow S^*$$

② 激发态染料分子将电子注入半导体的导带中：

$$S^* \longrightarrow S^+ + e^-(CB),\ k_{inj} = 10^{10} \sim 10^{12}\,s^{-1}$$

③ I^- 还原氧化态染料可以使染料再生：

$$3I^- + 2S^+ \longrightarrow I_3^- + 2S,\ k_3 = 10^8\,s^{-1}$$

④ 导带中的电子与氧化态染料之间的复合：

$$S^+ + e^-(CB) \longrightarrow S,\ k_b = 10^6\,s^{-1}$$

⑤ 导带中的电子在纳米晶网络中传输到后接触面（backcontact，BC）后而流入到外电路中：

$$e^-(CB) \longrightarrow e^-(BC),\ k_5 = 10^3 \sim 10^{10}\,s^{-1}$$

⑥ 纳米晶膜中传输的电子与进入 TiO_2 膜孔中的 I_3^- 复合：

$$I_3^- + 2e^-(CB) \longrightarrow 3I^-,\ J_0 = 10^{-11} \sim 10^{-9}\,A/cm^2$$

⑦ I_3^- 扩散到对电极上得到电子使 I^- 再生：

$$I_3^- + 2e^-(CE) \longrightarrow 3I^-,\ J_0 = 10^{-2} \sim 10^{-1}\,A/cm^2$$

激发态的寿命越长，越有利于电子的注入，而激发态的寿命越短，激发态分子有可能来不及将电子注入半导体的导带中就已经通过非辐射衰减而返回到基态。步骤②、步骤④两步为决定电子注入效率的关键步骤。电子注入速率常数（k_{inj}）与逆反应速率常数（k_b）之比越大（一般大于三个数量级），电子复合的机会越小，电子注入的效率就越高。I^- 还原氧化态染料可以使染料再生，从而使染料不断地将电子注入二氧化钛的导带中。步骤⑥是造成电流损失的一个主要原因，因此电子在纳米晶网络中的传输速度（k_5）越大，电子与 I_3^- 复合的交换电流密度（J_0）越小，电流损失就越小。步骤③生成的 I_3^- 扩散到对电极上得到电子变成离子 I^-（步骤⑦），从而使 I^- 再生并完成电流循环。

三、仪器和试剂

1. 仪器

万用电表	5个	烘箱	1台
ITO玻璃	10块	胶头滴管	10只
研钵	10个	透明胶带	10个
玻璃棒	10只	电子天平(分析)	1台
5B铅笔	10个	电化学工作站	1台
Xe灯光源	1台	烧杯(50mL)	15只
马弗炉	1台	铁夹子	20只

2. 试剂

TiO_2	A. R.	KI	A. R.
I_2	A. R.	红茶	
乙酸	A. R.	蒸馏水	自制

四、实验步骤

1. TiO_2 膜的准备

一种方法是：称取12g二氧化钛粉（DegussaP 25）放入研钵中，一边研磨，一边逐渐加入20mL硝酸或乙酸（pH值为3～4），每加入1mL酸都必须使其研磨得较均匀。另一种方法是：加入1mL水溶液（含12mL乙酰丙酮），然后边研磨边逐渐加入19mL水，用一个万用表来检测一下哪一面是导电面。用透明胶带盖住电极的四边，其中3边约盖住1～2mm宽，而第四边约盖住4～5mm宽。胶带的大部分与桌面相粘，有利于保护玻璃不动，这样形成一个约40～50μm深的沟，用于涂覆二氧化钛。在上面滴3滴 TiO_2 溶液，然后用玻璃棒徐徐地滚动，使其均匀。待膜自然晾干后，再撕去胶带，放入炉中，在450℃下保温半小时。

2. 二氧化钛膜的着色

在室温下把 TiO_2 膜浸泡在红茶（木槿属植物）溶液中。取出后如果还能看见白色的 TiO_2 膜，必须再放进去浸泡5min。着色后的 TiO_2 膜分别用水、乙醇和异丙醇清洗，最后用柔软的纸轻轻地擦干。若膜不立即用，可把它储存在盛有酸性去离子水（pH值为3～4）溶液的密闭深色瓶中保存。

3. 制备碳膜反电极

用石墨棒或软铅笔在整个反电极的导电面上涂上一层碳膜。这层碳膜主要对 I^- 和 I_3^- 起催化剂的作用，整个面无需掩盖和贴胶带，因而整个面都可以涂上一层催化剂，可以通过把碳膜在450℃下烧结几分钟来延长电极的使用寿命，电极必须用乙醇清洗，并烘干。

4. 电池的组装和输出特性的测量

小心地把着色后的电极从溶液中取出，并用水清洗。在加入电解质之前，着色后多孔 TiO_2 膜的去水分十分重要，一种办法是烘干之前再用乙醇或异丙醇清洗一下，以确保除去水分。把烘干后的电极的着色膜面朝上放在桌上，并把涂有催化剂的反电极放在上面，把两片玻璃稍微错开，以便于利用未涂有 TiO_2 电极的部分和反电极，留出约 4mm 宽的导电部分作为电池的测试用。用两个夹子把电池夹住，再滴入两滴电解质，由于毛细管原理，电解质很快在两个电极间均匀扩散。

5. 样品测定

本实验中所有光电化学性质测试内容主要包括瞬态光电流测试和线性扫描伏安法测 *I-V* 曲线，仍然采用的是实验室自组装的太阳能模拟系统。具体测试系统和相关参数参照实验 29（图 2）中的样品测定，采用 0.5mol/L KI 和 0.05mol/L I_2 混合电解液。

6. *I-V* 曲线的测定

测定样品电极的 *I-V* 曲线时，仍然采用的是实验室自组装的太阳能模拟系统。为研究样品的稳定性，电解液分别采用的是 0.5mol/L KI 和 0.05mol/L I_2 的混合电解液。

五、实验结果和处理

1. 测出电池的短路电流和开路电压

2. 计算电池的填充因子

填充因子 FF 为电池具有最大输出功率 P_{max} 时的光电流 J_{max} 和光电压 V_{max} 的乘积与短路光电流 J_{sc} 和开路光电压 V_{oc} 的乘积之比，即：

$$FF=\frac{P_{max}}{J_{sc}\times V_{oc}}=\frac{J_{max}\times V_{max}}{J_{sc}\times V_{oc}}$$

3. 光电功率转化效率 $\eta(\%)$

电池的最大输出功率 P_{max} 与电池的入射光功率 P_{inc} 的比值即为光电功率转化效率 $\eta(\%)$。即：

$$\eta(\%)=\frac{P_{max}}{P_{inc}}=J_{sc}\times V_{oc}\times FF$$

式中，P_{inc} 为入射光的功率。

六、思考题

1. 影响染料敏化太阳能电池的因素有哪些？

2. 与其他太阳能电池相比，染料敏化太阳能电池有哪些优缺点？

七、参考文献

[1] Smestad G, Grätzel M. Demonstrating electron transfer and nanotechnology: A natural dye sensitized nanocrystalline energy converse, J Chemical Education, 1998, 75 (6): 752.

八、附注

染料敏化太阳能电池是一种模仿光合作用原理的、廉价的薄膜太阳能电池。它是基于由光敏电极和电解质构成的半导体，是一个电气化学系统。其有原材料丰富、成本低、工艺技术相对简单等优势，在大面积工业化生产中具有较大优势，同时所有原材料和生产工艺都无毒无污染，对环保具有重要意义。染料敏化太阳能电池有原材料丰富、成本低、工艺技术相对简单等优势，在大面积工业化生产中具有较大优势，同时所有原材料和生产工艺都无毒、无污染，部分材料可以得到充分的回收，对保护人类环境具有重要意义。自 1991 年瑞士洛桑高工 M. Grätzel 教授领导的研究小组在该技术上取得突破以来，欧洲、美国、日本等发达国家和地区投入了大量资金进行研发。经过短短十几年时间，染料敏化太阳能电池研究在染料、电极、电解质等各方面取得了很大进展。同时在高效率、稳定性、耐久性等方面还有很大的发展空间。但要真正使之走向产业化，服务于人类，还需要全世界各国科研工作者的共同努力。相信在不久的将来，染料敏化太阳能电池将会走进我们的生活。

实验 31　氧化锌的形貌控制及光催化性能测试

一、实验目的

1. 掌握合成氧化锌光催化材料的形貌控制原理和实验过程。
2. 熟悉材料物相和形貌的表征手段。
3. 掌握光催化降解的仪器操作及过程。

二、实验原理

氧化锌(ZnO) 是一种重要的Ⅱ～Ⅳ族直接带隙宽禁带半导体材料。室温下能带带隙为 3.37eV，激子束缚能高达 60meV（自由激子束缚在杂质上形成束缚激子。激子束缚能大，说明自由激子容易和杂质结合形成发光中心），能有效工作于室温（26meV）及更高温度，且光增益系数（$300cm^{-1}$）高于 GaN（$100cm^{-1}$），这使得 ZnO 迅速成为继 GaN 后短波半导体激光器件材料研究的新的国际热点。ZnO 有三种不同的结构，如图 1 所示。在自然条件下，ZnO 以单一的六方纤锌矿结构稳定存在，晶体的空间群为 C_{6v}^{4}-$P6_3mc$。室温下，当压强达到 9GPa 时，纤锌矿结构 ZnO 转变为四方岩盐矿结构，体积相应缩小 17%。闪锌矿结构 ZnO 只在立方相结构的衬底上生长才可稳定存在。

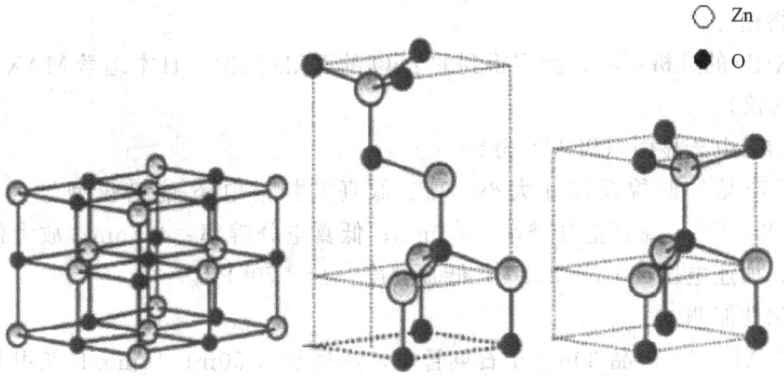

(a) 岩盐矿结构　(b) 闪锌矿结构　(c) 纤锌矿结构

图 1　ZnO 晶体结构

近年来，随着科学技术和电子工业的高速发展，使得电磁辐射污染成为一个日益严重的环境问题。而纳米科技的飞速发展为解决能源与环境危机提供了诸多的机遇与广阔的前景。ZnO 材料以其在电学、光学、力学和热学方面展现出的优异特性，使得在激光器、变频器、生物传感器、气敏元件及纳米储能器件等方面具有应用前景而备受关注。而由于其低密度、轻质量、优异的半导体性能以及它能大量制备的特点，ZnO 将成为一种新颖而优异的微波吸收材料。目前，氧化锌材料的制备方法比较多，常见的有热合成法、溶胶-凝胶法、微乳液法、直接沉淀法、均匀沉淀法等。

本实验以硝酸锌和氨水为反应物，聚乙二醇 4000 为形貌控制剂，采用回流法来制备不同形貌的氧化锌，并对其进行光催化降解亚甲基蓝的性能进行研究。

三、仪器与试剂

1. 仪器

鼓风干燥箱	1台	高速离心机	1台
磁力搅拌器	1台	水热反应釜(30mL)	3套
圆底烧瓶(100mL)	1只	真空干燥箱	1台
离心管	10只	冷凝管	1只
电子天平	1台	烧杯(100mL)	5只
集热式恒温磁力搅拌器	1台		

2. 试剂

$Zn(NO_3)_2\cdot 6H_2O$	A. R.	聚乙二醇4000	A. R.
氨水	A. R.	无水乙醇	A. R.
蒸馏水	自制		

四、实验内容

1. 氧化锌的制备

分别称取不同量的聚乙二醇4000（0、0.2g、1.0g和2.0g）和3.6g六水合硝酸锌于烧杯中，加入40mL蒸馏水，在磁力搅拌器上搅拌使其完全溶解，然后滴加氨水调节pH值为8～9（大约2mL），20min后，转入100mL烧瓶中，100℃加热回流1h，自然冷却至室温。分别用蒸馏水洗涤3次，再用无水乙醇洗涤1次，最后在80℃烘箱中干燥，得到粉末状干燥样品。样品分别记为A1～A4。

2. 产品物相分析

按一般XRD的分析步骤，测定得到的ZnO的XRD图谱（日本理学MAX-2500VP型转靶X射线衍射仪）。

3. 产品扫描电子显微（SEM）分析

用来观察产品的形貌及尺寸大小。高、低真空扫描电镜-能谱仪型号为JSM-5610LV（日本电子株式会社），高真空分辨率：3.0nm；低真空分辨率：4.5nm；放大倍数：×18～×300000倍；加速电压：0.5～30kV；低真空度：1～270kPa。

4. 光催化性能测试

分别称取A1～A4样品30mg于石英管中，然后加入50mL 10mg/L亚甲基蓝溶液，先在暗室中吸附20min，然后再在光化学反应仪上进行光催化实验，光源为300W汞灯（最大波长为365nm），每隔20min取样，离心，用分光光度计测上层清液的吸光度。

五、实验结果和处理

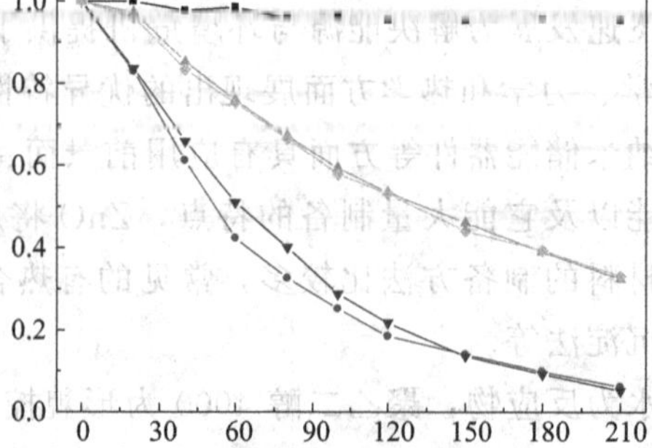

实验结束以后，对数据进行处理，根据朗伯比尔定律：$A/A_0=C/C_0$。A_0、C_0 分别是初始状态亚甲基蓝溶液的吸光度和浓度，A、C 分别是光催化以后不同时刻 t 的亚甲基蓝溶液的吸光度和浓度。然后作 C/C_0-t 曲线，即样品光催化降解亚甲基蓝曲线，如上图所示。

六、思考题

1. 根据表征结果讨论 PEG4000 对 ZnO 形貌和结构的影响，并分析其原因。
2. 根据实验结果和所学知识分析不同形貌 ZnO 光催化效果不同的原因。

七、参考文献

[1] 冯怡，袁忠勇．ZnO 纳米结构制备及其器件研究．中国科技论文在线，2009，4 (3)：157.

[2] Choopun S，Vispute R D，NochW. Oxygen pressure-tuned epitaxy and optoelectronic properties of laser-deposited ZnO film on sapphire. Appl Phys Lett 1999，75 (25)：3947.

[3] Bates C H，White W B，RoyR. New high-pressure polymorph of zinc oxide. Science，1962，137 (3534)：993.

八、附注

近年来，利用高效、节能、简便的光催化方法，使环境污染物转化、降解和矿化方面的研究备受人们关注，同时对光催化材料也提出了较高要求。目前研究较多的光催化材料是半导体纳米材料，它很好地结合了纳米材料与半导体本身的特性，在光催化领域显示出广阔的应用前景，ZnO 便是重要的纳米半导体材料之一。

实验 32　陶瓷坯体的成型以及烧成收缩的测定

一、实验目的

1. 掌握陶瓷的实验室成型方法及影响成型坯体质量的因素。
2. 掌握陶瓷坯料烧成收缩的表示方法、测定方法、影响因素和调整措施。
3. 了解控制烧成收缩对陶瓷生产的意义。

二、实验原理

陶瓷干法成型是用较大压力将干燥的陶瓷粉料在模腔内压成具有一定大小、形状和强度的坯体的过程。干法成型是陶瓷成型常用的方法，它具有过程简单、坯体收缩小、致密度大、产品尺寸精确、对原料可塑性要求不高等特点。

陶瓷湿法成型是用较小压力将黏结剂、溶剂和陶瓷粉料混合物置于模腔内压制成一定大小、形状和强度的坯体的制备过程。湿法成型也是陶瓷成型常用的方法，它具有坯体收缩大、致密度小（多孔）、原料可塑性低等特点。

烧成是陶瓷工艺过程中较重要的工序之一，它是将成型以后的生坯在一定的条件下进行热处理，经过一系列物理化学变化，得到具有一定矿物组成和显微结构，达到所要求的物理性能指标的成品。

在烧成过程中，由于原料中含有一定水分、有机物、碳酸盐、硫酸盐等矿物成分，它们在高温下氧化分解，使制品体积产生收缩；同时由于烧结过程中液相的出现，促使坯体致密化，体积也会产生剧烈收缩。这些都是产生烧成收缩的主要原因，它会影响制品的显微结构和理化性能以及尺寸形状等。

陶瓷生产中，通常要测定坯体的烧成收缩，从而确定生坯的尺寸，以保证烧成后的制品尺寸符合规格的要求，烧成线收缩率的计算公式如下：

$$\varepsilon_{烧}=(L_{干}-L_{烧})/L_{干}\times 100\%$$

式中，$\varepsilon_{烧}$ 为试样烧成线收缩率；$L_{干}$ 为试样干燥后的长度；$L_{烧}$ 为试样烧成后的长度。

三、仪器与试剂

1. 仪器

扫描电子显微镜，型号 JSM-5610LV

压力机	1台	游标卡尺	1只
高温电阻炉	1台	真空干燥箱	1台
电子天平	1台	成型磨具	1套

2. 试剂

羟基磷灰石	A. R.	聚乙烯醇	A. R.

四、实验过程

① 称一定量羟基磷灰石原料加入到模具模腔中，并按干法成型的基本要求压制成型，每组至少制作3块试样并编号。

② 按照羟基磷灰石：聚乙烯醇(PVA)：水=2：1：20（质量比）称量后，置于模具模腔中，并按湿法成型的基本要求压制成型，每组至少制作3块试样并编号。

③ 用游标卡尺准确量取各试饼的直径并做好记录。

④ 将压制成型的试饼放入烘箱中烘干至恒重，并用游标卡尺准确量取各试饼的直径并做好记录。

⑤ 将干燥好的试饼放入高温炉中，按照事先拟定好的烧成曲线进行烧结，等试饼冷却后，用游标卡尺准确量取各试饼的直径并做好记录。

五、实验结果和处理

实验记录表如下。

干法成型

试样号	1	2	3
试样尺寸/mm			

湿法成型

试样号	1	2	3
试样尺寸/mm			

烧成收缩率

试饼编号	1	2	3
$L_{干}$			
$L_{烧}$			
$\varepsilon_{烧}$			
平均烧成收缩率			

六、思考题

1. 讨论分析影响陶瓷成型坯体性质的因素。

2. 分析影响陶瓷坯体烧成收缩的因素。

七、参考文献

[1] 李星逸，孟祥才，刘国权等．烧结工艺对羟基磷灰石组织及性能的影响．材料热处理学报，2008，29(6)：41.

八、附注

羟基磷灰石生物陶瓷分子式为$Ca_{10}(PO_4)_6(OH)_2$（简称HA），Ca∶P＝5∶3≈1.67，纯的羟基磷灰石理论密度为$3.16g/cm^2$，比表面积为$29.9m^2$；微溶于水，呈弱碱性，易溶于酸而难溶于碱；可以与含羧基（—COOH）的有机酸等反应，Ca^{2+}易被Cd^{2+}、Pb^{2+}等有害金属离子和重金属离子所置换，OH^-易被F^-、Cl^-置换；高温时不稳定，易脱水，温度继续升高则发生分解反应。

羟基磷灰石的物理化学组成和人体骨的无机组成非常相似且晶体结构也相似，植入人体后具有良好的生物活性和生物相容性，对人体无毒副作用，被认为是最具有代表性的表面活性生物陶瓷。其相互连通的孔隙有利于组织液的微循环，并为羟基磷灰石深部的新生骨提供营养，促进纤维组织和新生骨的结合和生长，是一种性能优异的硬骨组织替代材料。羟基磷灰石生物活性陶瓷其良好的生物性能是传统金属材料无法相比的，其在仿生医学领域中有着很好的发展前景，是目前研究的热点方向之一。

第二部分 高分子材料实验

实验 33 乙酸乙烯酯的溶液聚合

一、实验目的

1. 了解高分子溶液聚合的原理和特点。
2. 掌握通过溶液聚合法制备聚乙酸乙烯酯的操作过程。

二、实验原理

溶液聚合一般具有反应均匀、聚合热易散发、反应速度及温度易控制、分子量分布均匀等优点。在聚合过程中存在向溶剂链转移的反应，使产物分子量降低。因此，在选择溶剂时必须注意溶剂的活性大小。各种溶剂的链转移常数变动很大，水为零，苯较小，卤代烃较大。一般根据聚合物分子量的要求选择合适的溶剂。另外还要注意溶剂对聚合物的溶解性能，选用良溶剂时，反应为均相聚合，可以消除凝胶效应，遵循正常的自由基动力学规律。选用沉淀剂时，则成为沉淀聚合，凝胶效应显著。产生凝胶效应时，反应自动加速，分子量增大。

聚乙酸乙烯酯在轻工、造纸、建筑等工业部门有着广泛的应用。目前合成聚乙酸乙烯酯多采用乳液聚合、分散聚合等，如要进一步醇解成聚乙烯醇，则采用溶液聚合的方法。近几年来关于乙酸乙烯酯溶液聚合的研究主要是新型的引发方法，如紫外线引发等。

本实验以甲醇为溶剂进行乙酸乙烯酯的溶液聚合。根据反应条件的不同，如温度、引发剂量、溶剂等的不同可得到分子量❶从 2000 到几万的聚乙酸乙烯酯。聚合时，溶剂回流带走反应热，温度平稳。但由于溶剂的引入，大分子自由基和溶剂易发生链转移反应，使分子量降低。

乙酸乙烯酯在溶液聚合中分子量的控制是关键。由于乙酸乙烯酯自由基活性较高，容易发生链转移，反应大部分在乙酸基的甲基处反应，形成支链产物。除此之外，还向单体、溶剂等发生链转移反应。所以在选择溶剂时，必须考虑对单体、聚合物、分子量的影响，选取适当的溶剂。溶剂的选择要注意单体及引发剂的溶解性、链转移常数、沸点等条件的影响。温度对聚合反应也是一个重要的因素。随温度的升高，反应速度加快，分子量降低，同时引起链转移反应速度增加，所以必须选择适当的反应温度。

三、仪器和试剂

1. 仪器

三口烧瓶	1 支	温度计	1 支
搅拌器	1 套	磨口冷凝管	1 支
超级恒温槽	1 个	聚四氟乙烯搅拌套管	1 套

❶ 本书中提到的“分子量”，均指相对分子质量，为叙述方便简称为分子量。

搅拌桨(不锈钢) 1支 量筒 1支

2. 试剂

乙酸乙烯酯(VAc) 化学纯

甲醇 化学纯

偶氮二异丁腈(AIBN) 化学纯

四、实验步骤

(1) 安装实验装置 三颈瓶(250mL)、搅拌器、温度计、冷凝管、恒温水浴装置(见图1)。

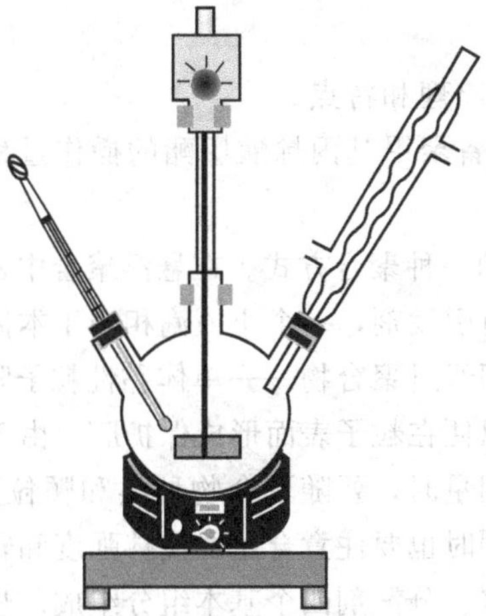

图1 实验装置

(2) 加料 60mL新鲜蒸馏的乙酸乙烯酯,AIBN的甲醇溶液(0.25g AIBN溶于10mL甲醇)依次加入三口烧瓶中。

(3) 反应 开动搅拌器,加热升温,恒温控制在61℃,反应3h;之后升温到65℃,继续反应1h。冷却停止反应。实验过程中注意控制温度,温度对溶液聚合的速度有重要影响。

(4) 后处理 取5g左右产物在真空干燥箱中烘干至恒重,计算固含量与单体转化率。

五、实验结果和处理

① 产品外观:________;产量:________。

② 固含量与单体转化率的计算:

项 目	结 果
干燥的样品质量	
固含量	
单体转化率	

六、思考题

1. 溶液聚合的特点及影响因素是什么?

2. 如何选择溶剂,本实验为什么选择甲醇作为溶剂?

七、参考文献

[1] Mesquita A C, Mori M N, Vieira J M, Andrade e Silva L G. Vinyl Acetate Polymerization by Ionizing Radiation. Radiation Physics and Chemistry, 2002, 63: 465.

[2] 于洪俊，于毅冰，杨万泰．紫外光引发醋酸乙烯酯溶液聚合研究．北京化工大学学报，2003，30：49.

[3] Rita Vasishtha, Srivastava A K. Radical Polymerization of Vinyl Acetate Using *p*-Acetylbenzylidene Triphenylarsonium Ylide as An Initiator. European Polymer Journal, 1990, 26: 937.

实验 34　甲基丙烯酸甲酯的悬浮聚合

一、实验目的

1. 掌握高分子悬浮聚合的原理和特点。

2. 掌握通过悬浮聚合法制备聚甲基丙烯酸甲酯的操作过程。

二、实验原理

悬浮聚合是工业生产常用的一种聚合方式。在悬浮聚合中，单体以液滴形式悬浮分散于与其不相容的介质中。单体中溶有引发剂，一个小液滴相当于本体聚合中的一个单元。从单体液滴转变为聚合物固体粒子，中间经过聚合物——单体黏性粒子阶段，为了防止粒子相互黏结在一起，体系中需另加分散剂，以便在粒子表面形成保护膜。由于分散剂的作用机理不同，在选择分散剂的种类和确定分散剂用量时，要随聚合物种类和颗粒要求而定，如颗粒大小、形状、树脂的透明性和成膜性能等。同时也要注意合适的搅拌强度和转速，水与单体比等。因此，悬浮聚合一般由单体、引发剂、水、分散剂四个基本组分组成。悬浮聚合的聚合机理与本体聚合相似，方法上兼有本体聚合的优点，且缺点较少，因而在工业上有广泛的应用。

本实验以聚乙烯醇为分散剂进行甲基丙烯酸甲酯的悬浮聚合。

三、仪器和试剂

1. 仪器

三口烧瓶	1 只	电炉	1 只
球形冷凝管	1 支	温度计	1 支
搅拌器	1 套	玻璃棒	1 根
烧杯	2 只	玻璃漏斗	1 只
量筒	2 只	吸滤纸、布氏漏斗(公用)	1 套

2. 试剂

甲基丙烯酸甲酯(新鲜蒸馏)	化学纯	1%的聚乙烯醇溶液	化学纯
过氧化二苯甲酰(重结晶)	化学纯	蒸馏水	

四、实验步骤

(1) 安装实验装置　三口烧瓶（250mL)、搅拌器、导气管、温度计、冷凝管、恒温水浴装置（图 1)。

安装时搅拌器装在支管正中，不要与壁碰撞，搅拌时要平稳，支管下装有加热水浴（冷凝管可待料加入支管后再安上)，其装置如图 1 所示。

(2) 加料　将 2mL 1%的聚乙烯醇水溶液、50mL 水加入到三口烧瓶中。在搅拌条件下缓慢加热，控制水浴温度不超过 70℃，同时取新蒸馏的单体甲基丙烯酸甲酯 15mL 于小烧杯中，使其先与 0.10g 过氧化二苯甲酰混溶，待全部溶解后，将其加入到三口烧瓶中，剩余

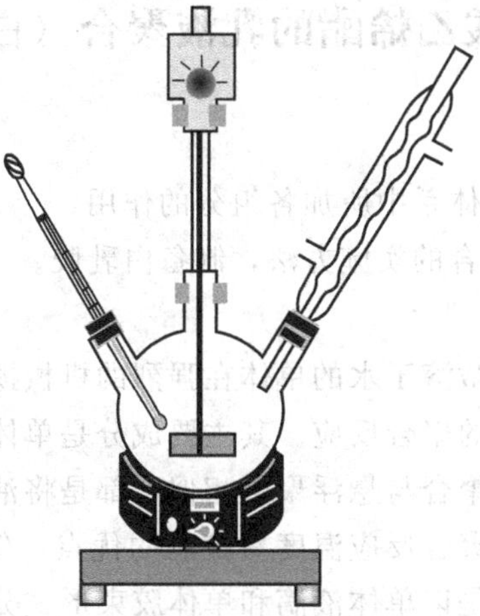

图1　实验装置

的20mL蒸馏水冲洗小烧杯并倒入三口烧瓶。

(3) 反应　反应时注意调整搅拌器转速，保持速度快而均匀，使单体在水中分散成为大小均匀的珠粒。控制反应温度保持在80℃，反应约2 h后，用滴管吸取少量珠状物，冷却后观察是否变硬。若变硬，可减慢或者停止搅拌，若珠状物全部沉淀，可在缓慢搅拌下升温到85 ℃继续反应1h左右，以使单体完全反应。如果聚合过程中发生停电或聚合物粘在搅拌棒上等异常现象，应及时降温终止反应并倾出反应物，以免造成仪器报废。

(4) 后处理　反应结束后，移去热水浴，用水冷却后将产物倾入烧杯，用去离子水清洗数次，再抽滤，在表面皿中自然风干，观察聚合物珠粒形状，称量，计算产率。

五、实验结果和处理

① 产品外观：____________________；产量：________________。

② 单体转化率的计算：

项　目	结　果
干燥的样品质量	
单体转化率	

六、思考题

1. 悬浮聚合成败的关键何在？

2. 在悬浮聚合中如何控制聚合物颗粒的粒度？

七、参考文献

[1] 朱常英，赵福凯，夏庆云，曹玉蓉，黄家贤．甲基丙烯酸甲酯的原子转移自由基聚合．高分子学报，2001，(6)：726.

[2] Styliani Georgiadou，Brian W Brooks. Suspension Polymerisation of Methyl Methacrylate Using Ammonium Polymethacrylate as a Suspending Agent. Chemical Engineering Science，2006，61：6892.

[3] Styliani Georgiadou，Brian W Brooks. Suspension Polymerisation of Methyl Methacrylate Using Sodium Polymethacrylate as a Suspending Agent. Chemical Engineering Science，2005，60：7137.

[4] Changying Zhu，Fei Sun，Min Zhang，Jian Jin. Atom Transfer Radical Suspension Polymerization of Methyl Methacrylate Catalyzed by CuCl/bpy. Polymer，2004，45：1141.

实验 35　乙酸乙烯酯的乳液聚合（白乳胶的制备）

一、实验目的

1. 熟悉乳液聚合原理以及体系中所加各组分的作用。

2. 掌握乙酸乙烯酯乳液聚合的实施方法，制备白乳胶。

二、实验原理

乳液聚合是将不溶于水或微溶于水的单体在强烈的机械搅拌及乳化剂的作用下与水形成乳状液，在水溶性引发下进行的聚合反应。其主要成分是单体、水、引发剂和乳化剂。引发剂常采用水溶性引发剂。乳液聚合与悬浮聚合相似，都是将油溶性单体分散在水中进行聚合反应，因而也具有导热容易、聚合反应温度易控制的优点，但与悬浮聚合有着显著的不同，在乳液聚合中，单体虽然同样是以单体液滴和单体胶束形式分散在水中的，但由于采用的是水溶性引发剂，因而聚合反应不是发生在单体液滴内，而是发生在增溶胶束内形成的乳胶粒内。乳液聚合能在高聚合速率下获得高分子量的聚合物，且聚合反应温度通常都较低。

乳化剂是乳液聚合的重要组分，它可以使互不相容的油-水两相，转变为相当稳定难以分层的乳浊液。乳化剂分子一般由亲水的极性基团和疏水的非极性基团构成，根据极性基团的性质可以将乳化剂分为阳离子型、阴离子型、两性型和非离子型四类。

乳液聚合的反应机理不同于一般的自由基聚合，其聚合速率 R_p 及聚合度 $\overline{X}_n$ 可表示如下：

$$R_p=\frac{10^3 Nk_p[M]}{2N_A}$$

$$\overline{X}_n=\frac{Nk_p[M]}{R_t}$$

式中，N 为乳胶粒数，mL^{-1}；k_p 为一个乳胶粒的增长速率，s^{-1}；[M] 为乳胶粒中单体浓度，mol/L；N_A 为阿伏加德罗常数；R_t 为体系中总的引发率，$mL^{-1}\cdot s^{-1}$。由此可见，聚合速率与引发速率无关，而取决于乳胶粒数。乳胶粒数的多少与乳化剂浓度有关。增加乳化剂浓度，即增加乳胶粒数，可以同时提高聚合速度和分子量。而在本体、溶液和悬浮聚合中，使聚合速率提高的一些因素，往往使分子量降低。所以乳液聚合具有聚合速率快、分子量高的优点。乳液聚合在工业生产中的应用也非常广泛。

聚乙酸乙烯酯（PVAc）乳胶漆具有水基漆的优点，黏度小，分子量较大，不用易燃的有机溶剂。作为黏合剂时（俗称白乳胶），木材、织物和纸张均可使用。本实验采用水溶性的过硫酸盐为引发剂来制备聚乙酸乙烯酯。为使反应平稳进行，单体和引发剂均需分批加入。聚合中常用的乳化剂是聚乙烯醇（PVA）。实验中还常采用两种乳化剂合并使用，其乳化效果和稳定性比单独使用一种好。本实验采用 PVA-1788 和 OP-10 两种乳化剂。乙酸乙烯酯的乳液聚合反应步骤如下：

1. 链的引发

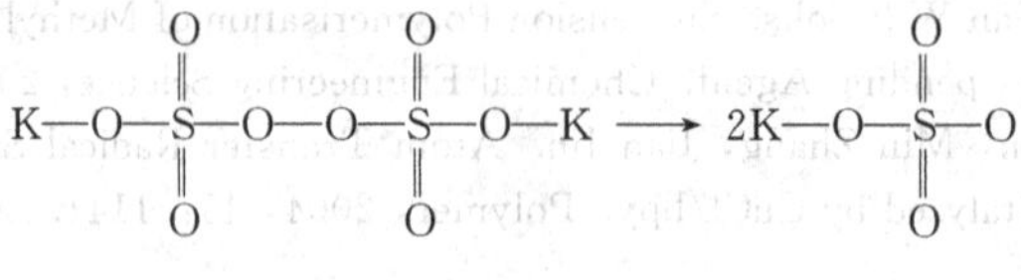

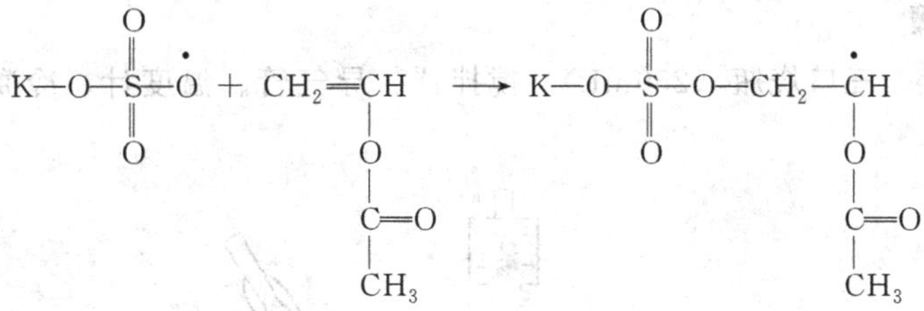

$$K-O-\overset{O}{\underset{O}{\overset{|}{S}}}-\overset{\cdot}{O} + CH_2=CH \longrightarrow K-O-\overset{O}{\underset{O}{\overset{|}{S}}}-O-CH_2-\overset{\cdot}{CH}$$

2. 链的增长

$$K-O-\overset{O}{\underset{O}{\overset{|}{S}}}-O-CH_2-\overset{\cdot}{CH} + nCH_2=CH \longrightarrow$$

$$K-O-\overset{O}{\underset{O}{\overset{|}{S}}}-O\overset{}{[}CH_2-CH\overset{}{]}_n CH_2-\overset{\cdot}{CH}$$

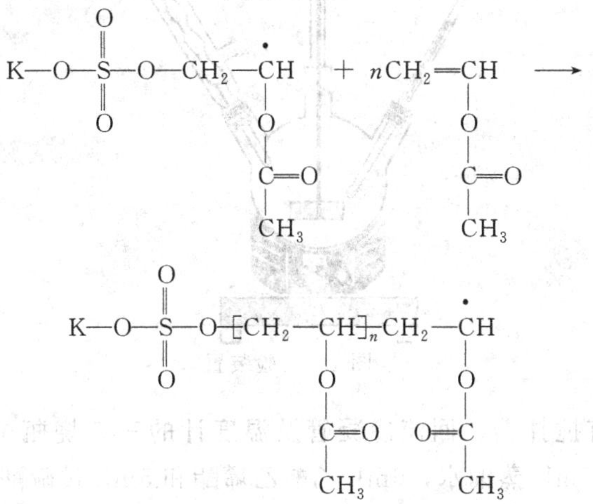

3. 链的终止

$$\cdots CH_2-\overset{\cdot}{CH} + \overset{\cdot}{CH}-CH_2\cdots \longrightarrow \cdots CH_2-CH-CH-CH_2\cdots$$

$$\cdots CH_2-\overset{\cdot}{CH} + \overset{\cdot}{CH}-CH_2\cdots \longrightarrow \cdots CH_2-CH_2 + CH=CH\cdots$$

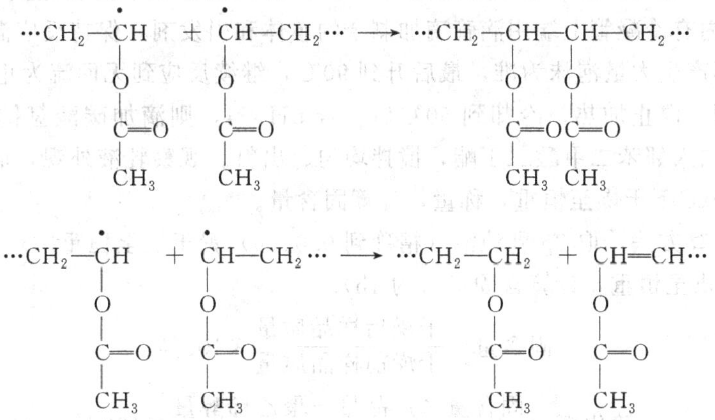

三、仪器和试剂

1. 仪器

三口烧瓶	1个	搅拌器	1套
超级恒温槽	1只	量筒	3只
球形冷凝管	1只	烧杯	3只
温度计	1支	玻璃棒	1根

2. 试剂

乙酸乙烯酯(新鲜蒸馏)	化学纯	过硫酸钾	化学纯
10%的聚乙烯醇(PVA-1788)溶液	化学纯	OP-10(烷基酚的环氧乙烷缩合物)	化学纯
碳酸氢钠	化学纯	蒸馏水	化学纯

四、实验步骤

（1）实验装置　三口烧瓶（250mL）、搅拌器、导气管、温度计、冷凝管、恒温水浴装置（见图1）。

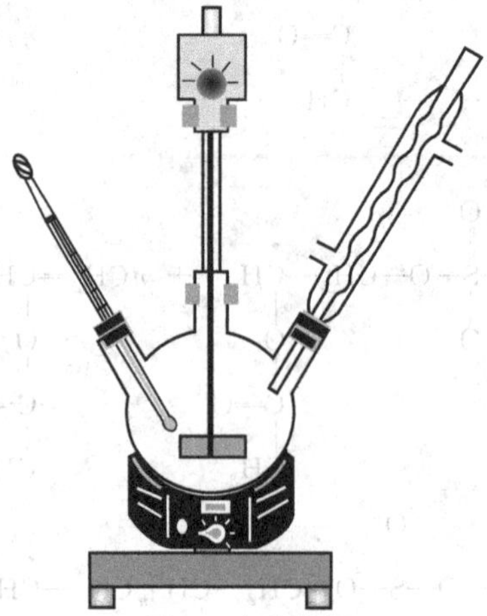

图1　实验装置

（2）加料　在装有搅拌器、回流冷凝管及温度计的三口烧瓶中加入40mL聚乙烯醇，1mL乳化剂OP-10，15mL蒸馏水，6mL乙酸乙烯酯和5mL过硫酸钾水溶液（0.1g过硫酸钾溶解于8mL水中）。

（3）反应　开动搅拌器，逐渐加热至70℃并保持恒温。如果温度过高，会造成单体损失。然后在2h内有冷凝管上端用滴管滴加剩余的单体和引发剂，保持反应温度到无回流时，逐步升温，以不产生大量泡沫为准，最后升到90℃，继续反应到无回流为止，保温10min。

（4）后处理　停止加热，冷却到50℃后，若pH＜4，则滴加碳酸氢钠溶液，调至pH值为4～5时，加入邻苯二甲酸二丁酯，搅拌均匀、出料。观察乳液外观，取5g乳液放在真空干燥箱中于80℃下干燥至恒重，称量，计算固含量。

固含量的计算方法：取2g乳浊液（精确到0.002g）置于烘至恒重的玻璃表面皿上，放于100℃烘箱中烘至恒重，计算含固量（约4h）。

$$\text{固含量}=\frac{\text{干燥后样品质量}}{\text{干燥前样品质量}}\times 100\%$$

$$\text{转化率}=\frac{\text{固含量}\times\text{产品量}-\text{聚乙烯醇量}}{\text{单体质量}}\times 100\%$$

配制10%聚乙烯醇水溶液的方法：将3.75g醇解度为88%的聚乙烯醇溶解在34mL水中，最好先浸泡一段时间，然后在沸水中完全溶解。

五、实验结果和处理

① 产品外观：＿＿＿＿＿＿＿＿＿＿；产量：＿＿＿＿＿＿＿＿＿＿。

② 固含量与单体转化率的计算：

项　目	结　果
干燥的样品质量	
固含量	
单体转化率	

六、思考题

1. 在乳液聚合过程中，乳化剂的作用是什么？

2. 乳液聚合中反应速率取决于哪些因素，为什么？

七、参考文献

[1] 李青山，王雅珍，董志辉，王忠伟，富彦珍．微型乙酸乙烯酯乳液聚合实验研究．广西师范大学学报：自然科学版，2000，(6)：138.

[2] Jean-Louis Gustin. Understanding Vinyl Acetate Polymerization Accidents. Chemical Health and Safety，2005，12：36.

[3] Hidetaka Tobita. Kinetics of Long-chain Branching in Emulsion Polymerization：2. Vinyl Acetate Polymerization. Polymer，1994，35：3032.

实验 36 苯乙烯的分散聚合

一、实验目的

1. 掌握高分子分散聚合的原理和特点。

2. 掌握通过分散聚合法制备聚苯乙烯微球的操作过程。

二、实验原理

分散聚合是由英国 ICI 公司的研究者在 20 世纪 70 年代初最先提出的。分散聚合体系中的主要组分为单体、分散介质、稳定剂和引发剂。聚合反应开始前，整个体系呈均相。但反应所生成的聚合物不溶于介质，在达到临界链长度后从介质中沉淀出来，聚结成小颗粒，并借助于稳定剂悬浮在介质中，形成类似于聚合物乳液的稳定分散体系。反应结束时，整个体系呈聚合物粒子均匀分散的多相状态。聚合物粒子的大小主要取决于所形成的聚合物在介质中的溶解性。

微米级的聚合物粒子很难由传统的乳液聚合（0.05～0.7μm）和悬浮聚合（50～1000 μm）来获得，而利用分散聚合则很容易获得微米级的聚合物粒子。用分散聚合法制备的单分散微米级聚合物微球不但广泛应用于高档涂料、特种黏合剂及精细化工产品等，而且在某些高新技术领域，如生物工程、医学处理、免疫检验、信息产业、高效液相色谱等，也显示出了良好的应用前景。

分散聚合具有与沉淀聚合及乳液聚合相类似的特点，但又完全不同于这两种聚合方法。沉淀聚合既可以在有机溶剂中进行，又可以在纯单体液中进行，并在体系中产生不溶性聚合物。例如，甲基丙烯酸甲酯可以在环己烯丙烯腈或氯乙烯中进行沉淀聚合，反应在聚合过程中可以观察到自加速聚合效应，这是由于在反应体系中增长的聚合物链黏度增大限制了正常的链终止过程而引起凝胶化效应的结果。

在水中进行的乳液聚合具有聚合速率快、产生的聚合物分子量高的特点。在聚合过程中，自由基被分散在各个增长微粒中。对于悬浮聚合或液珠聚合，即利用在水中的单体液滴作为聚合场所的聚合方式，由于它们可用油溶性引发剂进行引发聚合，所以实质上它们都属于微本体聚合。所有这些多相聚合过程都要形成一个稳定的聚合物分散体系，并且都是以水作为连续相的。在分散聚合反应中，由于用两亲性接枝或嵌段共聚物作分散剂，可以使不溶性的聚合物稳定地分散于连续相中，实际上一般分散聚合都可以看作是一种特殊的沉淀聚合，只是在分散聚合体系中可以阻止微粒聚集并控制微粒尺寸。

本实验以乙醇/水混合溶剂为介质，以聚乙烯吡咯烷酮为稳定剂来进行苯乙烯的分散聚合，以获得单分散聚合物微球。

三、仪器和试剂

1. 仪器

三口烧瓶(250mL)	1只	恒温水浴锅(HH-S)	1台
温度计(0～100℃)	1支	数显恒速搅拌器(S312)	1套
量筒(10mL,50mL)	各1只	超声波清洗器(KQ-100DB)	1台
球形冷凝管	1只	离心机(80-2B)	1台
表面皿	2只	真空干燥箱(DZF-6050)	1台

2. 试剂

苯乙烯(St)	26mL	乙醇(EOH)	85mL
偶氮二异丁腈(AIBN)	0.24g	蒸馏水	15mL
聚乙烯吡咯烷酮(PVP)	0.72g		

四、实验步骤

(1) 实验装置　三口烧瓶(250mL)、搅拌器、导气管、温度计、冷凝管(见图1)。

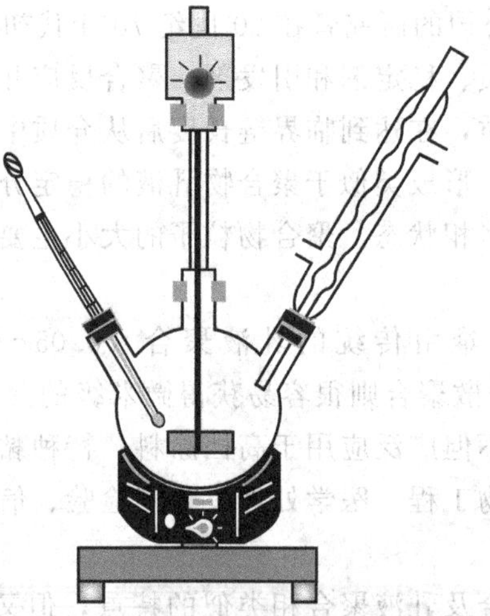

图1　实验装置

(2) 加料　称量0.72g聚乙烯吡咯烷酮(PVP)于250mL三口烧瓶中，加入85mL无水乙醇和15mL蒸馏水于三口烧瓶中。搅拌使溶液澄清后，加入溶有0.24g偶氮二异丁腈(AIBN)的苯乙烯单体溶液，再搅拌使之形成均相体系。

(3) 反应　将反应瓶置于70℃恒温水浴中，开动搅拌器，持续反应4h。

(4) 后处理　将生成的聚合物乳液先用超声波清洗器震荡5min，然后用离心机离心沉降，倾去上层清液，下层微球用无水乙醇再分散、离心沉降，倾去上层清液，如此重复2次。将洗涤好的微球倒入表面皿中，在30℃下真空干燥至恒重。

五、思考题

1. 分散聚合与沉淀聚合有哪些不同？

2. 分散聚合所得粒子大小主要取决于何种因素？

六、参考文献

[1] Song J S，Winnik M A. Cross-Linked，Monodisperse，Micron-sized Polystyrene Particles by Two-stage Dispersion Polymerization. Macromolecules，2005，38：8300.
[2] 梁晖，卢江．高分子化学实验．北京：化学工业出版社，2004，45.
[3] 张琼钢，包德才，马小军．单分散聚苯乙烯微球的制备及表征．高等学校化学学报，2004，25：2375.
[4] 邓字巍，徐祖顺，易昌凤．微波辐射分散聚合制备单分散聚苯乙烯-g-聚氧乙烯微球．高分子学报，2006，1：185.

实验 37　黏度法测聚合物的分子量

一、实验目的

1. 掌握黏度法测聚合物分子量的原理，加深理解黏均分子量的物理意义。

2. 掌握黏度法测聚合物分子量的实验方法，学会乌氏黏度计的使用以及结果的数据处理。

二、实验原理

分子量是表征高分子化合物特性的基本参数之一。黏度法测分子量设备简单，操作方便，是测量高聚物分子量的常用方法之一，其中。黏度法测分子量是一种相对的方法，测定聚合物分子量的范围在 $10^4 \sim 10^7$ 之间。

与低分子量化合物不同，聚合物溶液，即使在极稀的情况下，仍具有较大的黏度，并且其黏度值与分子量有关，因此可利用这一特性来测定聚合物的分子量。黏度是分子运动时内摩擦力的量度，溶液浓度增加，分子间相互作用力增加，运动时阻力就增大。各种黏度的符号及物理意义见表 1。

表 1　各种黏度的符号及物理意义

名词与符号	物 理 意 义
纯溶剂黏度 η_0	溶剂分子与溶剂分子间的内摩擦表现出来的黏度
溶液黏度 η	溶剂分子与溶剂分子之间、高分子与高分子之间和高分子与溶剂分子之间，三者内摩擦的综合表现
相对黏度 η_r	$\eta_r=\eta/\eta_0$，表示溶液黏度与纯溶剂黏度的相对值
增比黏度 η_{sp}	$\eta_{sp}=(\eta-\eta_0)/\eta_0=\eta/\eta_0-1=\eta_r-1$，溶液黏度比纯溶剂黏度增加的倍数
比浓黏度 η_{sp}/c	单位浓度下所显示出的黏度，量纲是浓度的倒数(dL/g)

溶液的黏度与溶液的浓度有关，为了消除黏度对浓度的依赖性，定义了特性黏度 $[\eta]$。它表示单位质量聚合物在溶液中所占流体力学体积的大小，其值与聚合物浓度无关，量纲是浓度的倒数，定义式如下：

$$[\eta]=\lim_{c\to 0}\frac{\eta_{sp}}{c}=\lim_{c\to 0}\frac{\ln\eta_r}{c} \tag{1}$$

在稀溶液范围内，溶液相对黏度和增比黏度与聚合物的浓度有一定的线性关系，常用如下两个经验公式表示：

$$\frac{\eta_{sp}}{c}=[\eta]+k[\eta]^2c \tag{2}$$

$$\frac{\ln\eta_r}{c}=[\eta]-\beta[\eta]^2c \tag{3}$$

上式分别称为 Huggins 和 Kraemer 方程，其中 k 与 β 均为常数。

测定特性黏度 [η] 的方法最常用的是外推法。用 $\frac{\eta_{sp}}{c}$ 或 $\frac{\ln\eta_r}{c}$ 对 c 作图并外推到 $c\to 0$，两条直线会在纵坐标上交于一点，其共同截距即为特性黏度 [η]，如图 1 所示。实验中常测定 5～6 个不同浓度溶液的黏度，然后根据上式外推至 $c=0$，得到特性黏度 [η]，称为外推法。

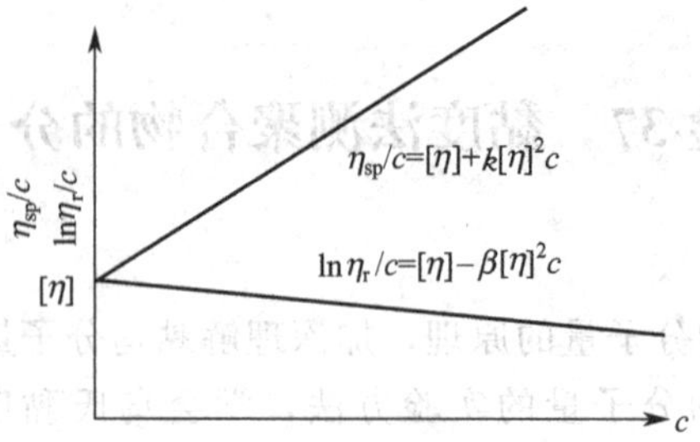

图 1　外推法求特性黏度 [η]

为了节省时间，尽快地获得分子量数据，还发展了许多只测一个较低浓度溶液黏度的方法，称为“一点法”，即只需在一个浓度下，测定一个黏度数值便可算出聚合物分子量的方法。

使用一点法，通常有两种途径。

一是求出一个与分子量无关的参数 γ，然后利用马龙（Maron）公式推算出特性黏度：

$$[\eta]=\frac{\eta_{sp}/c+\gamma\ln\eta_r/c}{1+\gamma}=\frac{\eta_{sp}+\gamma\ln\eta_r}{(1+\gamma)c} \tag{4}$$

因公式(2) 和公式(3) 中 k、β 都是与分子量无关的常数，对于给定的任一聚合物-溶剂体系，γ 也总是一个与分子量无关的常数，用稀释法求出两条直线斜率，即 k 与 β 值，进而求出 γ 值。从 Maron 公式看出，若 γ 值已预先求出，则只需测定一个浓度下的溶液流出时间就可算出 [η]，从而算出该聚合物的分子量。

二是直接用程镕时公式求算：

$$[\eta]=\frac{\sqrt{2(\eta_{sp}-\ln\eta_r)}}{c} \tag{5}$$

特性黏度 [η] 的大小受下列因素影响。

① 分子量：线形或轻度交联的聚合物分子量增大，[η] 增大。

② 分子形状：分子量相同时，支化分子的形状趋于球形，[η] 较线形分子的小。

③ 溶剂特性：聚合物在良溶剂中，大分子较伸展，[η] 较大，而在不良溶剂中，大分子较卷曲，[η] 较小。

④ 温度：在良溶剂中，温度升高，对 [η] 影响不大，而在不良溶剂中，若温度升高使溶剂变为良性，则 [η] 增大。

当聚合物的化学组成、溶剂、温度确定以后，[η] 的值只与聚合物的分子量有关。因此如果能建立分子量与特性黏度之间的关系，就可以通过测定聚合物的特性黏度得到聚合物的分子量。常用的聚合物的特性黏度与分子量的关系式是马克-豪温（Mark-Houwink）经验公式：

$$[\eta]=KM^{\alpha} \tag{6}$$

式中，M 为黏均分子量。

在一定的溶剂和温度下，K、α 为常数，可查阅聚合物手册得到。对于大多数聚合物来说，α 值一般在 0.5～1.0 之间，在良溶剂中 α 值较大，接近 0.8。溶剂能力减弱时，α 值降低，在 θ 溶液中，$\alpha=0.5$。

在测定聚合物的特性黏度时，以毛细管流出法黏度计最为方便。若液体在毛细管黏度计中因重力作用流出时，可通过泊肃叶（Poiseuille）公式计算黏度：

$$\frac{\eta}{\rho}=\frac{\pi hgr^4t}{8LV}-m\frac{V}{8\pi Lt} \tag{7}$$

式中，η 为液体的黏度；ρ 为液体的密度；L 为毛细管的长度；r 为毛细管的半径；t 为流出时间；h 为流过毛细管液体的平均液柱高度；V 为流经毛细管的液体体积；m 为毛细管末端校正的参数（一般在 $r/L \ll 1$ 时，可以取 $m=1$）。

对于某一支指定的黏度计而言，式(7) 可以写成如下形式：

$$\frac{\eta}{\rho}=At-\frac{B}{t} \tag{8}$$

当流出时间 t 在 2min 左右（大于 100s），第二项（亦称动能校正项）可以忽略。通常黏度的测定是在稀溶液（$c<1\times10^{-2}\text{g/cm}^3$）中进行的，溶液的密度和溶剂的密度近似相等，因此可将 η_r 写成：

$$\eta_r=\frac{\eta}{\eta_0}=\frac{t}{t_0} \tag{9}$$

式中，t 为溶液的流出时间；t_0 为纯溶剂的流出时间。通过测定溶剂和溶液在毛细管中的流出时间，从式(9) 可求得 η_r，再由图 1 求得 $[\eta]$。然后根据式(6) 求得聚合物的黏均分子量。

三、仪器和试剂

1. 仪器

恒温槽装置	1 套	乌氏黏度计	1 套
有刻度 10mL 移液管	1 个	25mL 容量瓶	1 个
吸耳球	1 只	医用胶管及自由夹	

2. 试剂

聚丙烯腈样品

N,*N*-二甲基甲酰胺(DMF)　　A. R.

本实验采用乌氏黏度计，又叫气承悬柱式黏度计，它的最大优点是可以在黏度计里逐渐稀释，从而节省许多操作手续，其构造如图 2 所示。当把液体吸到 G 球后，放开 C 管，使其通大气，因而 D 球内液体下降，使毛细管内为气承悬液柱，使液体流出毛细管时沿管壁流下，避免产生湍流的可能，同时 B 管中的流动压力与 A 管中液面高度无关。因而不像奥氏黏度计那样，每次测定，溶液体积必须严格相同。黏度计由于不小心被倾斜所引起的误差亦不如奥氏黏度计大，故能在黏度计内多次稀释，进行不同浓度的溶液黏度的测定。

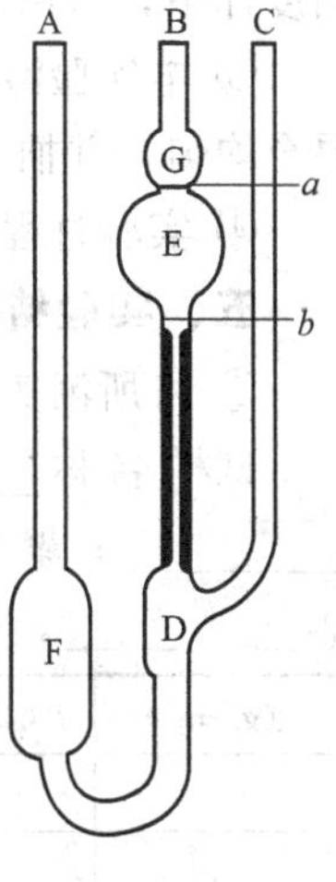

图 2　乌氏黏度计

四、实验步骤

1. 聚合物溶液的配制

用 25mL 容量瓶配制待测聚合物溶液，于测定前数天配好。为控制测定过程中 η_r 在 1.2～2.0 之间，聚合物浓度一般为 0.001～0.01g/mL。

2. 装配恒温槽及调节温度

温度的控制对实验的准确性有很大影响，要求准确到±0.05℃。将水槽温度调节到25℃±0.05℃。

先用洗液将黏度计洗净，再用自来水、蒸馏水分别冲洗几次，每次都要注意反复流洗毛细管部分，洗好后烘干备用。在黏度计的B管和C管上都套上橡皮管，然后将其垂直放入恒温槽，使水面完全浸没G球。为有效地控制温度，应尽量将搅拌器、加热器放在一起，而黏度计要放在较远的地方。

3. 溶剂流出时间的测定

吸取10mL纯溶剂DMF，自A管加入黏度计中，恒温10min。用一只手捏住C管上的胶管，用吸耳球从B管把液体缓慢地抽至G球，停止抽气，把B、C管的胶管同时放开，让空气进入D球，B管溶液就会慢慢下降，至弯月面降到刻度a时，按秒表开始计时，当溶液弯月面流至刻度b时，再次按秒表，记下溶剂流经a、b间的时间。取流出时间相差不超过0.2s的连续3次平均值，记作t_0。测量完毕倾出DMF，黏度计放于烘箱内烘干。

4. 溶液流出时间的测定

与测定溶剂的方法相同。用移液管吸取10mL已知浓度c_1的聚合物溶液自A管注入，记下流经a、b间的时间t_1（三次平均）。

因液柱高度与A管内液面的高低无关，因而流出时间与A管内试液的体积没有关系，可以直接在黏度计内对溶液进行一系列的稀释。依次再加入溶剂5mL、5mL、5mL、5mL，使溶液稀释，浓度分别记为c_2、c_3、c_4、c_5。分别测定其流出时间，记为t_2～t_5。注意加溶剂后，必须将溶液摇动均匀，用吸耳球抽上G球三次，使其浓度均匀。抽的时候一定要慢，不能把气泡抽上去，否则会使溶剂挥发，浓度改变，测量结果不准确。

实验完毕后，黏度计首先用溶剂清洗，然后用蒸馏水洗干净。

注意事项如下。

① 乌氏黏度计的三条管中，B、C管较细，极易折断，拿黏度计时不能拿着它们，应拿A管，固定黏度计于恒温槽时，铁夹也只许夹住A管。黏度计要垂直放置，实验过程中不要震动黏度计，否则将影响结果的准确性。

② 黏度计必须洁净，必要时可用洗液清洗，高聚物溶液中若有絮状物，不能将它移入黏度计中，可用砂芯漏斗过滤。

③ 本实验溶液的稀释是直接在黏度计中进行的，因此每加入一定溶剂进行稀释时必须混合均匀，并抽洗E球和G球。

④ 实验过程中恒温槽的温度要恒定，溶液每次稀释至恒温后才能测量。

五、实验结果和处理

① 将所测实验数据及计算结果记录。

试样名称________；试样浓度c_0________；实验恒温温度______；溶剂________；聚合物在该溶剂中的K、α值________、________；溶剂流出时间t_0________。

$c/(g/cm^3)$	t_1/s	t_2/s	t_3/s	$t_{平均}/s$	η_r	$\ln\eta_r$	η_{sp}	η_{sp}/c	$\ln\eta_r/c$
c_1									
c_2									

续表

$c/(g/cm^3)$	t_1/s	t_2/s	t_3/s	$t_{平均}/s$	η_r	$\ln\eta_r$	η_{sp}	η_{sp}/c	$\ln\eta_r/c$
c_3									
c_4									
c_5									

② 用 η_{sp}/c-c 及 $\ln\eta_r/c$-c 作图，外推至 $c\to0$，求 $[\eta]$。

用浓度 c 为横坐标，η_{sp}/c 和 $\ln\eta_r/c$ 分别为纵坐标；根据上表数据作图，截距即为特性黏度 $[\eta]$。

③ 将特性黏度 $[\eta]$ 代入方程式 $[\eta]=KM^{\alpha}$，求出聚合物的黏均分子量。

六、思考题

1. 黏度法测定高聚物的分子量有何优缺点？该法适用的高聚物分子量范围是什么？
2. 乌氏黏度计中支管 C 有何作用？除去支管 C 是否可测定黏度？
3. 黏度法测聚合物分子量的影响因素有哪些？

七、参考文献

[1] 何曼君．高分子物理．上海：复旦大学出版社，2000.
[2] 冯开才等．高分子物理实验．北京：化学工业出版社，2004.
[3] 刘建平等．高分子科学与材料工程学实验．北京：化学工业出版社，2005.

实验 38　偏光显微镜观察聚合物的结晶形态

一、实验目的

1. 了解偏光显微镜在聚合物聚集态结构研究中的作用。
2. 学习球晶培养的实验方法，观察聚合物的结晶形态并测定球晶的直径大小。

二、实验原理

聚合物的结晶过程是聚合物分子链由无序排列变成在三维空间中有规则的排列。随着结晶条件的不同，聚合物的结晶可以具有不同的形态，如单晶、树枝晶、球晶、纤维晶及伸直链晶体等。影响聚合物结晶的外界条件有结晶温度和结晶时间、结晶聚合物材料、制品的实际使用性能（如光学透明性、冲击强度等），晶粒大小及完善程度等。对聚合物结晶形态的研究具有重要的理论和实际意义。

用偏光显微镜研究聚合物的结晶形态是目前较为简便而直观的方法。固体聚合物的聚集态有非晶体（无定形）及晶体，并且它们均可处于取向态及非取向态。聚合物的聚集态不同，其光学性质也不同。一条天然光线在两种各向同性的介质分界面上折射时，折射光线只有一条；但光线进入各向异性的介质中即分裂成两条沿不同的方向折射的光线——寻常光线 o 和非常光线 e，称为双折射。聚合物晶体像其他晶体一样，也是对光各向异性的，所以可利用具有偏振片的光学显微镜对其进行观察和研究。

在偏光显微镜的光路中有两个偏光镜。一个在载物台下方，称为下偏光镜，用来产生偏光，又称起偏镜；另一个在载物台上方的镜筒内，称为上偏光镜，用来检查偏光的存在，又称检偏镜。凡装有两个偏光镜，而且使偏振光振动方向互相垂直的一对偏光镜称为正交偏光镜。起偏镜的作用使入射光分解成振动方向互相垂直的两条线偏振光，其中一条被全反射，另一条则入射。正交偏光镜间无样品或有各向同性的样品时，视域完全黑暗。当有各向异性样品时，光波入射时发生双折射，再通过偏振光的相互干涉获得结晶物的衬度。当结晶的高聚物具有各向异性的光学性质时，就可以用偏光显微镜观察其结晶形态，从而对其内部结构作出判断。

不同的样品，在正交偏光显微镜下可观察到不同的图像，具体如下。

① 非晶（无定形）聚合物，没有双折射现象，光线被两正交的偏振片所阻拦，因此视场是暗的。

② 聚合物单晶根据对于偏光镜的相对位置，可呈现出不同程度的明图形或暗图形，其边界和棱角明晰，当把工作台旋转一周时，会出现四明四暗。

③ 球晶呈现出特有的黑十字消光图像，黑十字的两臂分别平行起偏镜和检偏镜的振动方向。转动工作台，这种消光图像不改变，其原因在于球晶是由沿半径排列的微晶所组成，这些微晶均是光的不均匀体，具有双折射现象，对整个球晶来说，是中心对称的。因此，除偏振片的振动方向外，其余部分就出现了因折射而产生的光亮。

④ 由微晶组成的晶粒或晶块，看不见黑十字图像，一般没有规整的边界和棱角。当把工作台旋转一周时，虽然其内部各点有可能发生明暗的变化，但整块来看，不会出现四明四暗的情况。

⑤ 当聚合物中存在分子链取向时，会出现光的干涉现象，在正交偏光镜下，多色光会出现彩色的条纹。从条纹的颜色、多少，条纹间距及条纹的清晰度等，可以计算取向程度或材料中应力的大小。

三、仪器和试剂

仪器：XP-201 型偏光显微镜一台、熔融恒温装置一套、专用砝码若干个，镊子、载玻片、盖玻片若干。

试剂：低压聚乙烯（PE）。

偏光显微镜的结构如图 1 所示。偏光显微镜比生物显微镜多一对偏振片（起偏镜及检偏镜），因而能观察具有双折射的各种现象。目镜和物镜的作用是使物像得到放大，其总放大倍数为目镜放大倍数与物镜放大倍数的乘积，起偏镜（下偏光片）和检偏镜（上偏光片）都是偏振片，检偏镜是固定的，不可旋转，起偏镜可旋转，以调节两个偏振光互相垂直（正交）。旋转工作台是可以水平旋转 360°的圆形平台，旁边附有标尺，可以直接读出转动的角度，工作台可放置显微加热台，借此研究在加热或冷却过程中聚合物结构的变化。微调手轮及粗调手轮用来调焦距。用低倍物镜时，拉索透镜应移出光路，在用高倍物镜及观察锥光图时才把拉索透镜加入光路。勃氏镜在一般情况不用，只与高倍物镜、拉索透镜联合使用。由于用了拉索透镜与高倍物镜，物镜的成像平面降低，在目镜聚敛透镜下相当大一段距离处成像。勃氏镜使像提高，又配合目镜起放大作用。

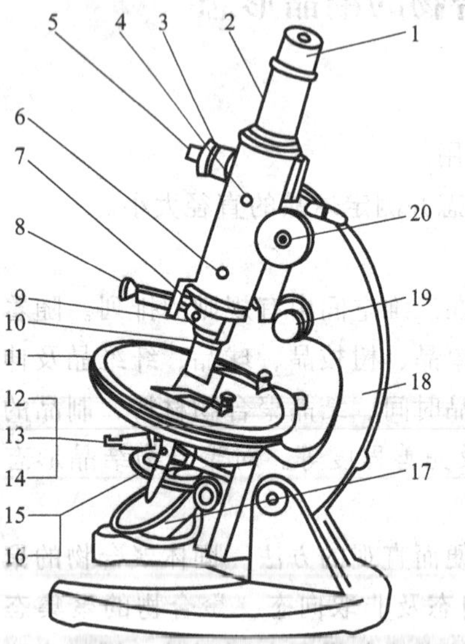

图 1　偏光显微镜结构示意图

1—目镜；2—目镜筒；3—勃氏镜手轮；4—勃氏镜左右调节手轮；5—勃氏镜前后调节手轮；6—检偏镜；7—补偿器；8—物镜定位器；9—物镜座；10—物镜；11—旋转工作台；12—聚光镜；13—拉索透镜；14—可变光栅；15—起偏镜；16—滤色片；17—反射镜；18—镜架；19—微调手轮；20—粗调手轮

四、实验步骤

1. 聚合物试样的制备

(1) 熔融法制备聚合物球晶　首先把已洗干净的载玻片、盖玻片及专用砝码放在恒温熔融炉不锈钢加热板上，在选定温度（一般比 T_m 高 30℃，T_m 为聚合物的结晶熔融温度）下恒温 5min。然后把少许聚合物（几毫克）放在载玻片上，并盖上盖玻片，恒温 10min 使聚合物充分熔融后，压上砝码，并轻轻压试样至薄并排去气泡，再恒温 5min，在熔融炉有盖子的情况下自然冷却到室温。有时，为了使球晶长得更完整，可在稍低于熔点的温度恒温一定时间再自然冷却至室温。本实验制备低压聚乙烯球晶时，在 220℃熔融 10min，然后在 120℃保温 30min，让其自然降温。

(2) 直接切片制备聚合物试样　在要观察的聚合物试样的指定部分用切片机切取厚度约为 10μm 的薄片，放于载玻片上，用盖玻片盖好，即可进行观察。为了增加清晰度，消除因切片表面凹凸不平所产生的分散光，可于试样上滴加少量与聚合物折射率相近的液体，如甘油等。对较软的聚合物，最好是冷冻切取，否则极易弯曲，切不好。

(3) 溶液法制备聚合物晶体试样　将聚合物溶于适当的溶剂中，然后缓慢冷却，取几滴溶液，滴在载玻片上，用一清洁盖玻片盖好，静置于有盖的培养皿中（培养皿放少许溶剂，使有一定的溶剂气氛，防止溶剂挥发过快），让其自行缓慢结晶。或把聚合物溶液滴注在与其溶剂不相容的液体表面，让溶剂缓慢挥发后形成膜，然后用玻片把薄膜捞起来进行观察。

2. 偏光显微镜的调节

(1) 正交偏光的校正　所谓正交偏光，是指偏光镜的偏振轴与分析镜的偏振轴呈垂直。将分析镜推入镜筒，转动起偏振镜来调节正交偏光。此时，目镜中无光通过，视区全黑。在正常状态下，视区在最黑的位置时，起偏振镜刻线应对准 0°位置。

(2) 调节焦距，使物像清晰可见　步骤如下：将欲观察的薄片置于载物台中心，用夹子夹紧。从侧面看着镜头，先旋转微调手轮，使它处于中间位置，再转动粗调手轮将镜筒下降使物镜靠近试样玻片，然后在观察试样的同时慢慢上升镜筒，直至看清物体的像，再左右旋动微调手轮使物体的像最清晰。切勿在观察时用粗调手轮调节下降，否则物镜有可能碰到玻片硬物面，损坏镜头，特别在高倍时，被观察面（样品面）距离物镜只有 0.2～0.5mm，一不小心就会损坏镜头。

(3) 物镜中心调节　偏光显微镜物镜中心与载物台的转轴中心应一致，在载物台上放一透明薄片，调节焦距，在薄片上找一小黑点移至目镜十字线中心 O 处，将载物台转动 360°，如物镜中心与载物台中心一致，不论载物台如何转动，黑点始终保持原位不动；如物镜中心与载物台中心不一致，那么，载物台转动一周，黑点即离开十字线中心，绕一圆圈，然后回到十字线中心。显然十字线中心代表物镜中心，而圆圈的圆心 S 即为载物台中心。中心校正的目的就是要使 O 点与 S 点重合。由于载物台的转轴是固定的，所以只能调节物镜中心位置，将中心校正螺丝帽套在物镜钉头上，转动螺丝帽来校正，具体步骤如下。

① 薄片位于载物台，调节焦距，在薄片中任找一黑点，使其位于十字线中心 O 点。

② 转动载物台 180°，黑点移动至距十字线中心较远 O' 处。O' 等于物镜中心与载物台中心 S 之间距离的两倍，转动物镜上的两个螺丝帽，使小黑点自 O' 移回 O 与 O' 距离的一半。

③ 用手移动薄片，再找小黑点（也可以是第一次的那个黑点），使其位于十字线中心，转动载物台，小黑点所绕圆圈比第一次小。如此循环上述步骤，直到转动载物台时小黑点在十字线中心不移动。

3. 聚合物聚集态结构的观察

① 推出检偏镜，按生物显微镜的用法对聚合物的表观及均匀性等进行观察。

② 在偏振片正交的情况下，对各种不同的聚合物，包括无定形聚合物、放射形和螺旋形球晶，单晶、树枝晶晶粒，及其他多晶聚集体等的聚态结构进行观察，比较它们的异同，记录观察的结果。

4. 球晶直径大小的测定

因为目镜测微尺每格绝对值随放大倍数的不同而不同，所以在测定球晶直径大小时首先要标定显微镜目镜分度尺。对不同放大倍数下目镜测微尺的绝对值进行校正的方法是：推出检偏镜，把 0.01mm 测微尺置于工作台中央，调好焦距使 0.01mm 测微尺清楚。移动工作台上测微尺使与目镜测微尺平行且使零点重合，根据 0.01mm 测微尺绝对增量计算目镜测微尺每格绝对值数值。例如 80 倍下 0.01mm 测微尺 100 小格与目镜测微尺 62 小格重合，即目镜测微尺 1 小格绝对值$=0.01\times100/62=0.016$mm/格，用同样方法测定不同倍数的每格的绝对值。

球晶直径或纤维直径以及物体中微粒子大小等的测定：把试样放在工作台中央，用目镜测微尺来测量它们占有的格数，并根据已标定的每格绝对值换算出它们的尺寸。

五、实验结果和处理

记录制备试样的条件，将各种聚合物试样所观察到的现象、晶体形态、尺寸等记录下来，并加以讨论。

六、思考题

1. 如何用光学显微镜判别聚合物晶体的各种形态？

2. 聚合物晶体的生长依赖于哪些条件？

七、参考文献

[1] 邵毓芳等. 高分子物理实验. 南京：南京大学出版社，1998.
[2] 何平笙等. 高分子物理实验. 合肥：中国科学技术大学出版社，2002.
[3] 冯开才等. 高分子物理实验. 北京：化学工业出版社，2004.

实验 39　GPC 法测定聚合物分子量及分子量分布

一、实验目的

1. 了解凝胶渗透色谱（GPC）的基本原理。

2. 掌握 GPC 法测定聚合物分子量及分子量分布的实验技术及数据处理。

二、实验原理

聚合物的性能与其分子量和分子量分布密切相关。凝胶渗透色谱（gel permeation chromatography，GPC）又称为体积排除色谱（size exclusion chromatography，SEC），是利用高分子溶液通过以多孔填料作分离介质的柱子，把聚合物分子按尺寸大小进行分离从而测定聚合物的分子量及其分子量分布的方法。凝胶渗透色谱自 20 世纪 60 年代出现后获得迅速发展和应用，至今已成为测定聚合物分子量分布和结构最有效的手段，还可测定聚合物的支化度，共聚物及共混物的组成。该方法的优点是：快捷、简便、重现性好、进样量少、自动化程度高等。

GPC 是一种特殊的液相色谱，所用仪器实际上就是一台高效液相色谱（HPLC）仪，主要配置有输液泵、进样器、色谱柱、浓度检测器和计算机数据处理系统。GPC 与 HPLC 最明显的差别在于二者所用色谱柱的种类（性质）不同：HPLC 根据被分离物质中各种分子与色谱柱中的填料之间的亲和力不同而得到分离，GPC 的分离则是体积排除机理起主要作用。GPC 色谱柱装填的是多孔性凝胶（如最常用的高度交联聚苯乙烯凝胶）或多孔微球（如多孔硅胶和多孔玻璃球），它们的孔径大小有一定的分布，并与待分离的聚合物分子尺寸可相比拟。GPC 仪工作流程如图 1 所示。

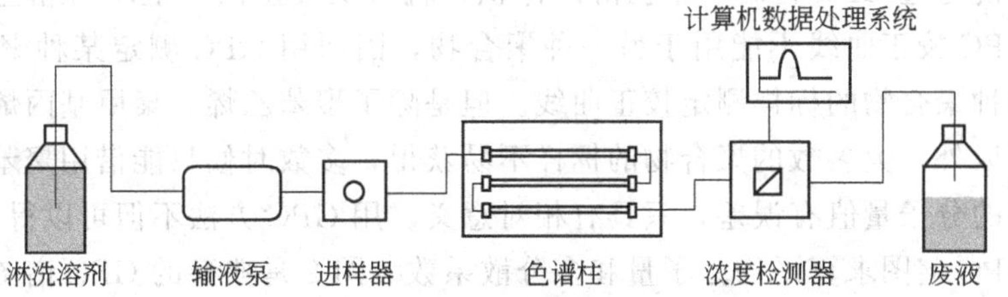

图 1　GPC 仪工作流程

当被分析的样品通过输液泵随着淋洗溶剂（流动相）以恒定的流量进入色谱柱后，体积比凝胶孔穴尺寸大的高分子不能渗透到凝胶孔穴中而受到排斥，只能从凝胶粒间流过，最先流出色谱柱，即淋出体积（或时间）最小；中等体积的高分子可以渗透到凝胶的一些大孔中而不能进入小孔，比体积大的高分子流出色谱柱的时间稍后、淋出体积稍大；体积比凝胶孔穴尺寸小得多的高分子能全部渗透到凝胶孔穴中，最后流出色谱柱、淋出体积最大。因此，聚合物的淋出体积与高分子的体积即分子量的大小有关，分子量越大，淋出体积越小。分离后的高分子按分子量从大到小被连续地淋洗出色谱柱并进入浓度检测器，浓度检测器不断检测淋洗液中高分子分级的浓度。常用的浓度检测器为示差折光仪，其浓度响应是淋洗液的折射率与纯溶剂（淋洗溶剂）的折射率之差，由于在稀溶液范围内，与溶液浓度成正比，所以直接反映了淋洗液的浓度即各级分的含量。

色谱柱总体积 V_t 包括三部分：填料的骨架体积 V_g，填料紧密堆积后的粒间空隙 V_0，填料空洞的体积 V_i，则：

$$V_t = V_g + V_0 + V_i \tag{1}$$

V_0 和 V_i 之和构成柱内的空间。溶剂分子体积远小于孔的尺寸，在柱内的整个空间活动，高分子的体积若比孔的尺寸大，载体中任何孔均不能进入，只能在载体粒间流过，其淋出体积是 V_0；高分子的体积若足够小，如同溶剂分子尺寸，所有的载体孔均可以进出，其淋出体积为（$V_0 + V_i$）；高分子的体积是中等大小的尺寸，它只能在载体孔 V_i 的一部分孔中进出，其淋出体积 V_e 为：

$$V_e = V_0 + KV_i \tag{2}$$

K 为分配系数，其数值 $0 \leqslant K \leqslant 1$，与聚合物分子尺寸大小和在填料孔内、外的浓度比有关。当聚合物分子完全排除时，$K=0$；在完全渗透时，$K=1$。当 $K=0$ 时，$V_e = V_0$，此处所对应的聚合物分子量是该色谱柱的渗透极限（PL），GPC 仪器的 PL 常用聚苯乙烯的分子量表示。聚合物分子量超过 PL 值时，只能在 V_0 以前被淋洗出来，没有分离效果。

实验表明聚合物分子尺寸与分子量有关，淋出体积与分子量可以表示为：

$$V_e = f(\lg M) \tag{3}$$

这一函数关系通常可展开为一个多项式的校正方程：

$$\lg M = a_0 + a_1 V_e + a_2 V_e^2 + \cdots\cdots \quad (4)$$

通常可用一个线性方程表示色谱柱可分离的线性部分：

$$\lg M = A + B V_e \quad (5)$$

式中，A、B 为特性常数，与聚合物、溶剂、温度、填料及仪器有关。

通过使用一组分子量不同的单分散性试样作为标准样品，分别测定它们的淋出体积 V_e 和分子量，做 $\lg M$-V_e 直线，可求得特性常数 A 和 B。这一直线就是 GPC 的校正曲线。待测聚合物被淋洗通过 GPC 柱时，根据淋出体积，就可从校正曲线上求得相应的分子量。一种聚合物的 GPC 校正曲线不能用于另一种聚合物，因而用 GPC 测定某种聚合物的分子量时，需先用该种聚合物的标样测定校正曲线。但是除了聚苯乙烯、聚甲基丙烯酸甲酯等少数聚合物的标样以外，大多数的聚合物的标样不易获得，多数时候只能借用聚苯乙烯的校正曲线，因此测得的分子量值有误差，只具有相对意义。用 GPC 方法不但可以得到分子量分布，还可以根据 GPC 谱图求算平均分子量和多分散系数。图 2 是典型的 GPC 谱图。

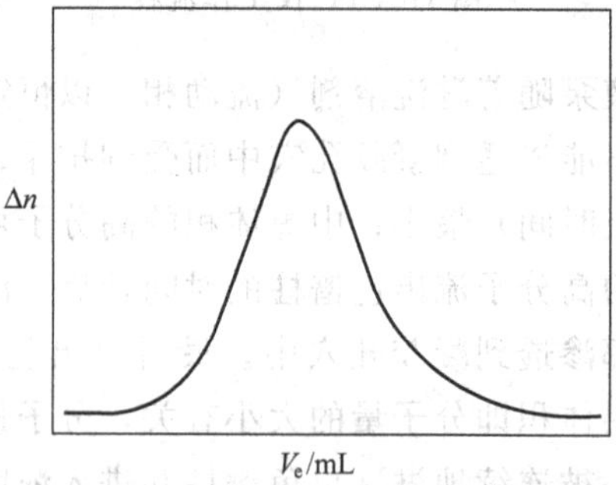

图 2 典型的 GPC 谱图

图 2 中纵坐标相当于淋洗液的浓度，横坐标淋出体积 V_e 表征高分子尺寸的大小。如果把图 2 中的横坐标 V_e 转换成分子量 M 就成了分子量分布曲线。

三、仪器和试剂

Waters-150 GPC 仪（包括进样系统、色谱性、示差折光仪、级分收集器等）；四氢呋喃（THF）1000mL；样品瓶；注射器（1mL）；流动相脱气系统；样品过滤头。

聚合物样品（PS）10mg。

四、实验步骤

① 提前一天配制 0.05%～0.3%的聚苯乙烯/THF 溶液 5mL，测定前用聚四氟乙烯过滤膜把溶液过滤到专用样品瓶中待用，并在样品瓶上贴上标签，注明编号。

② 将流动相 THF 过滤、真空脱气排除溶解在其中的氧气和氮气后，加入到流动相瓶中。

③ 进样前，在主机面板上设置分析时间、进样量、流速等测试条件，并打开输液泵，将流速调至 1mL/min。

④ 将待测溶液从 GPC 仪的进样口注入，按照说明书操作电脑数据系统，观察 GPC 曲线，处理数据。在测试过程中，要注意仪器工作是否正常，如正常，5min 后可直接从数据处理系统得到 GPC 谱图。

⑤ 实验完毕打印数据结果。

注意：标定曲线的测定是在相同的测试条件下，按上述步骤测定一组已知分子量的窄分布的聚苯乙烯标准样品，得到一组相应的谱图，然后将各峰值位置的保留体积 V_e 和对应的 lg$M$ 作图而得到的。

五、实验结果和处理

将实验结果列表如下。

样品名称	数均分子量 M_n	重均分子量 M_w	Z 均分子量 M_z	PDI(多分散系数)

六、思考题

1. 色谱柱是如何将高聚物分级的？
2. 本实验中校准曲线的线性关系，在色谱柱重装或换柱时能否再使用？
3. 同样分子量样品支化的和线性的分子哪个先流出色谱柱？

七、参考文献

[1] 何曼君等. 高分子物理. 上海：复旦大学出版社，2000.
[2] 邵毓芳等. 高分子物理实验. 南京：南京大学出版社，1998.
[3] 张兴英等. 高分子科学实验. 北京：化学工业出版社，2004.

实验 40　原子转移自由基聚合制备聚苯乙烯

一、实验目的

1. 掌握原子转移自由基聚合的基本原理。

2. 掌握原子转移自由基聚合制备分子量可控聚合物的实验方法以及聚合物结构和分子量的表征。

二、实验原理

原子转移自由基聚合方法（atom transfer radical polymerization，ATRP）是活性自由基聚合的一种，它是在 1995 年由美国 Carnegie-mellon 大学的 Matyjaszewski 教授和中国旅美学者王锦山博士首先发现的。ATRP 的基本原理是以简单的有机卤化物为引发剂，以卤化亚铜与联吡啶的配合物为卤原子的载体，通过氧化-还原反应实现了活性种与休眠种之间的可逆动态平衡，并有效地抑制了双基终止反应，从而达到控制聚合反应的目的。

作为 ATRP 反应的引发剂一般是 α-C 上含有苯基、羰基、氰基等活性基团的卤代（Cl、Br）化合物，催化剂则是由过渡金属卤化物与含 N、O、P 等强配体所组成的配合物。在引发阶段，处于低氧化态的转移金属配合物 M_t^n 从有机卤化物 R—X 中吸取卤原子 X，生成引发自由基 $R^\cdot$ 及处于高氧化态的金属配合物 M_t^{n+1}—X。$R^\cdot$ 引发可给出卤原子 X，即 M_t^{n+1}—X 与 $R^\cdot$/R—$M^\cdot$ 发生减活反应生成 R—X/R—$M^\cdot$。同时，R—M_n—X（$n=1$，2，3，…）与 R—X 一样可以与 M_t^n 发生促活反应生成相应的 R—$M_n^\cdot$ 与 M_t^{n+1}—X，并且 R—$M_n^\cdot$ 与 M_t^{n+1}—X 又可以反过来发生减活反应生成 R—M_n—X 及 M_t^n。也就是说，在自由基聚合反应进行的同时伴随着一个自由基活性种 $M_n^\cdot$ 与有机大分子卤化物休眠种 M_n—X 的可逆转换平衡反应，这样便可以在反应过程中自始至终保持一个稳定的低浓度的活性自由基，自由基之间的双基终止得到有效的控制。通过选择合适的聚合体系（引发剂/过渡金属卤化物/配位剂/单体），可以使引发反应速率大于或至少等于链增长速率；同时，活化-失活可逆平衡的交换速率远大于链增长速率。这样保证了所有增长链同时进行引发，并且同时进行增长，聚合物的分子量由单体加入量与引发剂加入量之比决定，且分子量分布很窄，实现了可控的自由基活性聚合。

聚合反应原理如图 1 所示。

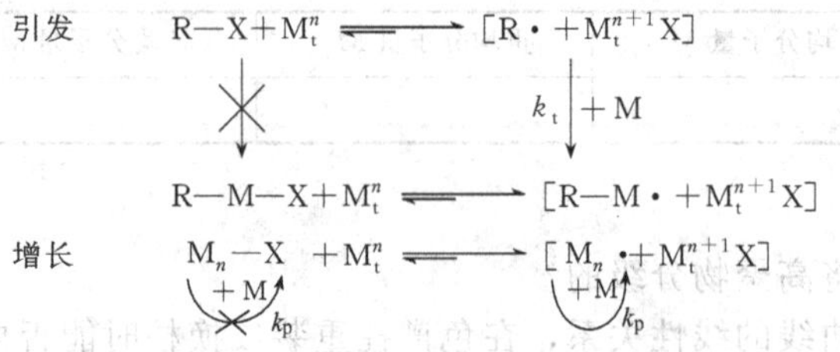

图 1 原子转移自由基活性聚合原理

由于聚合反应中的可逆转移包含卤原子从卤化物到金属配合物，再从金属配合物转移到自由基的原子转移过程，所以称之为原子转移聚合；同时由于其反应活性种为自由基，所以又称之为原子转移自由基聚合。

与普通的自由基聚合相比，ATRP 有两个显著的特点：①聚合物的分子量随转化率和反应时间线性增加，聚合物的分子量可以设计，即 $DP=\frac{[M]_0}{[I]_0}\times$转化率（DP 为聚合度，I 为引发剂，M 为单体）；②聚合物的分子量分布窄，分散系数（PDI）低，一般 $1.05<PDI<1.5$。通过调整 $[M]_0/[I]_0$ 的值即可调节聚合物的聚合度，从而实现对聚合物的分子量的要求。与其他活性聚合相比，ATRP 的反应条件非常温和，适用的单体范围广。

ATRP 聚合方法最大的优越性莫过于分子设计，可被广泛用来制备包括无官能团的均聚物以及无规、嵌段、接枝、星形和梯度共聚物与超支化物、树枝状物在内的诸多结构清晰的高分子化合物。

本实验以苯乙烯为原料、1-氯苯基乙烷为引发剂，以 CuCl/联吡啶为催化剂，制备分子量可控和分布较窄的聚苯乙烯。

三、仪器和试剂

1. 仪器

反应管(25mL)	1 支	注射器	1 支
酒精喷灯	1 只	电子天平	1 套
恒温油浴	1 套	真空干燥器	1 套
真空抽滤装置	1 套	氩气钢瓶	1 只
布氏漏斗	1 只		

2. 试剂

1-氯苯基乙烷(1-PECl)	A. R.	α,α'-联吡啶(BPY)	A. R.
苯乙烯(St)，用前需减压蒸馏提纯	A. R.	氯化亚铜(CuCl)	A. R.
二氯甲烷	A. R.	甲醇	A. R.

四、实验步骤

1. 聚苯乙烯的制备

在 25mL 反应管中按顺序分别加入催化剂 CuCl 0.200g（0.2mmol）、BPY 0.912g（0.6mmol）、引发剂 1-PECl 0.286g（0.2mmol）和苯乙烯单体 10g，振荡反应管，使催化

剂和配体充分配合。将反应管放入冰水浴中，反应管与活塞连接好，先开启真空管活塞，关闭通氮管活塞，将反应管抽真空15～20min，然后关好真空活塞，打开通氮活塞，充氮气20min，如此反复3～4次，封管脱气装置见图2。最后将充满氮气的反应管用酒精喷灯封管，在预先加热至110℃的油浴中反应6h。

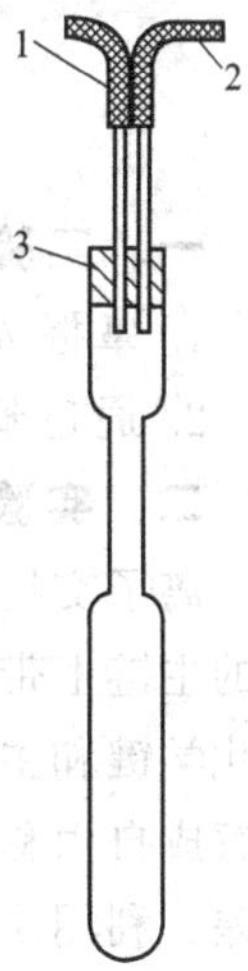

图2 封管脱氧充氮装置
1—通氮气；
2—接真空泵；
3—两孔活塞

反应结束后，将封管取出，冰水冷却停止反应。将封管打开，加入20mL左右的二氯甲烷溶解产物，将溶液经滤纸过滤至200mL的甲醇中，使产物沉淀析出。布氏漏斗抽滤后再次用二氯甲烷溶解、甲醇沉淀，反复三次，真空干燥，得到白色粉末状聚苯乙烯。

称量产物质量、计算单体转化率。

2. 聚合物结构及分子量表征

^{1}H NMR表征产物结构（以$CDCl_3$作溶剂）。

凝胶渗透色谱仪（GPC）测定产物分子量及分子量分布（THF为流动相，柱温25℃，流速1mL/min，以单分散性的聚苯乙烯为标样，样品配制浓度约0.5%的THF溶液）。

五、实验结果和处理

1. 计算产物理论分子量，并与GPC实测分子量进行比较。

产物理论分子量的计算：

$$M_{n,th}=M_0\times DP=\frac{[M]_0}{[I]_0}\times 转化率$$

式中，M_0为重复单元分子量；DP为聚合度；$[M]_0$为单体物质的量，mol；$[I]_0$为引发剂物质的量，mol。

2. 分析^{1}H NMR谱图，指出各个峰的归属，确定聚合物的结构。

提示：化学位移6.5和7.1附近的两个峰为苯环氢，化学位移为1.5和1.8处的峰为分子主链—CH—CH_2—的脂肪氢，计算各个特征峰的面积之比是否与聚苯乙烯的氢结构相符。

六、思考题

1. 原子转移自由基聚合反应的原理是什么？与普通的自由基聚合相比，ATRP的优点是什么？

2. 实验过程中要进行严格的除氧操作，分析微量氧的存在对聚合反应的影响。

七、参考文献

[1] Xia J, Zh X, Matyjaszewski K. Atom Transfer Radical Polymerization of 4-Vinylpyridine. Macronolecules, 1999, 32: 3531.

[2] Miller P J, Matyjaszewski K. Atom Transfer Radical Polymerization of (Meth) acrylates from Poly (dimethylsiloxane) Macroinitiators. Macronolecules, 1999, 32: 8760.

[3] Rademacher J T, Baum R, Pallack M E, et al. Atom Transfer Radical Polymerization of *N*,*N*-Dimethylacrylamide. Macromolecules, 2000, 33: 284.

[4] 何天白，胡汉杰主编. 海外高分子科学的新进展. 北京：化学工业出版社，1997.

[5] Li G, Shi L, An Y, et al. Double-responsive Core-shell-corona Micelles from Self-assembly of Diblock Copolymer of Poly (t-butyl Acrylate-co-acrylic Acid) -b-poly (*N*-Isopropylacrylamide). Polymer, 2006, 47: 4581.

[6] Li G, Shi L, Ma R, et al. Formation of Complex Micelles with Double-Responsive Channels from Self-Assembly of Two Diblock Copolymers. Angew Chem Int Ed, 2006, 45: 4959.

实验41 苯乙烯系阳离子交换树脂的制备

一、实验目的

1. 掌握离子交换树脂的性质及制备原理。

2. 通过苯乙烯和二乙烯苯共聚物的磺化反应，学习苯乙烯系离子交换树脂的制备方法。

二、实验原理

离子交换树脂是一类带有可离子化基团的三维网状高分子材料。这类材料在其大分子骨架的主链上带有许多化学基团，这种化学基团是由两种带有相反电荷的离子组成的：一种是以化学键和主链结合的固定离子；另一种是以离子键与固定离子结合的反离子。反离子可以离解成自由移动的离子，并在一定条件下可与周围的其他类型的离子进行交换。通过改变浓度差、利用亲和力差别等，可使交换离子与其他同类型的离子进行反复的交换，达到浓缩、分离、提纯、净化等目的。同时，这种离子反应是可逆的，在一定条件下，交换上的离子可以解吸，从而使离子交换树脂再生，重复使用。

根据交换基团性质的不同，可将离子交换树脂划分为阳离子交换树脂和阴离子交换树脂。能解离出阳离子，并能与外来阳离子进行交换的树脂称作阳离子交换树脂；反之，为阴离子交换树脂。阳离子交换树脂又可进一步分为强酸型、中酸型和弱酸型三种。如含有磺酸基（$R-SO_3H$）的为强酸型，含磷酸基［$R-PO(OH)_2$］的为中酸型，含羧酸基（$R-COOH$）的为弱酸型。阴离子交换树脂又可分为强碱型和弱碱型两种。如含有$-SO_3H$交换基团的离子交换树脂称为强酸型阳离子交换树脂，其中H^+为可自由活动的离子。由于氢型、强酸型阳离子交换树脂的贮存稳定性不好，且有较强的腐蚀性，因此常将它们与NaOH反应转化为Na型离子交换树脂，Na型树脂具有较好的贮存稳定性。

按其物理结构的不同，可将离子交换树脂分为凝胶型、大孔型和载体型三类。凝胶型离子交换树脂是指在合成离子交换树脂或其前体的聚合过程中，聚合相除单体和引发剂外，不含不参与聚合的其他物质，所得的离子交换树脂是透明的。这类树脂表面光滑，球粒内部没有大的毛细孔。大孔型离子交换树脂是指在合成离子交换树脂或其前体的聚合过程中，除单体和引发剂外还存在不参与聚合、与单体互溶的致孔剂❶。因而所得的离子交换树脂内部存在海绵状的多孔结构，是不透明的。大孔型树脂内部由于具有较大的渠道，所以交换速度快，工作效率高。

离子交换树脂的合成方法主要有两种：一种是将带有功能基的单体聚合，另一种是先制备聚合物，然后在大分子骨架上引入功能基。离子交换树脂的外形一般为颗粒状，常见的离子交换树脂的粒径为0.3～1.2nm。离子交换树脂应用范围极为广泛，它可用于水处理、原子能工业、海洋资源、化学工业、食品加工、分析检测、环境保护等领域。其中聚苯乙烯系离子交换树脂是以苯乙烯和二乙烯苯共聚物为母体制得的一类离子交换树脂，品种多、性能好、用途广，是离子交换树脂中最主要的品种。

用悬浮聚合方法制备球状聚合物是制取离子交换树脂的一种重要的实施方法。在悬浮聚合中，影响颗粒大小的因素主要有搅拌速度、反应温度、反应器和搅拌器的尺寸、水相与单

❶ 致孔剂就是能与单体混溶，但不溶于水，对聚合物能溶胀或沉淀，但其本身不参加聚合，也不对聚合产生链转移反应的溶剂。

体的比例、悬浮剂、引发剂的类型及数量等。离子交换树脂对颗粒度的要求比较高，所以要严格控制搅拌速度，制得颗粒度符合要求的树脂，是实验中需特别注意的问题。

本实验，首先通过苯乙烯与DVB的悬浮共聚，然后进行磺化反应制备了强酸型阳离子交换树脂。反应过程如下。

(1) 聚合反应

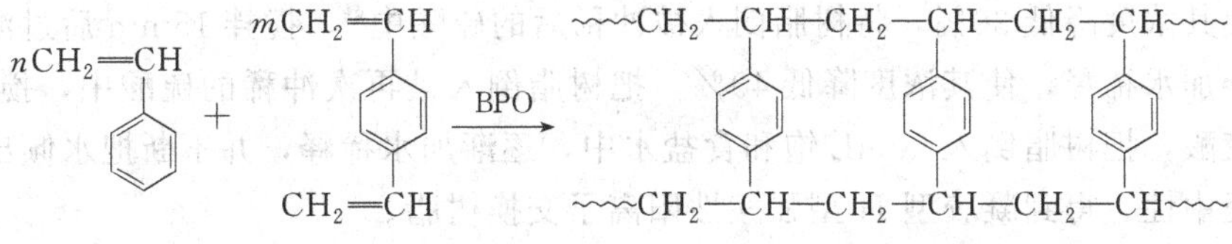

(交联聚苯乙烯)

(2) 磺化反应

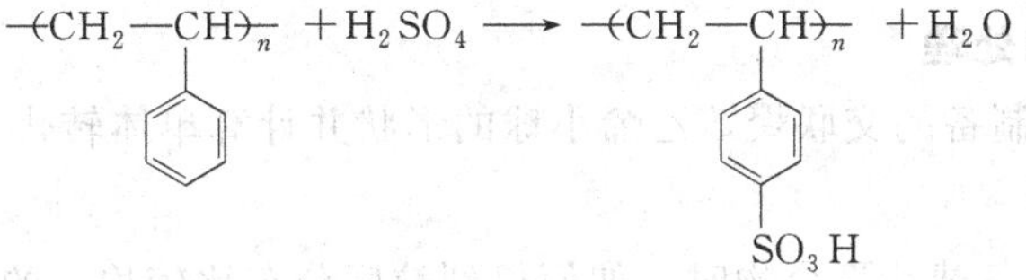

三、仪器和试剂

1. 仪器

三口烧瓶(250mL)	2个	球型、直型冷凝管	各1套
量筒、烧杯	各2个	搅拌器	1套
恒温油浴	1套	抽滤装置	1套
砂芯漏斗	1个		

2. 试剂

苯乙烯(St)，用前需减压蒸馏提纯	A. R.	二乙烯基苯(DVB)	A. R.
过氧化苯甲酰(BPO)	A. R.	5%聚乙烯醇(PVA)水溶液	A. R.
二氯乙烷	A. R.	NaOH(2mol/L)	A. R.
H_2SO_4(92%～93%)	A. R.		

四、实验步骤

1. St-DVB的悬浮共聚

安装反应装置，将温度计、搅拌器、冷凝管安装在250mL的三口烧瓶上。在三口烧瓶中加入100mL蒸馏水、5%PVA水溶液5mL，开动搅拌器并缓慢加热，升温至40℃后停止搅拌。

将0.4g BPO、40g St和10g DVB在小烧杯中混合并倒入三口烧瓶中。开动搅拌器，开始转速要慢，待单体全部分散后，用细玻璃管吸出部分油珠放到表面皿上，观察油珠大小。如油珠偏大，可缓慢加速。过一段时间后继续检查油珠大小，如此调整至所需油珠大小后，以1～2℃/min的速度升温至70℃，并保温1h，再升温到85℃反应1h。在此阶段避免调整搅拌速度和停止搅拌，以防止小球不均匀和发生黏结。当小球定形后升温到95℃，继续反应2h。停止搅拌，将产物倒入尼龙沙袋，用热水反复洗涤多次，直至洗涤水透明清亮。再用蒸馏水洗2次，置于表面皿中自然晾干，观察聚合物形状，称量，计算产率。

2. 共聚小球的磺化

称取合格的共聚物小球20g，放入250mL装有搅拌器、回流冷凝管的三口烧瓶中，加入20g二氯乙烷，溶胀10min，加入92.5%的H_2SO_4 100g。开动搅拌器，缓慢搅动，以防把树脂粘到瓶壁上。用油浴加热，1h内升温至70℃，反应1h，再升温到80℃反应6h。然后改成蒸馏装置，搅拌下升温至110℃，常压蒸出二氯乙烷，撤去油浴。

冷至室温后，用玻璃砂芯漏斗抽滤，除去硫酸。然后将滤出的硫酸加水稀释，使其浓度降低15%，把树脂小心地倒入被冲稀的硫酸中，搅拌20min后过滤。滤出的硫酸取一半加水稀释，使其浓度降低30%，将树脂倒入被冲稀后的硫酸中❶，搅拌15min后过滤。滤出的硫酸取一半加水稀释，使其浓度降低40%，把树脂倒入被再次冲稀的硫酸中，搅拌15min。抽滤除去硫酸，把树脂倒入50mL饱和食盐水中，逐渐加水稀释，并不断把水倾出，直至用自来水洗至中性。得到凝胶型H型强酸性阳离子交换树脂。

在搅拌下向H型强酸性阳离子交换树脂中慢慢滴加2mol/L的NaOH水溶液，直至pH值约为8，得到凝胶型Na型强酸性阳离子交换树脂。

五、实验结果和处理

观察悬浮聚合时制备的交联聚苯乙烯小球的形状并计算单体转化率。

六、思考题

1. 悬浮聚合法制备球状聚合物时，如何得到粒度分布比较均一的产物？
2. 简述离子交换树脂的工作原理及类型。

七、参考文献

[1] 南开大学化学系高分子教研室. 高分子化学实验. 天津：南开大学出版社，1986.
[2] 马建标主编. 功能高分子材料. 北京：化学工业出版社，2000.
[3] 王久芬编. 高分子化学实验. 北京：兵器工业出版社，1998.

实验42　逆向原子转移活性自由基聚合法制备聚苯乙烯

一、实验目的

1. 掌握逆向原子转移自由基聚合的基本原理。
2. 通过聚苯乙烯的合成掌握合成实验中的一些基本操作技术。

二、实验原理

作为活性自由基聚合的方法之一，原子转移自由基聚合（atom transfer radical polymerization，ATRP）具有适用单体覆盖面广、原料易得、聚合条件温和、合成工艺多样、操作简便、易于实现工业化等显著特点，原子转移自由基聚合的发现立刻引起学术界和工业界的广泛重视，成为高分子化学研究领域的热点之一。

然而常规的原子转移自由基聚合存在两大缺陷：①所用卤化物均有毒、不易制得、不易保存；②过渡金属化合物催化剂如CuCl、$RuCl_2(PPh_3)$、$FeCl_2$、$NiBr_2(PPh_3)_3$等，被利用的是其还原态M_t^n，还原态金属对氧或湿气很敏感，不易保存及操作。为克服以上缺陷，王锦山博士提出了用常规的自由基引发剂和高价态金属化合物引发的原子转移自由基聚合，称为逆向原子转移自由基聚合（reverse atom transfer radical polymerization，RATRP）。

❶ 由于硫酸是强酸，操作中要防止酸被溅出。学生可准备一空烧杯，把树脂倒入烧杯内，再把硫酸倒进盛树脂的烧杯中，可以防止酸被溅出来。

与常规的原子转移自由基聚合中首先用 M_t^n 活化休眠种 R—X 不同，逆向原子转移自由基聚合是从自由基 I· 或 I—P· 和 M_t^{n+1}—X 的钝化反应开始的（如图 1 所示）。在引发阶段，引发自由基 I· 或 I—P· 一旦产生，就可以从氧化态的过渡金属卤化物 M_t^{n+1}—X 中夺取卤原子，形成还原态的过渡金属粒子 M_t^n 和休眠种 I—X 或 I—P_1—X。接下来，过渡金属粒子 M_t^n 的作用就如同在常规的原子转移自由基聚合（R—X/M_t^n/L_x）中一样了。

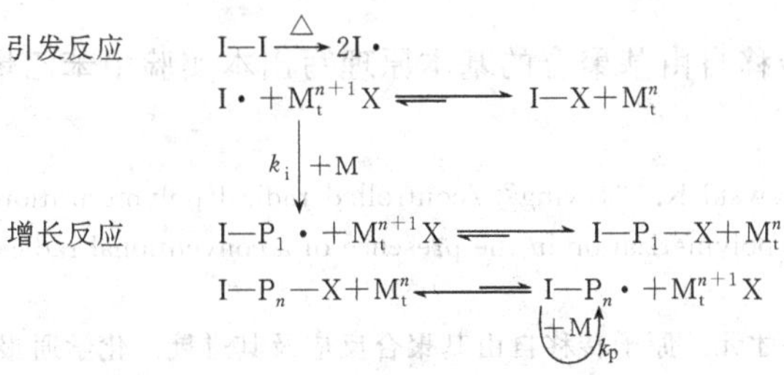

图 1　逆向原子转移自由基聚合的基本原理

本实验以 AIBN 为引发剂，以 $FeCl_3$/丁二酸为催化剂，引发苯乙烯活性自由基聚合。

三、仪器和试剂

1. 仪器

集热式恒温加热磁力搅拌器	1 套	抽滤装置	1 套
两口圆底烧瓶	1 个	量筒	2 个
真空干燥箱	1 个	凝胶渗透色谱仪	1 台

2. 试剂

苯乙烯	A. R.	偶氮二异丁腈(AIBN)	A. R.
无水三氯化铁($FeCl_3$)	A. R.	丁二酸	A. R.
N,*N*-二甲基甲酰胺	A. R.	高纯氮气	99.99%
甲醇	A. R.	无水硫酸钠	A. R.
氢化钙	A. R.	甲苯	A. R.

四、实验步骤

1. AIBN 的提纯

将 50mL 95%的乙醇加热至接近沸腾，迅速加入 5g AIBN，摇荡至全部溶解，趁热过滤，滤液冷却得白色结晶，用布氏漏斗抽滤晾干后于室温下真空干燥，避光避潮低温保存。

2. 苯乙烯的提纯

取适量的苯乙烯置于分液漏斗中，用 5%的 NaOH 水溶液反复洗至无色，再用蒸馏水洗至中性，用无水硫酸钠干燥，加入氢化钙，再进行减压蒸馏，收集相应压力下的馏分。

3. 聚合

将 0.24g 的三氯化铁与 0.35g 的丁二酸加入反应瓶中，加入 30mL 甲苯，通氮气 5～10min，振荡至完全溶解，再将 0.18g AIBN 溶于 30mL 苯乙烯中，加入到反应瓶中，通氮气 5～10min，塞好塞子，抽真空 15min，通氮气 15min，如此反复 3～4 次，密封，放入 100℃恒温油浴中，磁力搅拌，反应 8h。反应结束后，用四氢呋喃溶解所得聚合物，然后用甲醇沉淀，所得产物在室温下自然风干，在 60℃下真空干燥至恒重后，计算转化率。

4. 产物表征

所得聚苯乙烯的分子量及分子量分布用凝胶渗透色谱仪测定，聚甲基丙烯酸甲酯为标样，N,N-二甲基甲酰胺为流动相，柱温35℃，流速为1mL/min。

五、实验结果和处理

名称	数均分子量(M_n)	重均分子量(M_w)	分布系数(PDI)
聚苯乙烯			

六、思考题

试根据逆向原子转移自由基聚合的基本原理写出本实验中苯乙烯的反应机理。

七、参考文献

[1] Wang J S, Matyjaszewski K. "Living"/controlled radical polymerization. Transition-metal-catalyzed atom transfer radical polymerization in the presence of a conventional radical initiator. Macromolecules, 1995, 28: 7572.

[2] 袁金颖，楼旭东，潘才元. 原子转移自由基聚合反应及其进展. 化学通报，2000，3：10.

[3] 梁晖，卢江. 高分子化学实验. 北京：化学工业出版社，2004.

[4] 夏平. 反原子转移自由基聚合的研究——AIBN/$CuCl_2$/bpy引发St聚合. 湖州师范大学学报，2001，23(3)：32.

实验43　相转移催化法合成3-取代喹唑啉-4-酮类药物材料

一、实验目的

1. 通过相转移催化法制备3-取代喹唑啉-4-酮类化合物，了解相转移催化剂在有机合成反应中的反应原理和应用。

2. 学习并了解寻找最优化合成反应条件的试验设计和操作方法。

3. 学习并了解常用的相转移催化剂的种类。

二、实验原理

喹唑啉酮类衍生物具有多种生物活性，如抗癌、杀菌、杀螨、抗植物病毒等。20世纪90年代出现了有关喹唑啉酮类化合物抗植物病毒活性的报道，1991年Leistner等申请了关于喹唑啉酮衍生物抗病毒的专利，如QZT［3-(2-巯基乙基)喹唑啉-2,4-二酮］在0.001mol/L时能抑制烟草叶片上的PVX复制。近20年来，国外公司相继开发出含喹唑啉酮类结构的农用广谱内吸性杀菌剂氟喹唑（Fluquinconazole）、高效杀螨剂喹螨醚（Fenazaquin）、抗高血压药哌唑嗪（Pyrazosin）等；2002年在中草药板蓝根的提取物中也发现了喹唑啉酮类化合物。

相转移催化反应（phase-transfer catalytic reaction）简称PTC反应，是在最近几十年间发展并成熟起来的一类非常实用的催化反应。其基本原理是借助于催化剂将一种试剂的活性部分从一相"携带"到另一相中参加反应，这样的催化剂被称为相转移催化剂。相转移催化剂一般可分为盐类（多用于液-液相转移）、冠醚类（多用于固-液相转移）和开链多醚类三个大类。相转移催化应用范围较广，可在取代反应、消除反应、加成反应、氧化还原反应、Wittig反应、Michael反应、Darzens反应、卡宾的制备等反应中得到应用，其反应条件温和、操作简便、反应时间短、反应选择性高、副反应少等优点得到了充分的体现。

本实验以邻氨基苯甲酸为起始原料，经闭环、相转移催化得到3-取代喹唑啉-4-酮类化合物，合成路线如图1所示。

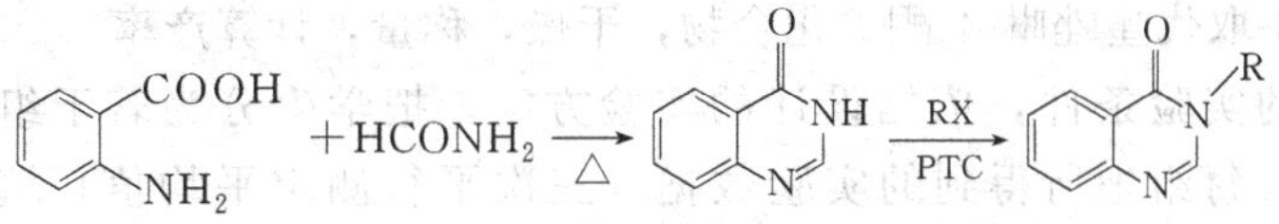

图1　3-取代喹唑啉-4-酮类化合物合成路线

三、仪器和试剂

1. 仪器

电动搅拌器	1台	烧杯(50mL)	1个
三口烧瓶(100mL)	1个	量筒(25mL)	1支
三口烧瓶(50mL)	1个	球形冷凝管	1支
电热套	1台	电子天平	1台
抽滤瓶和布氏漏斗	1套	圆底烧瓶(250mL)	1个
烧杯(800mL)	1个	三角漏斗	1个
温度计(200℃)	1支	循环水泵	1台
旋转蒸发仪	1套	分液漏斗(250mL)	1个
薄层板(已制备好)	若干	展缸	1个

2. 试剂

邻氨基苯甲酸	A. R.	甲酰胺	A. R.
无水乙醇	A. R.	乙酸乙酯	A. R.
无水硫酸镁	A. R.	氯仿	A. R.
石油醚(60～90℃)	A. R.	甲苯	A. R.
苯	A. R.	卤代烃	A. R.
四丁基溴化铵(TBAB)	A. R.	氢氧化钾	A. R.

四、实验步骤

1. 喹唑啉-4-酮的合成

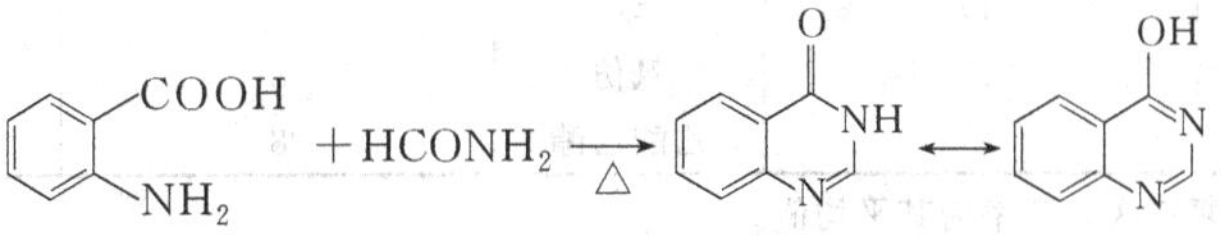

在100mL三口烧瓶中，加入27.4g (0.2mol) 邻氨基苯甲酸和36.0g (0.8mol) 甲酰胺，混合加热至130～135℃，反应3h，停止加热，当冷却至100℃时滴入适量水，冷却至60℃时再加入适量水，搅拌30min，冷却至室温，抽滤，得到浅褐色固体，用乙醇重结晶，得白色絮状固体27.6g，产率为95.4%，m. p. 214～215℃（文献值：215.5～216.5℃）。

2. 3-取代喹唑啉-4-酮类化合物的合成

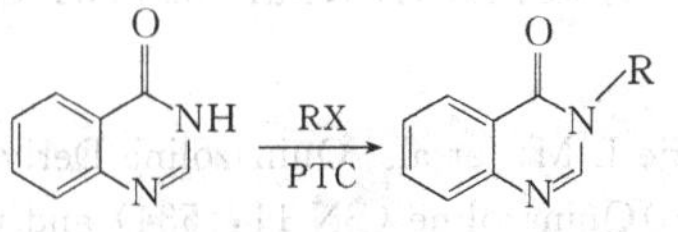

在50mL三口烧瓶内依次加入喹唑啉-4-酮1.0mmol，卤代烃1.0mmol，四丁基溴化铵26mg (0.08mmol)，甲苯10mL，35% KOH溶液10mL，在回流下搅拌反应1h，冷却，在分液漏斗中分离水相和有机相，有机相用10mL水洗涤后，旋干，得粗产物。将该粗产物用薄层色谱分析的方法分离（展开剂：乙酸乙酯：石油醚＝2：1，体积比），用乙酸乙酯淋洗，

旋干，得到产物3-取代喹唑啉-4-酮类化合物，干燥，称量，计算产率。

以上是优选的实验条件，依据设计的实验方案，把学生分为若干组，每组负责一个反应条件的实验，每组把所得到的实验数据（三次平行测定平均值）填写于表1中，找出最佳的反应条件。并且与传统的反应条件作对比，总结相转移催化条件下有机合成反应的优缺点。

五、实验结果和处理

依据表1中的预设计方案或学生自己设计的实验方案，综合考察反应时间、碱浓度、反应有机溶剂、催化剂用量、反应温度等因素，把结果记录于表1中，并对比各组学生的实验结果，找出最佳的相转移催化合成3-取代喹唑啉-4-酮类化合物的反应条件。

表1　不同反应条件相转移催化下对3-取代喹唑啉-4-酮类化合物合成产率的影响

序号	反应时间/h	KOH浓度(质量分数)/%	有机溶剂	TBAB加入量(摩尔分数)/%	反应温度/℃	产率①/%
1	1	30	甲苯	0	回流	
2	1	30	甲苯	3	回流	
3	1	30	甲苯	5	回流	
4	1	30	甲苯	8	回流	
5	1	30	甲苯	10	回流	
6	1	10	甲苯	8	回流	
7	1	20	甲苯	8	回流	
8	1	30	甲苯	8	回流	
9	1	35	甲苯	8	回流	
10	1	40	甲苯	8	回流	
11	1	35	甲苯	8	20～25	
12	1	35	甲苯	8	40～45	
13	1	35	甲苯	8	60～65	
14	2	35	甲苯	8	回流	
15	0.75	35	甲苯	8	回流	
16	0.5	35	甲苯	8	回流	
17	1	35	苯	8	回流	
18	1	35	氯仿	8	回流	
19	1	35	乙酸乙酯	8	回流	

① 每一个条件反应重复三次，产率为其平均值。

六、思考题

1. 相转移催化剂对有机合成反应的作用原理是什么？
2. 常用的相转移催化剂主要有哪些？
3. 在制备喹唑啉-4-酮的反应中，反应完毕后，加入水的目的是什么？
4. 相转移催化反应完毕后，有机相用水来洗涤的目的是什么？

七、参考文献

[1] Margaret M E, Emily W, Marie L M, et al. Quinazoline Derivatives. I. The Synthesis of 4-(4′-Diethylamino-1′-Methylbutylamino)Quinazoline (SN 11, 534) and the Corresponding 2-Phenylquinazoline (SN 11, 535). J Am Chem Soc, 1946, 68: 1299.

[2] Murugan E, Gopinath P. Synthesis and Characterization of Novel Bead-shaped Insoluble Polymer-supported Tri-site Phase Transfer Catalyst and Its Efficiency in *N*-Alkylation of Pyrrole. Appl Catal. A: Gen, 2007, 319: 72.

[3] Xu G F, Song B A, Bhadury P S, et al. Synthesis and Antifungal Activity of Novel s-Substituted

6-Fluoro-4-Alkyl(aryl)thioquinazoline Derivatives. Bioorg Med Chem，2007，15：3768.
[4] Nawrot E，Jończyk A. Reaction of Difluorocarbene with Anions from Amides and Oximes：Synthesis of *N*-Difluoromethyl Substituted Amides，*O*-Difluoromethylimidates or *O*-Difluoromethyl Substituted Oximes Under Phase-transfer Catalysis Conditions. J Fluorine Chem，2006，127：943.
[5] Shalaby A A，EI-Khamry A M A，Shiba S A，et al. Synthesis and Antifungal Activity of Some New Quinazoline and Benzoxazinone Derivatives. Arch Pharm (Weinheim)，2000，333：365.
[6] Kapteyn J C，Pillmoor J B，De Waard M A. Biochemical Mechanisms Involved in Selective Fungitoxicity of Two Sterol 14 Alpha-demethylation Inhibitors，Prochloraz and Quinconazole：Accumulation and Metabolism Studies. Pesticide Science，1992，36：85.
[7] Leistner S，Siegling A，Strohscheidt T，et al. Verfahren Zur Herstellung Von 3-(Alkylthioalkyl)-2,4-Dioxo-1,2,3,4-Tetrahydro-chinazolinen. DD 293816，1991.

八、附注

1. 相转移催化剂的种类

相转移催化剂的种类很多，主要有以下几类。

(1) 鎓盐　这类催化剂使用范围广，价格也便宜，常用的有季铵盐和季鏻盐，另外还有硫盐等。如氯化苄基三乙铵（BTEAC)、氯化四丁基铵（TBAC)、溴化十六烷基三丁基铵（HDTBP)、氯化三辛基甲基铵（TCMAC)、溴化四丁基铵（TBAB）等。一般含有15～25个碳原子的季铵盐和季鏻盐都具有较好的催化作用。

(2) 冠醚　可以与碱金属离子配合形成有机正离子，其性质与鎓盐正离子相似。因此，可以使有机或无机的碱金属盐溶于非极性溶剂中。但此类化合物毒性较大，价格也较高。如18-冠-6（18-C-6)、二苯并18-冠-6（DB-18-C-6)、二环己烷并18-冠-6（DC-18-C-6)、隐烷[2,2,2]（穴醚）等。与冠醚结构功能类似的化合物还有环芳烃、环糊精、胍环、聚乙二醇等。

(3) 三相催化剂　以高分子或硅胶等为载体将季铵盐、季鏻盐、冠醚、聚乙二醇等连在高分子链上作为相转移剂使用，应用中存在固相（催化剂）-水相-有机相三相体系。

(4) 其他类相转移催化剂　如有机金属二氯二丁基锡的催化效果与鎓盐相似；牛血清蛋白，可以把有机相的物质带入到水相中反应。

2. 考察不同的相转移催化剂对反应的影响

对于此次实验，我们可以考察不同的相转移催化剂对反应的影响，除了实验当中我们用到的溴化四丁基铵（TBAB）外，还可以尝试用其他的季铵盐来作为此次反应的相转移催化剂。季铵盐易潮解，注意防水防潮。

3. 实验合成最优化条件的筛选

关于实验合成条件的最优化条件的筛选，要用到正交试验设计，简要介绍如下：

正交试验，是借助于正交表来布置试验的。因此，首先得搞清楚正交表的含意。比如，需作一A、B、C三因子试验，A分为A_1、A_2两个水平；B分为B_1、B_2两个水平；C分为C_1、C_2两个水平。显然，该试验共有8个处理组合，详列如下：

$$A_1\begin{cases}B_1\begin{cases}C_1\cdots A_1B_1C_1\\C_2\cdots A_1B_1C_2\end{cases}\\B_2\begin{cases}C_1\cdots A_1B_2C_1\\C_2\cdots A_1B_2C_2\end{cases}\end{cases}\qquad A_2\begin{cases}B_1\begin{cases}C_1\cdots A_2B_1C_1\\C_2\cdots A_2B_1C_2\end{cases}\\B_2\begin{cases}C_1\cdots A_2B_2C_1\\C_2\cdots A_2B_2C_2\end{cases}\end{cases}$$

这8个处理组合，可用数字来简单表示，如$A_1B_1C_1$可简记为“111”，$A_1B_1C_2$可简记为“112”等。这样，如若写出“221”，则表示这是处理组合$A_2B_2C_1$。即因子A取A_2，

因子 B 取 B_2，因子 C 取 C_1 所组成的组合。参数因子的确定，主要依据试验工作者的生产实践经验和试验所具备的条件。要注意的是，既不能把所有影响生产的因子都安排在试验中，也不能把重要的因子漏掉。一般以不超过四个因子为好。各因子取几个水平，也要按实际情况来确定。水平取得太少可能考察不周，取得太多又增加试验工作量，一般以选 2～4 个水平为宜。

在实际问题中，影响指标的因子往往有很多，这便是多因子的试验设计问题。多因子试验遇到的最大困难是试验次数太多，让人无法忍受。如果有十个因子对产品质量有影响，每个因子取两个水平进行比较，那么就有 $2^{10}=1024$ 个不同的试验条件需要比较，假定每个因子取三个水平比较，那么就有 $3^{10}=59049$ 个不同的试验条件，这在实际中是办不到的，因此我们只能从中选择一部分进行试验。

正交试验设计法，就是使用已经造好了的表格——正交表来安排试验并进行数据分析的一种方法。它简单易行，计算表格化，使用者能够迅速掌握。安排试验时，只要把所考察的每一个因子任意地对应于正交表的一列（一个因子对应一列，不能让两个因子对应同一列），然后把每列的数字“翻译”成所对应因子的水平。这样，每一行的各水平组合就构成了一个试验条件。

实验 44　酸性含磷萃淋树脂的制备及表征

一、实验目的

1. 掌握萃淋树脂制备的一般方法。
2. 掌握表征大孔树脂结构的方法。

二、实验原理

萃淋树脂是德国化学家 R. Kroebel 和 A. Meyer 于 1971 年发明的。1978 年，H. W. Kauczor 论述了萃淋树脂的结构与性能，并将其命名为“Levextrel resins”。萃淋树脂自问世以来就引起了广泛的重视，现已广泛用于元素的提取与分离、分析化学、湿法冶金及废水处理等领域。由于萃淋树脂具有萃取剂流失少、样品处理柱负载较高、传质性能好、使用方便等特点，可以预期，它作为色层吸附分离材料，将会有广阔的使用前景。

萃淋树脂的合成是采用悬浮聚合的原理，将萃取剂在合成前就加入到单体中，混在一起制成有机相，然后升温聚合固化成型，萃取剂就“固化”在聚合物的网络中。

三、仪器和试剂

1. 仪器

恒温水浴槽	1 个
电动搅拌调速器	1 个

2. 试剂

苯乙烯(St)10%NaOH 洗去阻聚剂后使用	C. P.	二乙烯基苯(DVB)10%NaOH 洗去阻聚剂后使用	C. P.
过氧化苯甲酰(BPO)无水乙醇重结晶	A. R.	二(2-乙基己基)磷酸(P204)	C. P.
甲苯	A. R.	明胶	C. P.
十二烷基磺酸钠(SDS)	C. P.	氯化钠	C. P.

P204 结构式见图 1，其性能见表 1。

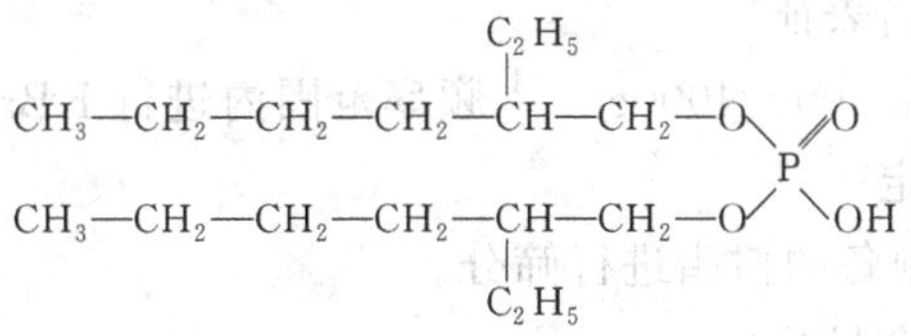

图 1　P204 萃取剂的结构式

表 1　P204 的物理、化学常数表

项　目	数值	项　目	数值
相对密度(d_4^{25})	0.9699	分子量	305
黏度 η^{25}/mPa·s	35.79	溶解度/(mg/L)	11.8
凝固点/℃	<−78	在 1mol/L H_2SO_4 溶液中的溶解度/(mg/L)	1.7
闪点/℃	206	pK_a(25℃)	3.5
燃点/℃	233	酸浓度/(mmol/g)	3.0

四、实验步骤

1. 有机相的配制

取 17.5mL 二乙烯基苯和 16.5mL 苯乙烯于 100mL 烧杯中混合均匀，加入 0.8g 过氧化苯甲酰，待溶解后，再加入 16mL 甲苯和 17mL 二（2-乙基己基）磷酸。

2. 悬浮聚合法制备树脂

在装有电动搅拌器的 250mL 三颈瓶中，一侧口上装冷凝器，另一侧口上装 100℃温度计（见图 2）。将三颈瓶放在水浴上加热，加入 170mL 的二次蒸馏水和 0.8g 的明胶，开动搅拌并升温至 80℃使明胶完全溶解。然后加入预先配制好的有机相。调节搅拌速度，以 500r/min 为宜，反应 6h，再升温至 90℃，反应 4h。反应完全后，冷却至 50℃，用布氏漏斗过滤，用 50℃蒸馏水洗涤产品，直至滤液清澈，再将产品转入梨形漏斗中洗涤，直至洗涤液中加入体积比为 1∶1 的 HCl 溶液不变浑浊为止。水冲洗过筛，风干，烘干（50～60℃），即得不同粒度的二（2-乙基己基）磷酸萃淋树脂样品。

五、萃淋树脂表征

1. 萃淋树脂的形貌和表面结构

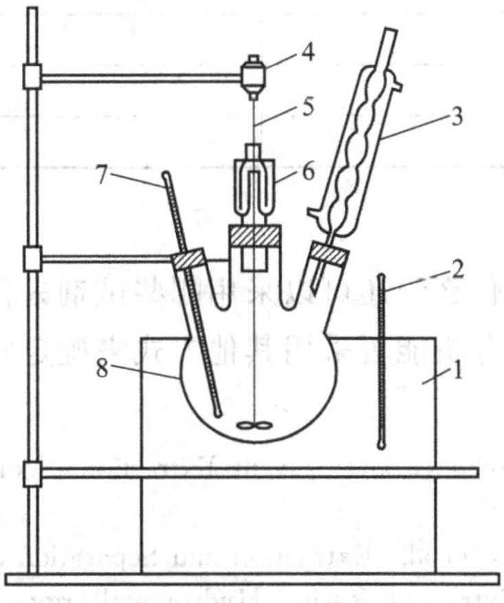

图 2　制备装置

1—恒温水浴；2,7—温度计；3—冷凝管；4—电动搅拌器；
5—搅拌棒；6—搅拌导管；8—三颈瓶

在扫描电子显微镜下观察萃淋树脂的形貌和表面结构。

2. 萃淋树脂的红外光谱表征

用红外光谱仪对树脂在 400～4000cm^{-1} 频率范围内进行 KBr 压片测定。

3. 树脂粒度分布的测定

用不同目数的筛子对制备的树脂进行筛分。

4. 萃淋树脂中萃取剂含量分析

称取某一粒度范围干树脂约 2g，加入 30mL 无水乙醇，振荡 12h，再加入 2～4 滴 0.2%酚酞指示剂，用 NaOH 标准溶液滴定到溶液自无色变为红色即为终点。萃淋树脂中萃取剂含量可按下式进行计算：

$$P204\% = \frac{305MV}{1000m} \times 100\%$$

式中，m 为干树脂质量，g；M 为 NaOH 标准溶液的浓度，mol/L；V 为消耗 NaOH 标准溶液的体积，mL。

六、实验结果和处理

1. 萃淋树脂的形貌和表面结构

放大 1000 倍的萃淋树脂的形貌为__________颗粒；观察放大 5000 倍的萃淋树脂表面结构可知，每一树脂颗粒是由____________组成的。

2. 红外光谱表征

在____ cm^{-1} 附近出现了—OH 的吸收峰，而且在____ cm^{-1} 附近出现 P═O 的吸收峰。

3. 树脂粒度的测定（表 2）

表 2　树脂粒度百分比

目数	<40	40～60	60～80	80～100	100～120	>120
百分比/%						

4. 萃淋树脂中萃取剂含量分析（表 3）

表 3　P204 含量的测定

实验次数	液体体积/mL	NaOH 体积/mL	P204 含量/(mmol/g)	平均 P204 含量/(mmol/g)

七、思考题

1. 本实验中甲苯的作用是什么？还可以采用哪些试剂来代替甲苯？
2. 萃淋树脂中萃取剂含量分析能否采用其他方式来确定？

八、参考文献

[1] Marinsky J A, et al. Ion Exchange and Solvent Extraction. Volume 8. New York: Marcel Dekkel Inc, 1981.

[2] Liu J S, Chen H, Chen X Y, et al. Extraction and Separation of In（Ⅲ）, Ga（Ⅲ）and Zn（Ⅱ）from Sulfate Solution Using Extraction Resin. Hydrometallurgy, 2006, 82: 137.

[3] 朱妙琴，吴永江，庄尚瑞．N263 萃淋树脂的合成及在金矿液分析中的应用．理化检验：化学分册，1997，33（9）：415.

[4] 何卫东，高分子化学实验．合肥：中国科学技术大学出版社，2003.

实验 45 环氧氯丙烷交联淀粉的制备

一、实验目的

1. 通过交联淀粉的制备来掌握高分子交联反应中的一些基本操作技术。

2. 通过交联淀粉的制备来了解天然高分子交联改性反应的特点以及产品的性质。

二、实验原理

交联淀粉是含有两个或两个以上官能团的化学试剂，即交联剂（如甲醛、环氧氯丙烷等）同淀粉分子的羟基作用生成的衍生物。颗粒中淀粉分子间由氢键结合成颗粒结构，在热水中受热，氢键强度减弱，颗粒吸水膨胀，黏度上升，达到最高值，表示膨胀颗粒已经达到了最大的水合作用。继续加热氢键破裂，颗粒破裂，黏度下降。交联化学键的强度远高于氢键，能增强颗粒结构的强度，抑制颗粒膨胀、破裂和黏度下降。

交联淀粉的生产工艺主要取决于交联剂，大多数反应在悬浮液中进行，反应控制温度30～35℃，介质为碱性。在碱性介质下，以环氧氯丙烷为交联剂制备交联淀粉的反应式如图1所示。

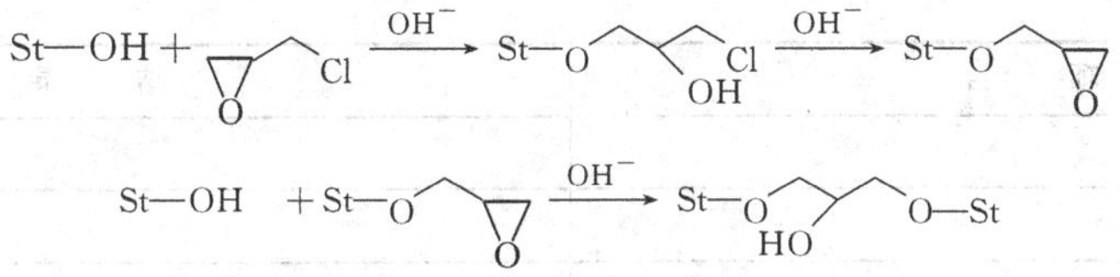

图 1 以环氧氯丙烷为交联剂制备交联淀粉的反应式（St 代表淀粉）

交联淀粉主要性能体现在其耐酸、耐碱性和耐剪切力，冷冻稳定性和冻融稳定性好，并且具有糊化温度高，膨胀性小、黏度大和耐高温等性质。随交联程度增加，淀粉分子间交联化学键数量增加。约 100 个 AGU（脱水葡萄糖单元）有一个交联键时，则交联完全抑制颗粒在沸水中膨胀，不糊化。交联淀粉的许多性能优于淀粉。交联淀粉提高了糊化温度和黏度，比淀粉糊稳定程度有很大提高。淀粉糊黏度受剪切力影响降低很多，而经低度交联便能提高稳定性。交联淀粉的抗酸、碱的稳定性也大大优于淀粉。近几年研究得很多的水不溶性淀粉基吸附剂通常是用环氧氯丙烷交联淀粉为原料来制备的。

本实验以环氧氯丙烷为交联剂，在碱性介质下制备交联玉米淀粉，通过沉降法测定交联淀粉的交联度。

三、仪器和试剂

1. 仪器

三口烧瓶	1 个	超级恒温水浴	1 套
磨口冷凝管	1 支	电子天平	1 套
温度计	1 支	移液管	1 支
烧杯	2 个	精密电动搅拌器	1 套
PHS225 型 pH 计	1 套	循环水式真空泵	1 套
磁力加热搅拌器	1 套	离心机	1 套

2. 试剂

玉米淀粉	食品级	无水乙醇	分析纯

氯化钠	分析纯	氢氧化钠	化学纯
环氧氯丙烷	化学纯	盐酸	分析纯

四、实验步骤

① 25g 玉米淀粉配成 40%的淀粉乳液，放入三口烧瓶中，加入 3g NaCl，开始用机械搅拌器以 60r/min 的速度搅拌，混合均匀后，用 1mol/L 的 NaOH 调节 pH 值至 10.0，加入 10mL 环氧氯丙烷，于 30℃下反应 3h，即得交联淀粉。

② 用 2%的盐酸调节 pH＝6.0～6.8，得中性溶液，过滤，分别以水、乙醇洗涤，干燥。

③ 交联度的测定：准确称取 0.5g 绝干样品于 100mL 烧杯中，用移液管加 25mL 蒸馏水制成 2%浓度的淀粉溶液。将烧杯置于 82～85℃水浴中，稍加搅拌，保温 2min，取出冷却至室温。用 2 支刻度离心管分别倒入 10mL 糊液，对称装入离心沉降机内，开动沉降机，缓慢加速至 4000r/min。用秒表计时，运转 2min，停转。取出离心管，将上清液倒入另一支同样体积的离心管中，读出的体积（mL）即为沉降积。对同一样品进行两次平行测定。

五、实验结果和处理

1. 合成结果记录

项　目	结　果
产品外观	
产量	
产率	

2. 交联度的测定

项　目	结　果
干燥的样品质量	
沉降积	

六、思考题

1. 反应混合液中所添加的氯化钠起什么作用？
2. 思考交联淀粉其他可能的表征方法。

七、参考文献

[1] 王占忠，刘钟栋，陈肇铁．小麦交联淀粉的制备工艺研究．中国粮油学报，2004，19：27.

[2] Lei Guo，Shu-Fen Zhang，Ben-Zhi Ju，Jin-Zong Yang. Study on Adsorption of Cu（Ⅱ）by Water-insoluble Starch Phosphate Carbamate. Carbohydrate Polymers，2006，63：48.

[3] Franck Delval，Grégorio Crini，Sabrina Bertini，Claudine Filiatre，Giangiacomo Torri. Preparation，Characterization and Sorption Properties of Crosslinked Starch-based Exchangers. Carbohydrate Polymers，2005，60：67.

实验 46　微波催化合成 4-氨基喹唑啉类药物材料

一、实验目的

1. 通过微波催化制备 4-氨基喹唑啉类药物材料，了解微波催化在有机合成反应中的应用。

2. 学习并掌握微波合成反应仪的原理和操作方法。

3. 学习并了解杂环化合物的闭环合成方法和常用的氯化方法。

二、实验原理

近几年来，喹唑啉类农药和医药表现出良好的生物活性，成为化学界和生物学界学者们研究的热点之一。在医药方面，其对 EGF 受体（EGFR）产生抑制作用，进而表现出抗癌活性。此外，喹唑啉类化合物还具有抗疟、抗肿瘤和抗 HIV 活性；还可用于治疗良性前列腺增生和肥大；作为 α-受体阻滞剂，在心血管疾病的防治中发挥着较为重要的作用；可预防动脉粥样硬化和冠心病。农药方面，特别是喹唑啉肟醚类化合物具有抗烟草花叶病毒（TMV）、黄瓜花叶病毒（CMV）活性及抗植物病菌活性。

微波化学作为化学领域中一门新兴的边缘学科，自从 1986 年 R. N. Gedye 及其合作者发现微波照射可以促进有机反应以来，化学家对微波的催化机制及其应用研究正趋于成熟与完善。其催化机制在于微波的能级恰好与极性分子的转动能级相匹配，这就使得微波能可以被极性分子迅速吸收，从而与平动能发生自由交换，使反应活化能降低，进而使反应活性大为提高。现已有敞开式、密闭式、回流式、管道流动式四种不同类型的微波催化反应装置进入实验室，并逐步进入制药企业、化工企业和其他有关企业。微波催化合成在 21 世纪将更加蓬勃发展。

本实验以邻氨基苯甲酸为起始原料，经闭环、氯化、微波催化胺化得到 4-氨基喹唑啉类化合物，合成路线如图 1 所示。

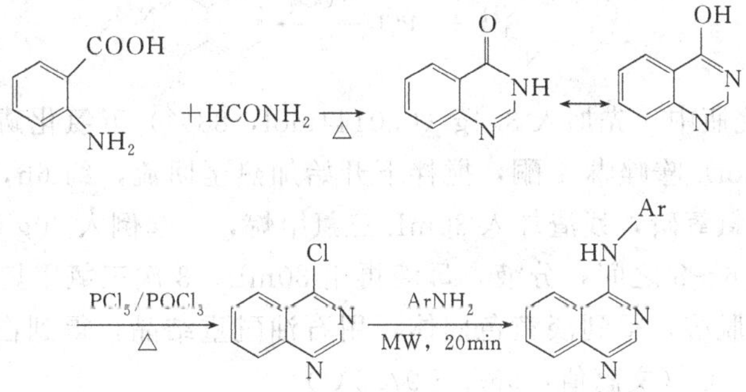

图 1　4-氨基喹唑啉类化合物合成路线

三、仪器和试剂

1. 仪器

电动搅拌器	1 台	烧杯（50mL）	1 个
三口烧瓶（100mL）	2 个	量筒（25mL）	1 支
三口烧瓶（50mL）	1 个	球形冷凝管	1 支
电热套	1 台	电子天平	1 台
抽滤瓶和布氏漏斗	1 套	干燥管	1 支
烧杯（800mL）	1 个	三角漏斗	1 个
温度计（200℃）	1 支	圆底烧瓶（250mL）	1 个
减压蒸馏装置	1 套	水循环水泵	1 台
微波合成反应仪	1 台	pH 试纸（1～14）	1 板

2. 试剂

邻氨基苯甲酸	A. R.	甲酰胺	A. R.
三氯氧磷	A. R.	五氯化磷	A. R.
无水乙醇	A. R.	氯仿	A. R.
无水硫酸镁	A. R.	浓氨水	A. R.
石油醚（60～90℃）	A. R.	异丙醇	A. R.
芳香胺	A. R.		

四、实验步骤

1. 喹唑啉-4-酮的合成

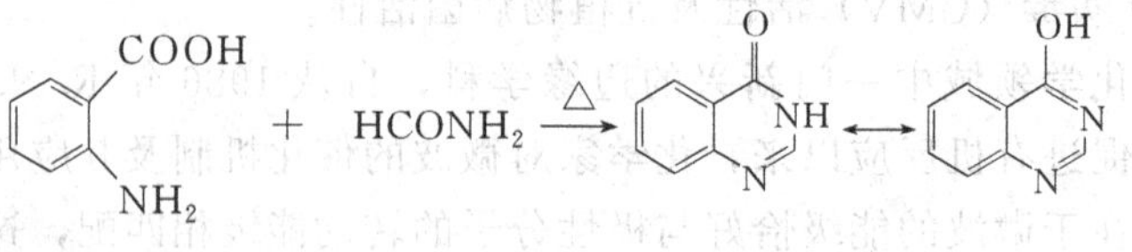

在100mL三口烧瓶中，加入27.4g（0.2mol）邻氨基苯甲酸和36.0g（0.8mol）甲酰胺，混合加热至130～135℃，反应3h，停止加热，当冷却至100℃时滴入适量水，冷却至60℃时再加入适量水，搅拌30min，冷却至室温，抽滤，得到浅褐色固体，乙醇中重结晶，得白色絮状固体27.6g，产率95.4%，m. p. 214～215℃（文献值：215.5～216.5℃）。

2. 4-氯喹唑啉的合成

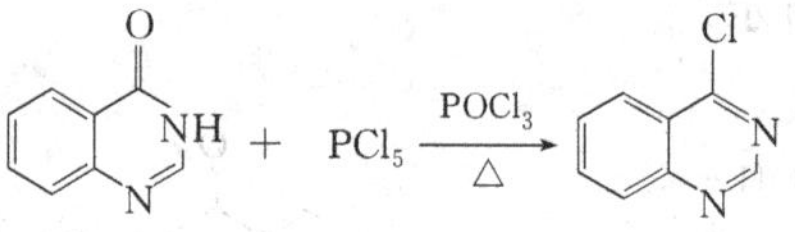

在100mL三口烧瓶中，先加入3.4g（0.0144mol，88%）五氯化磷和12mL三氯氧磷，再加入1.5g（0.01mol）喹唑啉-4-酮，搅拌下开始加热至回流，约6h，至无氯化氢气体放出为止。减压蒸除三氯氧磷，残渣加入30mL三氯甲烷，一起倒入30g碎冰中，冰浴下，用浓氨水调节pH值在6～8之间，分液，母液再用30mL×3次三氯甲烷萃取，合并有机相，用无水硫酸镁干燥，脱溶，得到淡黄色固体，用石油醚重结晶，得到白色固体0.9g，产率54.5%，m. p. 92～93 ℃（文献值：96.5～97.5℃）。

3. 4-氨基喹唑啉类化合物的合成

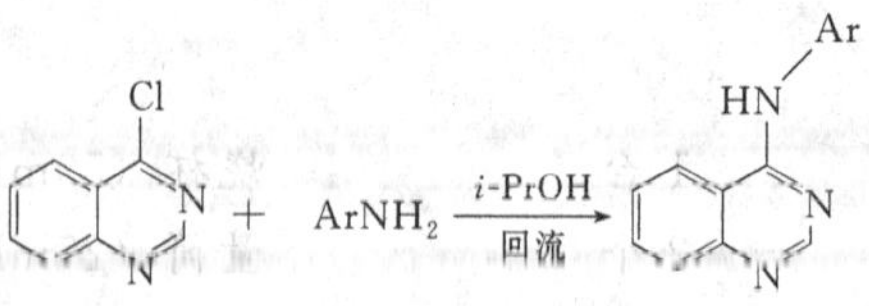

在50mL三口烧瓶中，加入1.5mmol 4-氯喹唑啉、1.5mmol芳香胺和20mL异丙醇，首先在室温下搅拌3min，使大部分固体溶解，放入微波反应仪中，设定相应的微波功率、反应温度、反应时间等条件，进行条件实验。反应完毕后，冷却，抽滤，乙醇重结晶，得到产物4-氨基喹唑啉类化合物，干燥，称量，计算产率。

依据设计的实验方案，把学生分为若干组，每组负责一个反应条件的实验，每组把所得到的实验数据（三次平行测定平均值）填写于表1中，找出最佳的反应条件。并且与传统的反应条件作对比，总结微波催化条件下有机合成反应的优缺点。

五、实验结果和处理

依据表1中的预设计方案或学生自己设计的实验方案，把结果记录于表1中，并对比各组学生的实验结果，找出最佳的微波催化合成4-氨基喹唑啉类化合物的反应条件。

表1　不同反应条件微波催化对4-氨基喹唑啉类化合物合成产率的影响

试验编号	反应时间	微波功率/W	反应温度/℃	产率①/%	试验编号	反应时间	微波功率/W	反应温度/℃	产率①/%
1	10min	60	80		6	20min	100	80	
2	20min	60	80		7	20min	60	30	
3	30min	60	80		8	20min	60	50	
4	20min	40	80		9	20min	60	70	
5	20min	80	80		10②	4～12h	0	80	

① 每一个条件反应重复三次，产率为其平均值。

② 传统实验方法。

六、思考题

1. 微波催化对有机合成反应的作用原理是什么？
2. 请查阅相关文献，试写出合成喹唑啉酮的方法（至少三种）。
3. 在制备喹唑啉-4-酮的反应中，反应完毕后，加入水的目的是什么？
4. 请查阅相关资料，写出常用的氯化试剂（至少三种）。

七、参考文献

[1] Margaret M E, Emily W, Marie L W, et al. Quinazoline Derivatives. I. The Synthesis of 4-（4′-Diethylamino-1′-methylbutylamino）quinazoline（SN 11，534）and the Corresponding 2-Phenylquinazoline（SN 11,535）. J Am Chem. Soc，1946，68：1299.

[2] Liu G，Yang S，Song B A，et al. Microwave Assisted Synthesis of *N*-Arylheterocyclic Substituted-4-aminoquinazoline Derivatives Molecules，2006，11：272.

[3] Liu G，Hu D-Y，Jin L-H，et al. Synthesis and Bioactivities of 6，7，8-Trimethoxy-*N*-aryl-4- Aminoquinazoline Derivatives. Bioorg Med Chem，2007，15：6608.

[4] Besson T，Guillard J，Rees C W. Multistep Synthesis of Thiazoloquinazolines Under Microwave Irradiation in Solution. Tetrahedron Lett，2000，41（7）：1027.

[5] Alexandre F R，Berecibar A，Wrigglesworth R，et al. Novel Series of 8H-Quinazolino［4，3-b］Quinazolin-8-ones Via Two Niementowski Condensations. Tetrahedron，2003，59（9）：1413.

[6] 邵海舟，周蕴，夏敏．6,7-二甲氧基-4-(3′-三氟甲基）苯氨基喹唑啉的快速合成与体外活性测定．合成化学，2006，14（1）：66.

[7] Maitraie D，Yakaiah T，Srinivas K. Regioselective Addition of Grignard Reagents to 2，6-Dicyanoanilines and Cyclization to New Quinazoline Derivatives Under Thermal/Microwave Irradiation Conditions. J Fluorine Chem，2006，127：351.

[8] Chilin A，Marzaro G，Zanatta S，Guiotto A. A Microwave Improvement in the Synthesis of the Quinazoline Scaffold. Tetrahedron Lett，2007，48：3229.

实验47　硅胶表面的化学修饰

一、实验目的

1. 了解硅胶作为基质材料的优点及硅胶表面羟基的存在形式。
2. 掌握对硅胶进行表面化学修饰的机理，通过实验掌握合成实验中的一些基本操作。

二、实验原理

随着科学技术的不断发展，各行业对材料的要求越来越高，研制开发高性能、低成本、可循环使用的新型高分子材料，已成为当前材料学领域的主要研究方向。硅胶具有良好的机械性能、容易控制的孔结构和比表面积、较好的化学稳定性和热稳定性，此外，其表面含有丰富的硅羟基，可以进行表面物理、化学改性，通过包覆各种材料使其功能化，因此以硅胶为基质合成新型高分子材料成为当前研究的热点之一。

一般来讲，硅胶的化学修饰可以分为三种方式，即涂层法、整体修饰及通过表面硅羟基的修饰，目前应用得最多的方法是通过硅胶表面硅羟基的化学修饰对硅胶进行改性。表面硅羟基的化学修饰是将具有适当反应活性的有机硅烷化试剂与硅胶反应，主要反应途径可分为以下三种。

1. 形成 Si—O—C 键（硅胶与醇类反应）

这类是首先用来制备键合相的化学反应，使硅胶表面的硅羟基与正辛醇、聚乙二醇 400 等醇类进行酯化反应。

$$—Si—OH \ + \ HOR \ \xrightarrow[3\sim8h]{150℃} \ —Si—O—R \ + \ H_2O$$

2. 形成 Si—C 键或 Si—N 键

如使硅胶表面的硅羟基与磺酰氯反应：

$$—Si—OH \ + \ SO_2Cl_2 \ \longrightarrow \ —Si—Cl + HO—SO_2—Cl$$

生成的氯化硅胶，可与格氏试剂（$C_6H_5—Mg—Br$）或烷基锂反应，生成具有硅碳键的苯基或烷基键合固定相：

$$—Si—Cl + \langle\!\!\bigcirc\!\!\rangle—Mg—X \ \longrightarrow \ —Si—\langle\!\!\bigcirc\!\!\rangle + MgXCl$$

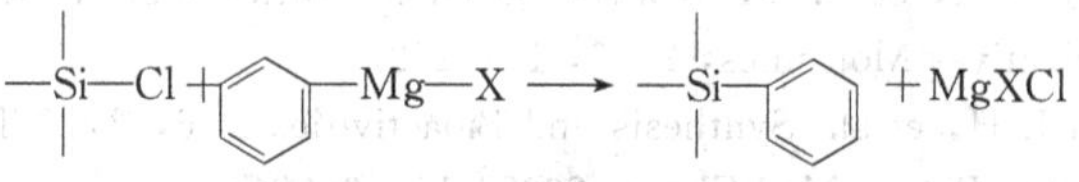

氯化硅胶也可与伯胺（乙二胺）反应，生成具有硅氮键的氨基键合固定相：

$$—Si—Cl + NH_2CH_2CH_2NH_2 \ \longrightarrow \ —Si—NHCH_2CH_2NH_2 + HCl$$

3. 形成 Si—O—Si—C 键

当硅胶表面的硅羟基与氯代硅烷或烷氧基硅烷进行硅烷化反应时，就生成此类键合固定相，这也是制备化学键合固定相的最主要的方法。硅烷化试剂含有 1～3 个官能团，可进行如下所述的基本反应：

$$—Si—OH + XSiR_3 \ \longrightarrow \ —Si—O—Si—R + HX$$

$$\begin{array}{c} —Si—OH \\ | \\ O \\ | \\ —Si—OH \end{array} + X_2SiR_2 \ \longrightarrow \ \begin{array}{c} —Si—O \\ | \quad\quad\; R \\ O \quad Si \\ | \quad\quad\; R \\ —Si—O \end{array}$$

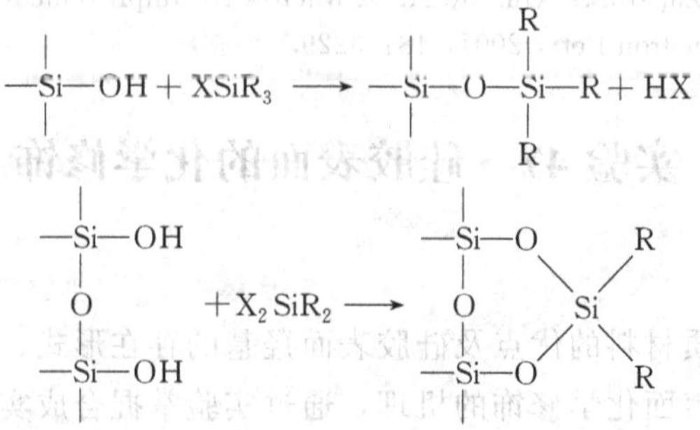

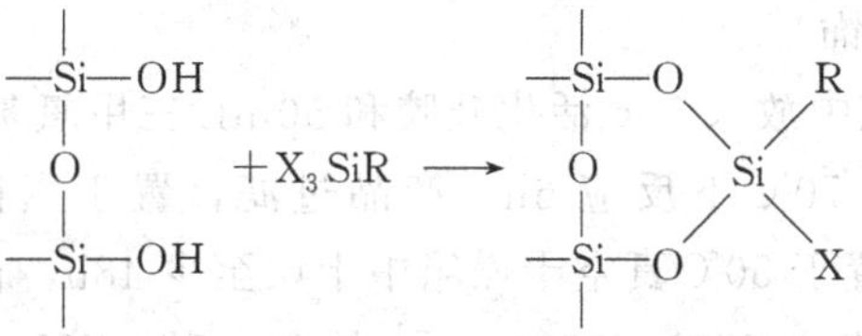

式中，X 代表—Cl、—OH、—OCH_3、—OC_2H_5 等官能团；R 代表—C_8H_{17}、—$C_{10}H_{21}$、—$C_{18}H_{37}$、$\leftarrow\!\!\left(CH_2\right)\!\!\rightarrow_n CN$、$\leftarrow\!\!\left(CH_2\right)\!\!\rightarrow_n NH_2$、—$CH_2OH$、$\leftarrow\!\!\left(CH_2\right)\!\!\rightarrow$ O—CH_2—OH、—CH_2—CH(OH)—CH_2—OH 等。

本实验以三甲氧基硅丙胺为硅烷偶联剂对硅胶进行表面修饰。

三、仪器和试剂

1. 仪器

制备装置（见图 1）。

集热式恒温加热磁力搅拌器	1 套	索氏提取器	1 套
马弗炉	1 台	真空干燥箱	1 支
量筒（100 mL）	1 支	三口烧瓶（500 mL）	1 台
漏斗	1 支		

2. 试剂

硅胶	200 目	硝酸	A. R.
盐酸	A. R.	甲苯	A. R.
三甲氧基硅丙胺	A. R.	95％乙醇	A. R.

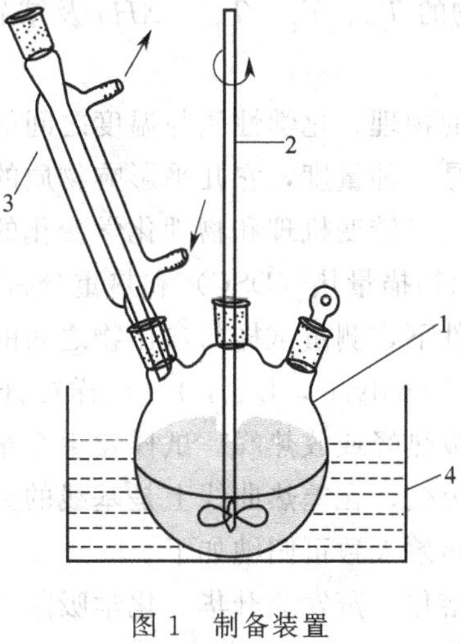

图 1　制备装置

1—三颈烧瓶；2—搅拌器；3—冷凝管；4—水浴

四、实验步骤

1. 活化硅胶的制备

首先将 150mL 稀硝酸（浓硝酸与水的体积比为 1∶1）加入 60g 硅胶中，加热回流反应 3h，冷却后用蒸馏水洗至中性，自然沉降 12h；随后用 18％盐酸在室温下浸泡 6h，再用蒸馏水洗至无氯离子，将处理过的硅胶置于马弗炉中于 200℃下干燥 10h，最后置于真空干燥箱中于 110℃下干燥 48h，得到活化硅胶。

2. 硅胶表面的化学修饰

在 500mL 的三口烧瓶中放入 50g 活化硅胶和 50mL 三甲氧基硅丙胺，以 150mL 重蒸甲苯为溶剂，电动搅拌，在 70℃下反应 6h，产品过滤，置于索氏提取器中，依次用甲苯、95%乙醇回流萃取 10h，置于 50℃真空干燥箱中干燥至少 48h，得到修饰后的硅胶。将产品进行红外光谱测试，谱图上在 2800～2900cm^{-1} 处会出现—CH_2—的特征吸收峰。

五、思考题

在用硅烷偶联剂对硅胶进行化学修饰前，为什么要对硅胶进行活化处理？

六、参考文献

[1] Pesek J J, Matyska M T, Williamsen E J, et al. Synthesis and Characterization of Alkyl Bonded Phases from a Silica Hydride Via Hydrosilation with Free Radical Initiation. J Chromatogr A, 1997, 786: 219.

[2] Qu R, Niu Y, Sun C, et al. Syntheses, Characterization, and Adsorption Properties for Metal Ions of Silica-gel Functionalized by Ester- and Amino-terminated Dendrimer-like Polyamidoamine Polymer. Microporous Mesoporous Mater, 2006, 97: 58.

[3] 于世林. 高效液相色谱方法及应用. 第 2 版. 北京：化学工业出版社，2005.

[4] 周兴旺，吕鉴泉. ABPT 键合硅胶的合成与表征. 湖北师范学院学报：自然科学版，2001，21：34.

实验 48 聚合物的热分析
——差示扫描量热法

一、实验目的

1. 了解差示扫描量热法（DSC）的基本原理。

2. 掌握用 DSC 测定聚合物的 T_g、T_c、T_m、ΔH_f 及结晶度的方法。

二、实验原理

热分析技术主要研究物质的物理、化学性质与温度之间的关系，或者说研究物质的热态随温度进行的变化。温度本身是一种量度，它几乎影响物质的所有物理常数和化学常数。概括地说，整个热分析内容应包括热转变机理和物理化学变化的热动力学过程。热分析技术主要包括差热分析（DTA）、差示扫描量热（DSC）和热重分析（TG）三部分。

在等速升温（降温）的条件下，测量试样与参比物之间的温度差随温度变化的技术称为差热分析，（differential thermal analysis，DTA）。试样在升（降）温过程中，发生吸热或放热，在差热曲线上就会出现吸热峰或放热峰。试样发生力学状态变化时（如玻璃化转变），虽无吸热或放热，但比热容有突变，在差热曲线上是基线的突然变动。试样对热敏感的变化能反映在差热曲线上。发生的热效大致可归纳如下。

（1）发生吸热反应　结晶熔化、蒸发、升华、化学吸附、脱结晶水、二次相变（如高聚物的玻璃化转变）、气态还原等。

（2）发生放热反应　气体吸附、氧化降解、气态氧化（燃烧）、爆炸、再结晶等。

（3）发生放热或吸热反应　结晶形态转变、化学分解、氧化还原反应、固态反应等。

用 DTA 方法分析上述这些反应，不反映物质的质量是否变化，也不能反映出是物理变化还是化学变化，它只能反映出在某个温度下物质发生了反应，具体确定反应的实质还得要用其他方法（如光谱、质谱和 X 射线衍射等）。

由于 DTA 测量的是样品和基准物的温度差，试样在转变时热传导的变化是未知的，温差与热量变化比例也是未知的，其热量变化的定量性能不好。在 DTA 基础上增加一个补偿加热器而形成的另一种技术是差示扫描量热法（differential scanning calorimetry，DSC）。DSC 直接反映试样在转变时的热量变化，便于定量测定。

DTA、DSC 广泛应用于以下几方面。

① 研究聚合物相转变，测定结晶温度 T_c、熔点 T_m、结晶度等结晶动力学参数。

② 测定玻璃化转变温度 T_g。

③ 研究聚合、固化、交联、氧化、分解等反应，测定反应热、反应动力学参数。

DSC 是在程序控制温度下，测量传输给试样和参比物的功率差与温度关系的一种技术。

DSC 的主要特点是试样和参比物分别有独立的加热元件和测温元件，并由两个系统进行监控。其中一个用于控制升温速率，另一个用于补偿试样和惰性参比物之间的温差。图 1 为常见的 DSC 原理图。

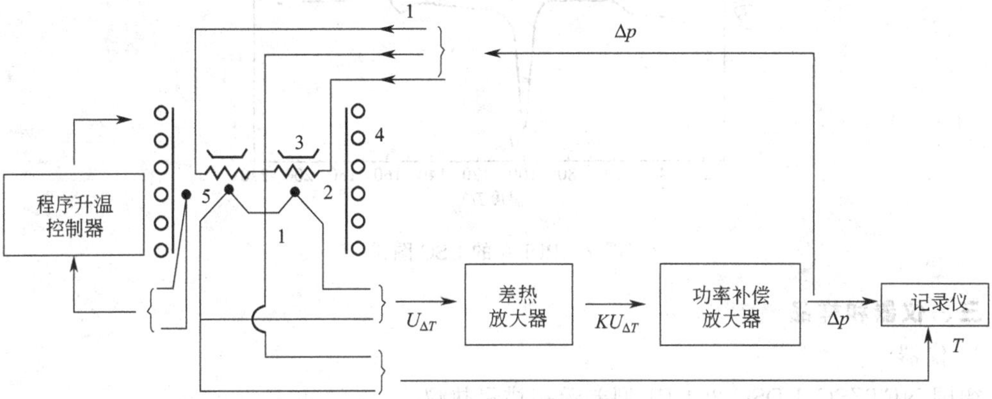

图 1　常见的 DSC 原理图

1—温差热电偶；2—补偿电热丝；3—坩埚；4—电炉；5—控温热电偶

试样在加热过程中由于热效应与参比物之间出现温差 ΔT 时，通过差热放大电路和差动热量补偿放大器，使流入补偿电热丝的电流发生变化：当试样吸热时，补偿放大器使试样一边的电流立即增大；反之，当试样放热时则使参比物一边的电流增大，直到两边热量平衡，温差 ΔT 消失为止。换句话说，试样在热反应时发生的热量变化，由于及时输入电功率而得到补偿，所以实际记录的是试样和参比物下面两只电热补偿的热功率之差随时间 t 的变化 $\left(\frac{\mathrm{d}H}{\mathrm{d}t}\text{-}t\right)$ 关系。如果升温速率恒定，记录的也就是热功率之差随温度 T 的变化 $\left(\frac{\mathrm{d}H}{\mathrm{d}t}\text{-}T\right)$ 关系，如图 2 所示。其峰面积 S 正比于热焓的变化：

$$\Delta H_m = KS$$

式中，K 为与温度无关的仪器常数。

如果事先用已知相变热的试样标定仪器常数，再根据待测试样的峰面积，就可得到 ΔH 的绝对值。仪器常数的标定，可利用测定锡、铅、铟等纯金属的熔化，从其熔化热的文献值即可得到仪器常数。因此，用差示扫描量热法可以直接测量热量，这是与差热分析的一个重要区别。此外，DSC 与 DTA 相比，另一个突出的优点是 DTA 在试样发生热效应时，试样的实际温度已不是程序升温时所控制的温度（如在升温时试样由于放热而使升温加速）。而 DSC 由于试样的热量变化随时可得到补偿，试样与参比物的温度始终相等，避免了参比物与试样之间的热传递，故仪器的反应灵敏，分辨率高，重现性好。

图 2 是聚左旋乳酸的 DSC 曲线。当温度达到玻璃化转变温度 T_g 时，试样的热容增大，

因此需要吸收更多的热量，使基线发生位移。假如试样是能够结晶的，并且处于过冷的非晶状态，那么在 T_g 以上可以进行结晶，同时放出大量的结晶热而产生一个放热峰。进一步升温，结晶熔融吸热，出现吸热峰。再进一步升温，试样可能发生氧化、交联反应而放热，出现放热峰，最后试样则发生分解，吸热，出现吸热峰。当然并不是所有的聚合物试样都存在上述全部物理变化和化学变化。

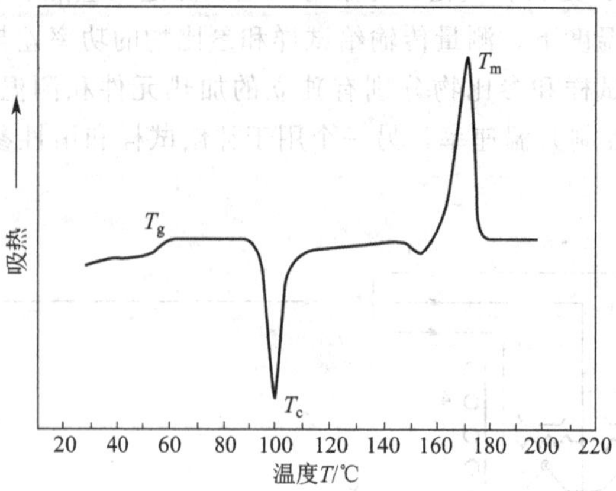

图 2　PLLA 的 DSC 图谱

三、仪器和样品

1. 仪器

德国 NETZSCH DSC 204 F1 型差示扫描量热仪。

2. 样品

本实验所用样品为聚（左旋乳酸）（购于 Adrich 公司）。

四、实验步骤

① 打开电源开关，仪器要求预热 1h 以上。调整保护气，吹扫气体输出压力及流速并待其稳定。

② 样品称量，样品质量约为 10mg；置入坩埚，压样成型。参比侧使用空坩埚，参比坩埚置于传感器的左边，样品坩埚在右侧。

③ 打开测量软件，选 File 菜单中的 New 进入编程文件。依次编辑测量模式、标准温度较正、标准灵敏度较正、温度程序控制编程、采样速率等。

④ 定义文件名，确认后按“START”开始测量。

⑤ 实验结束后，自动保存测量结果，进入分析程序。

⑥ 实验结束后，依次关闭软件，退出操作系统，关闭仪器及计算机开关，清理实验台。

五、注意事项

① 升温速度除特殊要求外，一般为 5～20K/min。

② 保持样品坩埚的清洁，应使用镊子夹取，避免用手触摸。

③ 应尽量避免在仪器极限温度附近进行长时间的恒温。

④ 在测量过程中，紧急情况下可以按控制仪上的 Heater 键停止对炉子加热，但按 Heater 键停止对炉子加热后，绝对不能再按该键重新加热，否则会损坏仪器。

六、思考题

1. 影响DSC实验结果的因素主要有哪些？

2. 在DSC谱图上怎样辨别熔点、结晶温度、玻璃化转变温度？

3. 简述DSC研究聚合物的基本原理。

七、参考文献

[1] 殷敬华，莫志深．现代高分子物理学，北京：科学出版社，2003.
[2] 陈镜泓等．热分析及其应用，北京：科学出版社，1985.
[3] 刘振海等．热分析导论，北京：化学工业出版社，1991.
[4] Yanfeng Meng, et al. Crystallization Behaviors of Poly (ε-caprolactone) in Poly (ε-caprolactone) and Poly (vinyl methyl ether) Mixtures. J Appl Polym Sci, 2007, 105 (2): 615.

实验49 巯基聚倍半硅氧烷载银催化剂的制备、表征及催化性能测试

一、实验目的

1. 掌握巯基聚倍半硅氧烷的制备方法。

2. 掌握巯基聚倍半硅氧烷载银催化剂的制备方法。

3. 了解巯基聚倍半硅氧烷载银催化剂在硝基苯酚还原反应中的催化作用及催化剂性能的评价方法。

二、实验原理

聚倍半硅氧烷是杂化材料中具有特殊性能的一类新型材料，其前驱体单体通常是含有烷氧基的硅烷偶联剂，通过控制水解、缩合反应的条件得到粒径及功能基含量不同的聚倍半硅氧烷，这类材料兼具无机物和有机物的特性，有机组分的可变性使其呈现出一系列优异的性能，在催化剂载体、介电材料、发光材料、金属吸附材料等方面具有良好的应用前景。这类材料由于既可充分发挥无机材料优异的力学性能、高耐热性，又具有有机材料柔韧性好、强度高的特点，是目前新型功能材料的一个研究方向。巯基聚倍半硅氧烷是采用三乙氧基巯丙基硅烷偶联剂为前驱体，通过控制反应条件得到含有巯基的聚倍半硅氧烷（其合成路线如图1所示）。根据软硬酸碱理论的经验规律，含硫功能基的材料对贵金属金、银等具有良好的络合能力。因此通过巯基聚倍半硅氧烷对金属离子络合进而还原，有望合成具有良好催化活性的纳米催化剂。

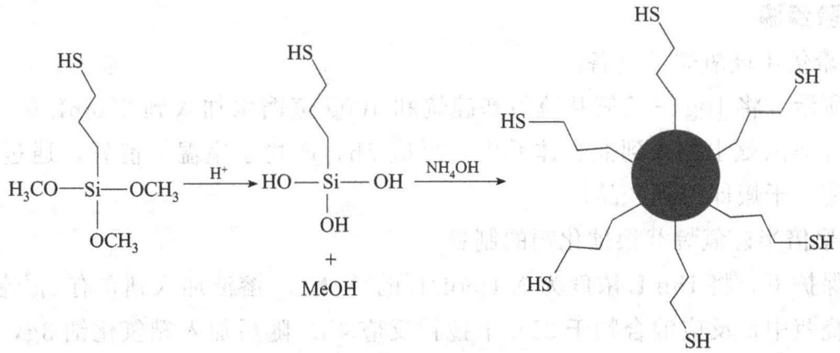

图1 巯基聚倍半硅氧烷的合成路线

对硝基苯酚在化工、农药、染料中间体、医药等行业广泛应用，是废水中典型的有毒、

难降解有机污染物之一。对硝基苯酚的存在对水体、土壤具有严重的危害，同时对人们的日常生活构成了潜在的威胁，因此需将其脱除或转化。目前通常采用的是通过还原将对硝基苯酚转变为对氨基苯酚。对氨基苯酚是医药、染料等精细化学品的中间体，广泛用于生产药物扑热息痛、偶氮染料、硫化染料、酸性染料、毛皮染料以及显影剂、抗氧剂和石油添加剂等，因此将对硝基苯酚还原降解是必要而有益的。还原对硝基苯酚的方法有很多，如铁粉还原法、催化加氢还原法、硼氢化钠还原法等，其中应用最广泛的是硼氢化钠还原法。硼氢化钠性能稳定，还原时有选择性，分子中的 H 显－1 价，有很强的还原性，在有机合成中起到很大作用，所以被称为“万能还原剂”(其还原反应方程式如图 2 所示)。但单纯的硼氢化钠还原效果较差，需找到一种高效、价廉易得的催化剂。金属纳米粒子因其独特的物理化学性质引起了人们的巨大兴趣，尤其在催化剂研究领域。目前用于催化对硝基苯酚还原的催化剂有纳米金、银、铜等，其中纳米银由于价廉、催化性能好而备受关注。

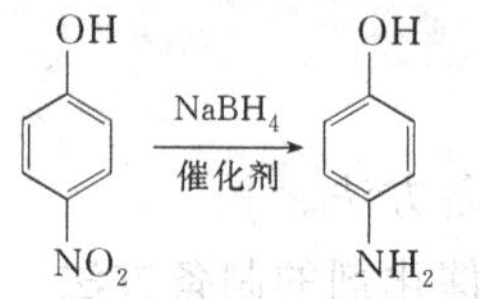

图 2　硼氢化钠还原对硝基苯酚

三、仪器和试剂

1. 仪器

500mL 烧杯	1 只	水浴恒温振荡器	1 台
100mL 量筒	1 只	干燥箱	1 台
250mL 三口烧瓶	1 个	JSM-5610V 扫描电镜	1 台
10mL 移液管	1 只	电动搅拌器	1 台
回流冷凝管	1 个	FC204 分析天平	1 台
烘箱	1 台	恒温水浴锅	1 台
恒温加热磁力搅拌器	1 台	Nicolet 红外光谱仪	1 台
碘量瓶	6 只	紫外分光光度计	1 台

2. 试剂

三乙氧基巯丙基硅烷、盐酸、氨水、硝酸银、硼氢化钠、对硝基苯酚，为分析纯。

四、实验步骤

1. 巯基聚倍半硅氧烷的制备

按图 1 所示，将 10g 三乙氧基巯丙基硅烷和 100g 蒸馏水加入到 250mL 的三口烧瓶中，再将 0.1mL 5%的氨水加入到混合体系中，反应 5h，产物于室温下静置，通过微孔过滤膜过滤得到沉淀，干燥即得到产品。

2. 巯基聚倍半硅氧烷载银催化剂的制备

在氮气保护下，将 15mL 浓度为 0.1mol/L 的 $AgNO_3$ 溶液加入到含有 1g 巯基聚倍半硅氧烷的三口烧瓶中，反应混合物于 25℃下搅拌反应 4h。随后加入硼氢化钠 3g，继续搅拌反应 4h。反应停止，过滤得到产物，并用蒸馏水洗涤 3 次，真空干燥得到载银催化剂。

3. 巯基聚倍半硅氧烷及其载银催化剂的表征

① 利用 Nicolet（美）生产的 MAGNA55O 型红外光谱仪对巯基聚倍半硅氧烷的结构进

行表征，并通过和载银催化剂红外光谱的对比判断反应是否成功。

② 使用扫描电镜（日本电子株式会社 JSM-5610LV 高低真空扫描电镜）来观察巯基聚倍半硅氧烷及其载银催化剂的表面特征，判别反应前后巯基聚倍半硅氧烷表面形貌的变化。

4. 巯基聚倍半硅氧烷及其载银催化剂对对硝基苯酚还原性能的测试

移取 2.3mmol/L 对硝基苯酚溶液 163.25μL、3.5mg/mL $NaBH_4$ 溶液 391.8μL 和 3.50mL 蒸馏水加入到比色皿中，摇匀，用紫外分光光度计进行测定。然后将比色皿中的样品全部倒入碘量瓶中，向碘量瓶中加入 20mg 巯基聚倍半硅氧烷载银催化剂，置于 25℃、190r/min 的水浴恒温振荡器中反应，每隔 10min 将样品取出，用紫外分光光度计测定其吸光度，测定后将样品取出倒入碘量瓶中，让其继续反应，10min 后取出测试，直至两次测量值变化不大为止。

按照以上步骤分别在 15℃、25℃、35℃的水浴恒温振荡器中进行实验，用紫外可见分光光度计进行测定，观察计算催化性能。

五、实验结果和处理

1. 材料制备记录

三乙氧基巯丙基硅烷质量/g	巯基聚倍半硅氧烷质量/g	产率/%

2. 表征结果记录

项目	红外特征吸收峰	扫描电镜表面形貌概述
巯基聚倍半硅氧烷		
巯基聚倍半硅氧烷载银催化剂		

3. 催化性能测试结果

温度/℃	催化剂用量/g	反应时间/min	对硝基苯酚转化率/%

六、思考题

1. 巯基聚倍半硅氧烷制备过程中为什么要加入 5%的氨水？

2. 载银催化剂在对硝基苯酚还原中具有哪些优点？

七、参考文献

[1] 李春雪，孙昌梅，曲荣君等．桥联聚倍半硅氧烷及其在吸附领域的应用，离子交换与吸附，2012，28(5)：469.

[2] Lu X，Yin Q F，Xin Z，et al. Chemical Engineering Journal，2010，65：6471.

[3] Nemanashi M，Meijboom R. Journal of Colloid and Interface Science，2013，389：260.

实验 50　乳液聚合法制备单分散聚(苯乙烯-甲基丙烯酸-β-羟乙酯)微球

一、实验目的

1. 了解乳液聚合制备单分散聚合物微球的基本原理。

2. 通过制备单分散聚(苯乙烯-甲基丙烯酸-β-羟乙酯)，掌握乳液聚合制备单分散聚合物微球的方法。

3. 学习和掌握透射电子显微镜的使用方法。

二、实验原理

单分散聚合物微球具有球形度好、比表面积大、吸附性强等特异性质。有关单分散聚合物微球的最早报道是美国里海大学乳液聚合研究所 Vanderhoff 和 Brodford 制备的粒径均一的聚苯乙烯微球。作为一种重要的功能高分子材料，单分散聚合物微球在标准计量、胶体科学、生物医学、涂料、电子信息等领域具有广泛的应用价值。

制备单分散聚合物微球的常用方法是几种非均相聚合法，如乳液聚合、微乳液聚合、悬浮聚合和分散聚合等。其中乳液聚合是最早用于生产单分散聚合物微球的聚合技术，而且至今仍是最常用、最重要的技术。乳液聚合常采用一步乳液聚合和种子乳液聚合两种形式，得到的产物是由乳化剂分散的状态稳定的胶体。通常一步法可用来合成粒径在 30nm～1μm 的胶体，而种子乳液聚合可合成粒径更大的或合成具有核壳结构的微球。

典型的乳液聚合体系由单体、乳化剂、引发剂和水组成。乳化剂以 10nm 左右的胶束形式存在，单体借助于乳化剂和机械搅拌作用分散，其中一部分进入胶束，另一部分溶解在水中，但大部分单体以微米级以上的单体液滴形式分散于体系中。乳液聚合反应的简单示意图见图 1。首先水溶性引发剂在水中分解形成自由基，此自由基或者首先引发水中的少量单体形成低聚物自由基（均相成核机理）后进入胶束，或者直接进入胶束（胶束成核机理），然后在胶束中长大形成乳胶粒。在此过程中，单体不断从单体液滴进入水中，再扩散到乳胶粒中以补充其中不断消耗的单体，直至单体消耗完毕而最终形成聚合物乳胶粒。通过控制单体和乳化剂的浓度可以控制粒径在 20nm 到几微米范围内。由于一般用过硫酸盐作引发剂，因此聚合物链端为带负电荷的硫酸根基团。

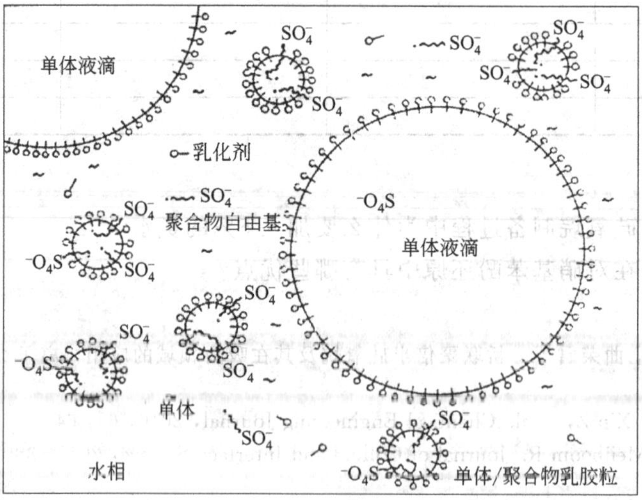

图 1　乳液聚合制备单分散聚合物微球机理示意图

乳液聚合制备的聚合物微球的单分散性与很多因素有关，包括乳化剂的种类和用量、有机助溶剂的加入、单体的种类、引发剂的浓度、聚合温度等。研究表明，当体系中加入少量水溶性单体与苯乙烯进行共聚时，可使所得乳胶粒的单分散性明显提高。

乳胶粒的粒度与外观形态可用透射电镜进行观测，并用下式统计乳胶粒的平均粒径（$\overline{D}$）和单分散系数（ε）：

$$\overline{D}=\sum_{i=1}^{n}D_i/n$$

$$\varepsilon=\left[\sum_{i=1}^{n}(D_i-\overline{D})^2/(n-1)\right]^{1/2}/\overline{D}$$

式中，D_i，n 分别为被测微球的粒径和数目。一般认为单分散系数 ε＜11%的体系为单分散体系。

本实验采用聚乙烯基吡咯烷酮为乳化剂，亲水性单体甲基丙烯酸-β-羟乙酯为共聚单体，通过乳液聚合制备粒径约为 120nm 的单分散聚(苯乙烯-甲基丙烯酸-β-羟乙酯）微球，并用透射电镜对产物进行表征。

三、仪器和试剂

1. 仪器

恒温水浴锅	1台	机械搅拌器	1台
透射电子显微镜	1台	电子天平	1台
四口烧瓶(250mL)	1只	球形冷凝管	1只
烧杯(50mL)	2只	烧杯(250mL)	1只
温度计	1只		

2. 试剂

苯乙烯(减压蒸馏)	A. R.	甲基丙烯酸-β-羟乙酯	A. R.
过硫酸铵	A. R.	聚乙烯基吡咯烷酮	A. R.
蒸馏水			

四、实验步骤

① 在装有温度计、机械搅拌器、球形冷凝管和通气管的四口烧瓶中加入 3g 聚乙烯基吡咯烷酮（M_w＝40000）、120g 蒸馏水，在 N_2 保护下升温至 70℃，搅拌 30min。

② 加入 15.4g 苯乙烯和 0.7g 甲基丙烯酸-β-羟乙酯，继续搅拌 30min。

③ 将 2g 过硫酸铵溶于 4g 蒸馏水中形成均一溶液，加到反应体系中，70℃下搅拌 3h，停止反应，得到粒径均一的单分散聚(苯乙烯-甲基丙烯酸-β-羟乙酯）乳液。

④ 取少量乳液，用蒸馏水稀释 30 倍，将稀释后的乳液滴在镀有碳膜的铜网上，用透射电镜观察样品形貌，选取约 50 个微球测量并计算其平均粒径和单分散系数。

五、思考题

1. 乳液聚合制备单分散聚合物微球的原理是什么？
2. 乳液聚合制备的聚合物微球的单分散性与哪些因素有关？

六、参考文献

[1] 王群，府寿宽，于同隐．乳液聚合的最新进展．高分子通报，1996，3：141.

[2] Vanderhoff J W，Vitkuske J F，Bradford E B，et al. Some factors involved in the preparation of uniform particle size latexes. Journal of Polymer Science，1956，20：225.

七、附注

① 乳液聚合主要是油溶性单体在水介质中进行的聚合，体系呈乳状液，聚合体系主要由乳化剂、水、引发剂、单体等组成。乳液聚合和本体聚合、悬浮聚合、溶液聚合等自由基

聚合方式相比，具有如下特性：a. 在乳液聚合反应过程中乳胶粒子很小，且粒子之间相互孤立，反应体系黏度低，因而反应热易导出，不会出现局部过热的现象；b. 乳液聚合反应速率较快，产物分子量高；c. 以水作介质，既节省了成本，又实现了绿色生产；d. 乳液聚合的反应设备和生产工艺比较简单，可操作性强，工艺路线灵活性较强；e. 乳液聚合所制备的聚合物乳液可直接用作水性涂料、黏合剂、皮革、纸张、织物的处理剂和涂饰剂、水泥添加剂等。此外，乳液聚合本身也有一定的缺点，由于在反应过程中加入较多的乳化剂，致使产物不纯，而且需要固态产物时，通常需要经过破乳、洗涤、干燥等程序，操作较烦琐。

② 本实验采用亲水性甲基丙烯酸-β-羟乙酯作为共聚单体，目的是使引发剂分解产生的初级自由基在水相中引发苯乙烯与亲水单体共聚合，生成共聚自由基，当该自由基达到一定的聚合度时，就变得不溶于水而沉淀形成初级胶粒。然后，由于表面电荷密度不足以及水溶性较好的分子链伸展到水相中而导致的缠结，初级胶粒将发生凝聚。此后胶粒数目保持恒定，聚合在胶粒中进行。这种成核机理有利于单分散乳胶体系的形成。

实验 51　吡咯烷类离子液体自组装制备超分子材料

一、实验目的

1. 了解超分子材料及自组装制备超分子材料的方法。

2. 学习和使用光学显微镜、扫描电子显微镜、激光共聚焦显微镜、X 射线衍射仪等大型仪器对所得产物的形貌和性质进行表征。

二、实验原理

基于自组装的超分子化学目前已成为现代材料研究的前沿领域，通过将具有不同结构和性质的分子引入自组装体系，能够得到不同类型的超分子材料，如空心球、微胶囊、双螺旋的超分子结构，一维材料和一些结构高度有序性的有机纳米材料等。一维的纳米材料（包括纳米纤维、纳米线、纳米管和纳米棒）由于具有一些独特的性质，如磁性、光学和电学性能等，引起了人们的广泛关注并被不断应用于不同领域。

制备自组装超分子材料的方法有很多种，例如金属螯合法、氢键法、π 键法和自组装法（Ionic self-assembly，ISA）等。其中，ISA 自组装方法以其独特的性质引起了人们的关注，它是指带有相反电荷的构筑单元，在一系列相互作用下组装形成高级结构的超分子材料。在自组装过程中，底物单元通过静电吸引结合后，进而在氢键、疏水作用、π-π堆积等多种超分子作用下组装得到产物。这类方法具有很多优点，比如简便易行、便宜易得、柔性可逆、应用范围广等，因此引起了人们的广泛关注。许多有趣的超分子结构都是通过 ISA 方法由表面活性剂和其反电荷的聚电解质或者染料分子构建而成的，如纳米纤维、纳米管、蜂窝状薄膜等。

离子液体因其独特的性质不断引起人们的关注，并用于不同领域。在合成材料方面，离子液体的应用主要分为两类，即以离子液体作溶剂合成材料和以它们参与构建的有序分子聚集体为模板合成材料。本实验将离子液体引入自组装体系，以长链离子液体 *N*-十四烷基-*N*-甲基吡咯烷溴化物（C_{14}MPB）与染料分子甲基橙（MO）和酸性蓝（PB）结合，借助一系列的非共价作用制备超分子纤维材料，并用光学显微镜、扫描电子显微镜、激光共聚焦显微镜、X 射线衍射仪等仪器对其形貌和性质进行表征。三种分子的结构式如图 1 所示。

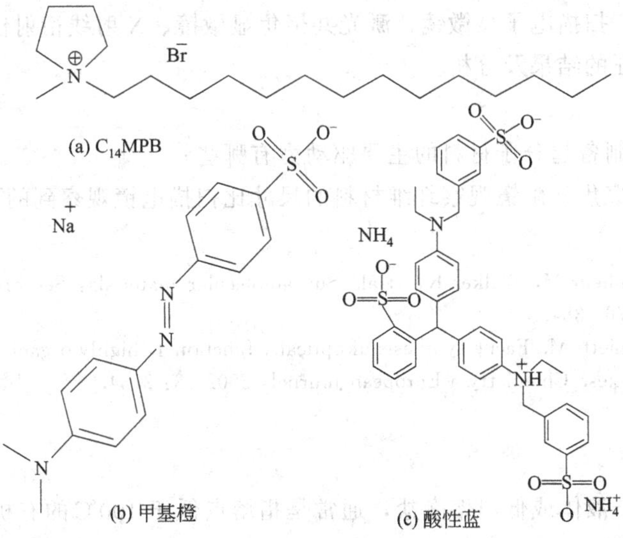

图 1　$C_{14}MPB$、甲基橙和酸性蓝的化学分子结构

三、仪器和试剂

1. 仪器

50mL 容量瓶	6 只	抽滤装置	1 套
5mL 移液管	3 只	分析天平	1 台
10mL 移液管	2 只	光学显微镜	1 台
1mL 移液管	1 只	扫描电子显微镜	1 台
50mL 烧杯	1 只	激光共聚焦显微镜	1 台
磁力搅拌器	1 套	X 射线衍射仪	1 台
控温烘箱	1 台	真空干燥箱	1 台

2. 试剂

N-十四烷基-*N*-甲基吡咯烷溴化物 ($C_{14}MPB$)	A. R.	酸性蓝(PB)	A. R.
甲基橙(MO)	A. R.	蒸馏水	

四、实验步骤

① 配制浓度为 0.50mmol/L 的 $C_{14}MPB$ 溶液：先在分析天平上准确称取 0.25mmol $C_{14}MPB$ 固体，放入 50mL 容量瓶中，加入蒸馏水定容，配成浓度为 5.0mmol/L 的 $C_{14}MPB$ 溶液，之后用移液管移取 5mL 浓度为 5.0mmol/L 的 $C_{14}MPB$ 溶液放入 50 mL 容量瓶中，加入蒸馏水定容，稀释成浓度为 0.50mmol/L 的 $C_{14}MPB$ 溶液。

② 按上述方法配制浓度为 0.50mmol/L 的甲基橙溶液和浓度为 0.50mmol/L 的酸性蓝溶液。

③ 超分子纤维材料的合成：用移液管移取 10mL $C_{14}MPB$ 溶液（0.50mmol/L）与 10mL 甲基橙溶液（0.50mmol/L）在 25℃下混合并搅拌，随后向上述混合物中加入 1.0mL 酸性蓝溶液（0.50mmol/L）并继续搅拌，将所得混合溶液于 45℃恒温箱中静置 48h。将混合物过滤并用至少水洗三次，得到的固体粉末真空干燥 24h 后进行表征。

五、实验结果和处理

用光学显微镜、扫描电子显微镜、激光共聚焦显微镜、X射线衍射仪等仪器对所得产品进行形貌和性质表征的结果及分析。

六、思考题

1. 通过自组装制备超分子材料的主要驱动力有哪些？

2. 通过激光共聚焦显微镜观察纤维材料的尺寸比扫描电镜观察到的要大，为什么？

七、参考文献

[1] Stupp S I, LeBonheur V, Walker K, et al. Supramolecular materials: Self-organized nanostructures. Science, 1997, 276: 384.

[2] Faul C F J, Antonietti M. Facile synthesis of optically functional, highly organized nanostructures: Dye-surfactant complexes. Chemistry-a European Journal, 2002, 8: 2764.

八. 附注

1. 离子液体

也称为室温离子液体或低温熔融盐，通常是指熔点低于100℃的有机盐。与传统的离子化合物相比，离子液体是由体积较大且结构不对称的有机阳离子及体积较小的无机阴离子组合而成的，阴、阳离子无法有序且有效地相互吸引，明显降低了阴、阳离子之间的静电吸引力，导致了其熔点降低，室温下称为液态，因此被称为离子液体。

2. 超分子自组装

1987年法国化学家诺贝尔化学奖获得者J. M. Lehn首次提出了“超分子化学”这一概念，他指出：“基于共价键存在着分子化学领域，基于分子组装和分子间键而存在着超分子化学”。超分子化学是基于分子间的非共价键相互作用而形成的分子聚集体的化学，换句话说分子间的相互作用是超分子化学的核心。在超分子化学中，不同类型的分子间相互作用是可以区分的，根据它们不同的强弱程度、取向及对距离和角度的依赖程度，可以分为：金属离子的配位键、氢键、π-π堆积作用，静电作用和疏水作用等。它们的强度分布由π-π堆积作用及氢键的弱到中等，到金属离子配位键的强或非常强，这些作用力成为驱动超分子自组装的基本方法。人们可以根据超分子自组装原则，使用分子间的相互作用力作为工具，把具有特定结构和功能的组分或建筑模块按照一定的方式组装成新的超分子化合物。这些新的化合物不仅表现出单个分子所不具备的特有性质，还能大大增加化合物的种类和数目。如果人们能够很好地控制超分子自组装过程，就可以按照预期目标更简单、更可靠地得到具有特定结构和功能的化合物。

实验52 聚合物熔体流动速率及表观流动活化能的测定

一、实验目的

1. 掌握聚合物熔体流动速率的测试方法。

2. 掌握测定低剪切速率下聚合物流动活化能的方法。

3. 了解链结构导致的聚合物熔体黏度对温度依赖性的影响。

二、实验原理

熔体流动速率（melt flow rate，MFR）又称熔融指数（melt index，MI），是指聚合物熔体在一定温度、压力下，10min内通过标准毛细管的质量，单位为g/10min。熔体流动速率是衡量聚合物材料熔体流动性的一个重要指标，流动速率的大小直接代表了聚合物熔体流动性的高低。其测试仪器为熔体流动速率测定仪，其结构如图1所示。熔体流动速率还具有表征聚合物分子量的功能。对同一种聚合物来说，分子链结构相同时，分子量越高，分子链之间的缠结越严重，分子链之间的相互作用就越大，这就导致聚合物熔体的流动阻力增大，熔体流动速率降低。因此，对于分子链结构相同的同一种聚合物，熔体流动速率的大小可以比较其分子量的高低。

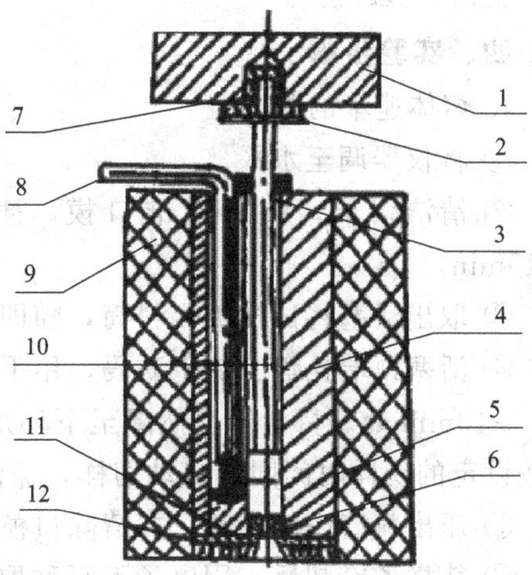

图1　熔体流动速率仪结构示意图

1—砝码；2—砝码托盘；3—活塞；4—炉体；5—控温元件；6—标准口模；7—隔热套；8—温度计；9—隔热层；10—料筒；11—托盘；12—隔热层

聚合物熔体流动速率对温度具有依赖性。刚性链聚合物分子间的作用力较大，流动活化能较高，温度对流动速率的影响比较明显，随温度升高，熔体流动速率大幅增加。对于柔性链聚合物，分子间作用力较小，流动活化能较低，温度对聚合物熔体流动速率的影响较小。

根据聚合物的熔体黏度与温度的关系式（Arrhenius公式）：

$$\eta=A_0 e^{\Delta E_\eta/RT} \tag{1}$$

式中，ΔE_η 为大分子链段从一个平衡位置移动到下一个平衡位置必须克服的能垒高度，即流动活化能；A_0 为与聚合物结构有关的常数。同时，根据聚合物熔体在毛细管中流动的黏度与毛细管两端压差的关系式（Poiseuille公式）：

$$\eta=\frac{\pi R^4 \Delta P}{8Ql} \tag{2}$$

式中，R，l 分别为毛细管的半径和长度；ΔP 为毛细管两端的压差；Q 为熔体的体积流动速率。由熔体流动速率与熔体密度 ρ 的关系，熔体的体积流动速率可以表示为：

$$Q=MFR/600\rho \tag{3}$$

由式(1)～式(3) 可得：

$$MFR\times e^{\Delta E_\eta/RT}=\frac{75\pi R^4 \Delta P\rho}{A_0 l} \tag{4}$$

将式(4) 两边取自然对数：

$$\text{In}MFR=\ln B-\frac{\Delta E_\eta}{RT} \tag{5}$$

式中，$B=75\pi R^4 \Delta P\rho/\mathrm{A}_0 l$。通过测定聚合物在不同温度下的熔体流动速率 MFR，以 $\ln(MFR)$ 对 $1/T$ 作图，所得直线的斜率即可求得聚合物的表观流动活化能。

三、仪器和试剂

1. 仪器

SRZ-400D熔体流动速率测试仪	1台	电子天平	1台
镊子	1把	表面皿	1个
剪刀	1把	纱布	1卷

2. 试剂

聚丙烯(粒料)　　50g

四、实验步骤

1. 熔体速率的测定

① 将仪器调至水平。

② 清洁仪器，装好标准口模，插入活塞。接通电源升温到预定的温度，至少恒温15min。

③ 取出活塞将试样加入料筒，随即把活塞插入料筒并压紧物料，预热4min。

④ 活塞顶端托盘上加上砝码，用手竖直下压使活塞在1min内降至下环形标记线距料筒口5～10mm处。待活塞自然降至下环形标记线与料筒口平行时，手动切除已流出的样条。再按设定的切样时间间隔自动切样，保留连续切取的无气泡样条5个。

⑤ 压出料筒内的余料，并清除口模、活塞和料筒内的残料。

⑥ 待样条冷却后，用电子天平称取质量，计算熔体流动速率。每个试样按照步骤②～⑤的步骤重复测三次，取平均值。

2. 聚丙烯表观流动活化能的测定

在190～250℃选择5个温度点，按1. 的步骤分别测定聚丙烯的熔体流动速率。

五、实验结果和处理

① 熔体流动速率按照下式计算

$$MFR = W \times 600/t$$

式中，W为三次测量的样条质量的平均值；t为取样时间，计算结果取两位有效数字。

表1　数据的记录

试样名称______；温度______；负荷______；压力______。

样条号	取样时间 /s	样条重 /g	样条平均重 /g	MFR /(g/10min)
1				
2				
3				

② 测定不同温度下聚丙烯的MFR，用$\ln(MFR)$对$1/T$作图，由直线斜率求出表观流动活化能E_η。

六、思考题

1. 聚合物分子量与其熔体流动速率的关系是什么？

2. 温度波动对聚合物熔体流动速率有什么影响，为什么？

七、参考文献

[1] 何曼君等. 高分子物理. 上海：复旦大学出版社，2000.

[2] 北京大学化学系高分子化学教研室. 高分子物理实验. 北京：北京大学出版社，1983.

[3] GB/T 3682—2000 热塑性塑料熔体质量流动速率和熔体体积流动速率的测定.

八、附注

标准GB 3682—2000中的附录B：

附 录 B

热塑性材料的试验条件

表 B1 列出的是已规定在有关标准中的试验条件，如有必要，对某些特殊材料可以使用未被列出的其他试验条件。

表 B1 试验条件

材 料	条件(字母代号)	试验温度 θ/℃	标称负荷(组合)m nom/kg
PS	H	200	5.00
PE	D	190	2.16
PE	E	190	0.325
PE	G	190	21.60
PE	T	190	5.00
PP	M	230	2.16
ABS	U	220	10.00
PS-1	H	200	5.00
E/VAC	B	150	2.16
E/VAC	D	190	2.16
E/VAC	Z	125	0.325
SAN	U	220	10.00
ASA、ACS、AES	U	220	10.00
PC	W	300	1.20
PMMA	N	230	3.80
PB	D	190	2.16
PB	F	190	10.00
POM	D	190	2.16
MABS	U	220	10.00

实验 53 乌氏黏度计测定聚合物的特性黏度

一、实验目的

1. 通过本实验掌握黏度法测定聚合物分子量的基本原理。

2. 掌握乌氏黏度计测定聚合物稀溶液黏度的操作技术及数据处理方法。

二、实验原理

分子量是聚合物的基本结构参数之一，与聚合物材料的物理性能有着密切的联系。但高聚物分子量大小不一，参差不齐，一般在 10^3～10^7 之间，所以通常所测聚合物的分子量都是平均分子质量。测定聚合物分子量的方法很多，本实验采用黏度法测定聚合物的分子量，它是一种相对方法，适用于分子量在 10^4～10^7 范围的聚合物，此法具有设备简单，操作方便，测定和数据处理周期短，精确度较好的优点，因而在聚合物的生产和研究中得到十分广泛的应用。

聚合物在良溶剂中充分溶解和分散，其分子链在良溶剂中的构象是无规线团。这样聚合物稀溶液在流动过程中，分子链线团与线团间存在摩擦力，使得聚合物稀溶液的黏度高于纯溶剂的黏度。聚合物在稀溶液中的黏度是它在流动过程中所存在的内摩擦的反映，其中溶剂分子相互之间的内摩擦所表现出来的黏度叫做溶剂黏度，以 η_0 表示。聚合物分子相互间的内摩擦以及聚合物分子与溶剂分子之间的内摩擦，再加上溶剂分子相互间的摩擦，三者的总和表现为聚合物溶液的黏度，以 η 表示。聚合物稀溶液的黏度主要反映了分子链线团间因流动或相对运动所产生的内摩擦阻力。分子链线团的密度越大、尺寸越大，则其内摩擦阻力越大，聚合物溶液表现出来的黏度就越大。

对于聚合物进入溶液后所引起的体系黏度的变化，一般采用下面几种参数进行描述。

黏度比（相对黏度），用 η_r 表示。若纯溶剂的黏度为 η_0，同温度下聚合物溶液的黏度为 η，则黏度比：

$$\eta_r=\eta/\eta_0 \tag{1}$$

黏度比是一个无量纲的量，随着溶液浓度的增加而增加。对于低剪切速率下的聚合物溶液，其值一般大于1。

增比黏度（黏度相对增量），用 η_{sp} 表示。是相对于溶剂来说，溶液黏度增加的分数。

$$\eta_{sp}=\frac{\eta-\eta_0}{\eta_0}=\eta_r-1 \tag{2}$$

增比黏度也是一个无量纲量，与溶液的浓度有关。

比浓黏度（黏数），用 η_{sp}/C 表示。对于高分子溶液，黏度相对增量往往随溶液浓度的增加而增大，因此常用其与浓度 C 之比来表征溶液的黏度，称为比浓黏度，即：

$$\frac{\eta_{sp}}{C}=\frac{\eta_r-1}{C} \tag{3}$$

它表示当溶液浓度为 C 时，单位浓度对相对增量的贡献。比浓黏度的量纲是浓度的倒数，一般用 mL/g 表示。

对数黏度（比浓对数黏度）$\ln\eta_r/C$：其定义是黏度比的自然对数与浓度之比，即

$$\frac{\ln\eta_r}{C}=\frac{\ln(1+\eta_{sp})}{C} \tag{4}$$

对数黏数的量纲与比浓黏度相同。

极限黏数（特性黏度），用 $[\eta]$ 表示。其定义为黏数 η_{sp}/C 或对数黏数 $\ln\eta_r/C$ 在无限稀释时的外推值，即：

$$[\eta]=\lim_{C\longrightarrow 0}\frac{\eta_{sp}}{C}=\lim_{C\longrightarrow 0}\frac{\ln\eta_r}{C} \tag{5}$$

特性黏度值与浓度无关，量纲亦是浓度的倒数。

对于给定聚合物在给定的溶剂和温度下，特性黏度 $[\eta]$ 的数值仅由给定聚合物的分子量所决定，$[\eta]$ 与给定聚合物的分子量 M 的关系可以由 Mark-Houwink 方程表示：

$$[\eta]=KM^{\alpha} \tag{6}$$

式中，K 为比例常数；α 为扩张因子，与溶液中聚合物分子链的形态有关。在一定温度下，对给定的聚合物-溶剂体系，一定的分子量范围内 K、α 为一常数，$[\eta]$ 只与分子量大小有关。K、α 值可从有关手册中查到，或采用几个标准试样由式（6）进行确定，其中标准试样的分子量由绝对方法（如渗透压和光散射法等）确定。

对于多分散的试样，黏度法所测得的分子量也是一种统计平均值，称为黏均分子量，用 $\overline{M_\eta}$ 来表示。

在一定温度下，对于聚合物溶液黏度对浓度的依赖关系，常用哈金斯方程和克拉默方程来描述：

哈金斯（Huggins）方程

$$\frac{\eta_{sp}}{C}=[\eta]+k[\eta]^2C \tag{7}$$

克拉默（Kraemer）方程

$$\frac{\ln\eta_r}{C}=[\eta]-\beta[\eta]^2C \tag{8}$$

对于给定的聚合物在给定温度和溶剂下，k、β 为常数。用 $\ln\eta_r/C$ 对 C 的图外推和用 η_{sp}/C 对 C 的图外推到 $C\rightarrow0$，可得到共同的截距即特性黏度 $[\eta]$，如图 1 所示。

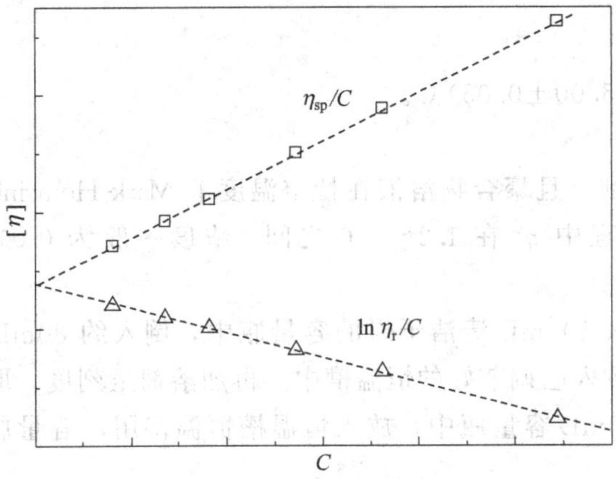

图 1　η_{sp}/C 和 $\ln\eta_r/C$ 对 C 作图

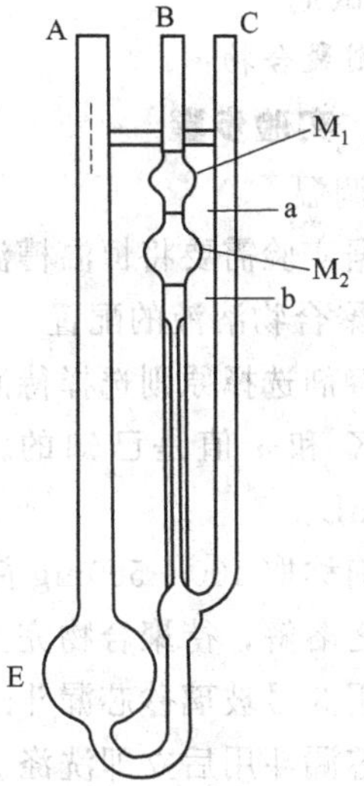

图 2　乌氏黏度计

测定黏度的方法主要有毛细管法、转筒法和落球法。在测定聚合物的特性黏度时，以毛细管流出法的黏度计最为方便，常用的稀释型黏度计为稀释型乌氏（Ubbelchde）黏度计，其结构如图 2 所示，其特点是溶液的体积对测量没有影响，所以可以在黏度计内采取逐步稀释的方法得到不同浓度的溶液。

液体在毛细管黏度计中，因重力作用流出时，可通过泊肃叶（Poiseuille）定律计算黏度。

$$\frac{\eta}{\rho}=\frac{\pi ghR^4t}{8lV}-m\frac{\rho V}{8\pi lt} \tag{9}$$

式中，m 为一个与仪器的几何形状有关的常数，其值接近 1，令 $A=\frac{\pi ghR^4}{8lV}$、$B=\frac{mV}{8\pi l}$，则式(9) 改写为：

$$\frac{\eta}{\rho}=At-\frac{B}{t} \tag{10}$$

式中，$B<1$，当 $t>100$s 时，等式右边第二项可以忽略。又因溶液黏度很稀，溶液与溶剂的密度差很小，即 $\rho\approx\rho_0$，这样通过测定溶液和溶剂的流出时间 t 和 t_0 就可求算黏度比 η_r：

$$\eta_r=\frac{\eta}{\eta_0}=\frac{t}{t_0} \tag{11}$$

式中，t 为溶液的流出时间；t_0 为纯溶剂的流出时间。这样就可以通过溶剂和溶液在毛细管中的流出时间，从式(11) 求得 η_r，再作图即可求得 $[\eta]$。

三、仪器和试剂

1. 仪器

恒温水槽	1 套	容量瓶(100mL)	2 只
乌氏黏度计	1 支	移液管(5mL)	1 只
玻璃砂芯漏斗(3 号)	各 1 只	秒表(1/10s)	1 只
移液管(10mL)	2 只	洗耳球	1 只

2. 试剂

待测聚合物：　聚苯乙烯　甲苯　A. R.

四、实验步骤

1. 调温

根据实验需要将恒温槽温度调节至 (25.00±0.05)℃。

2. 聚合物溶液的配置

按溶剂选择原则选择待测聚合物的溶剂，且聚合物溶液在特定温度下 Mark-Houwink 方程中的 K 和 α 值是已知的。控制测定过程中 η_r 在 1.2～2.0 之间，浓度一般为 0.001～0.01g/mL。

准确称取 100～500mg 待测聚合物放入 100mL 清洁干燥的容量瓶中，倒入约 80mL 甲苯，使之溶解，待聚合物完全溶解之后，放入已调节好的恒温槽中。再加溶剂至刻度，取出摇匀，用 3 号玻璃砂芯漏斗过滤到另一 100mL 容量瓶中，放入恒温槽恒温待用，容量瓶及玻璃砂芯漏斗用后立即洗涤。

3. 洗涤黏度计

乌氏黏度计是否清洁，是决定实验成功与否的关键之一。对于新的黏度计，先用洗液浸泡，再用自来水洗三次，蒸馏水洗三次，烘干待用。对已用过的黏度计，则先用甲苯灌入黏度计中浸洗除去留在黏度计中的聚合物，尤其是毛细管部分要反复用溶剂清洗，洗毕，将甲苯溶液倒入回收瓶中，再用洗液、自来水、蒸馏水洗涤黏度计，最后烘干。

4. 测定溶剂的流出时间

乌氏黏度计是气承悬柱式可稀释的黏度计，把预先经严格洗净的洁净黏度计垂直夹持于恒温槽中，使水面完全浸没小球 M_1。用移液管吸 10mL 甲苯，从 A 管注入 E 球中。于 25℃恒温槽中恒温 3min，然后进行流出时间 t_0 的测定。用手按住 C 管管口，使之不通气，在 B 管用洗耳球将溶剂从 E 球经毛细管、M_2 球吸入 M_1 球，然后先松开洗耳球，再松开 C 管，让 C 管通大气。此时液体即开始流回 E 球。此时操作者要集中精神，用眼睛水平地注视正在下降的液面，并用秒表准确地测出液面流经 a 线与 b 线之间所需的时间，并记录。重复上述操作三次，每次测定相差不大于 0.2s。取三次的平均值为 t_0，即为溶剂的流出时间。

5. 溶液流出时间的测定

① 测定出 t_0 后，将黏度计中的甲苯倒入回收瓶，并将黏度计烘干，用干净的移液管吸取已恒温好的被测溶液 10mL，移入黏度计（注意尽量不要将溶液沾在管壁上），恒温 3min，按前面的步骤，测定溶液（浓度 c_1）的流出时间 t_1。

② 用移液管加入 5mL 预先恒温好的甲苯，对上述溶液进行稀释，稀释后的溶液浓度 (c_2) 即为起始浓度 c_1 的 2/3。然后用同样的方法测定浓度为 c_2 的溶液的流出时间 t_2。与此相同，依次加入甲苯 5mL、5mL、5mL，使溶液浓度成为起始浓度的 1/2、2/5、1/3，分

别测定其流出时间并记录下来。注意每次加入纯试剂后，一定要混合均匀，每次稀释后都要将稀释液抽洗黏度计的 E 球、毛细管、M_2 球和 M_1 球，使黏度计内各处溶液的浓度相等，且要等到恒温后再测定。

6. 黏度计洗涤

测量完毕后，取出黏度计，将溶液倒入回收瓶，用纯溶剂反复清洗几次，烘干，并用热洗液装满，浸泡数小时后倒去洗液，再用自来水、蒸馏水冲洗，烘干备用。

五、实验结果和处理

1. 数据记录

数据记录的格式如表 1 所示。

表 1　黏度数据测量记录

日期 ________；试样 ________；溶剂 ________；恒温槽温度 ________；K 值 ____；α ____；

溶剂流出时间（1）________（2）________（3）________；平均值 t_0 ________。

溶液体积 /mL	溶液浓度 /(mg/mL)	流出时间/s 1	2	3	平均值 /s	η_r	η_{sp}	$\ln\eta_r/C$

2. 外推法作图求出特性黏度 [η]

以 η_{sp}/C、$\ln\eta_r/C$ 对浓度 C 作图，得两条直线，外推至 $C\to 0$ 得截距即特性黏度 [η]。

3. 黏均分子量的计算

将特性黏度 [η] 代入式(6)，即算出聚合物的黏均分子量 $\overline{M_\eta}$。

六、思考题

1. 乌式黏度计测量聚合物分子量有何优点？
2. 为什么测定黏度时黏度计一定要垂直放入恒温槽内？

七、参考文献

[1] 何曼君等．高分子物理．上海：复旦大学出版社，2000.
[2] 北京大学化学系高分子教研室．高分子实验与专论．北京：北京大学出版社，1990.
[3] GB/T 1632—1993 聚合物稀溶液黏数和特性黏数测定．

八、附注

聚合物特性黏度-分子量关系参数表

$$[\eta]=KM^{\alpha}$$

聚合物	溶剂	温度/℃	$K\times100$	α	分子量范围 $M\times10^{-3}$
聚乙烯(高压)	十氢萘	70	6.8	0.675	200 以内
聚乙烯(低压)	α-氯苯	125	4.3	0.67	48～950
聚丙烯	十氢萘	135	1.0	0.80	100～1100
聚异丁烯	环己烷	30	2.76	0.69	37.8～700
聚丁二烯	甲苯	30	3.05	0.725	53～490

续表

聚合物	溶剂	温度/℃	$K\times100$	α	分子量范围 $M\times10^{-3}$
聚异戊二烯	苯	25	5.02	0.67	0.4～1500
聚苯乙烯	苯	20	1.23	0.72	1.2～540
聚苯乙烯	甲苯	25	1.7	0.69	3.3～1700
聚氯乙烯	环己酮	25	0.204	0.56	19～150
聚甲基丙烯酸甲酯	丙酮	20	0.55	0.73	40～8000
聚醋酸乙烯酯	丁酮	25	4.2	0.62	17～1200
聚乙烯醇	水	30	6.62	0.64	30～120
聚丙烯腈	二甲基甲酰胺	25	3.92	0.75	28～1000
尼龙 6	甲酸(85%)	20	7.5	0.7	4.5～16
尼龙 66	甲酸(90%)	25	11	0.72	6.5～26
聚甲醛	二甲基甲酰胺	150	4.4	0.66	89～285
聚碳酸酯	氯甲烷	20	1.11	0.82	8～270
醋酸纤维素	丙酮	25	1.49	0.82	21～390
硝基纤维素	丙酮	25	2.53	0.795	68～224
乙基纤维素	乙酸乙酯	25	1.07	0.89	40～140

实验 54　咪唑类阴离子交换树脂的制备及交换容量的测定

一、实验目的

1. 学习制备咪唑类离子交换树脂的方法。
2. 学习阴离子交换树脂交换容量的测定方法。

二、实验原理

离子交换树脂分为阳离子交换树脂和阴离子交换树脂，阴离子交换树脂又可分为强碱性阴离子交换树脂（含季铵基团）和弱碱性阴离子交换树脂（含伯、仲、叔胺基团）。根据基体种类的不同可分为苯乙烯系树脂和丙烯酸系树脂。本实验以氯甲基化的苯乙烯-二乙烯基苯的共聚小球（氯球）为原料，用 *N*-甲基咪唑进行胺化反应，得到咪唑类强碱性阴离子交换树脂，制备路线图如图 1 所示。并测定合成的离子交换树脂的交换容量。

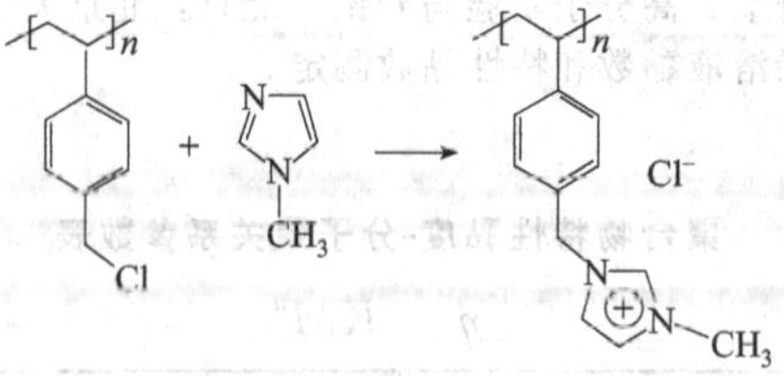

图 1　制备路线图

三、仪器和试剂

1. 仪器

三口烧瓶	1 个	集热式磁力加热搅拌器	1 台
球形冷凝管	1 个	真空干燥箱	1 个
250mL 锥形瓶	1 个	抽滤装置	1 个

2. 试剂

氯球（20～40 目）15%交联，3.5mmol Cl/g	无水乙醇
N-甲基咪唑	重铬酸钾（A. R.）
N,*N*-二甲基甲酰胺（DMF）	铬酸钾（A. R.）
硫酸钠（A. R.）	硝酸银（A. R.）

四、实验步骤

1. 咪唑类强碱离子交换树脂的制备

取 3g 氯球，加入到 20mL DMF 中，向其中加入 1.0g*N*-甲基咪唑，80℃加热搅拌回流 6h，过滤，并用无水乙醇洗涤，60℃真空干燥 2h。

2. 简单验证合成的离子交换树脂

取少量合成的离子交换树脂，加入 0.1%的甲基橙溶液 5mL，振荡或搅拌数分钟，如果树脂球变为黄色或橙黄色，说明合成离子交换树脂基本成功。

3. 离子交换容量的测定

取 1g 左右的树脂（称准至 1mg）将树脂全部转移到交换柱中，使水面超过树脂层，去除树脂层中的空气泡，然后在交换柱中加入 70mL1mol/L 的硫酸钠溶液，控制流速 1～2mL/min，流出液用 250mL 锥形瓶接收，加 5%铬酸钾指示剂 1mL，用 0.1mol/L 硝酸银标准溶液滴定至砖红色 15s 不褪色即为终点，记录消耗的硝酸银标准溶液的体积。

$$\text{则，交换容量}=\frac{AgNO_3\text{ 标准溶液的浓度}\times\text{消耗的 }AgNO_3\text{ 标准溶液的体积}}{\text{树脂的质量}}$$

五、实验结果和处理

① 计算产率。

② 测定离子交换容量。

六、思考题

为什么可以用甲基橙溶液简单验证合成离子交换树脂是否成功？

七、参考文献

[1] Zhu L, Liu Y, Chen J. Industrial and Engineering Chemistry Research, 2009, 48 (7): 3261.

八、附注

① 阴离子交换树脂的离子交换能力来源于结构中的碱性基团，包括强碱性的季铵基团和弱碱性的各种胺基基团。因此，根据所带离子交换基团的碱性强弱，常常将阴离子交换树脂分为强碱性阴离子交换树脂和弱碱性阴离子交换树脂。前者适用的 pH 值范围宽，可交换的阴离子种类多，后者适用的 pH 值范围窄，只能与强酸产生阴离子交换。本实验制备的为强碱性阴离子交换树脂。

② 聚苯乙烯强碱性阴离子交换树脂是使用得最为普遍的阴离子交换树脂，一般都经过二乙烯基苯适度交联。它的外观通常为淡黄色至金黄色，适用的酸度范围较宽，可以在 pH＝1～14 的范围内使用。

实验 55　两亲性自组装复合物的制备、表征及包裹客体应用

一、实验目的

1. 通过对两亲性复合物的制备掌握超分子自组装的基本操作技术。

2. 通过对复合物的表征了解和掌握常见的表征技术。

3. 通过复合物对客体分子的包裹实验理解客体异相转移的机理。

二、实验原理

1. 自组装的定义

在自组装的过程中，基本结构单元在基于非共价键的相互作用下自发地组织或聚集为一个稳定、具有一定规则几何外观的结构。自组装过程并不是大量原子、离子、分子之间弱作用力的简单叠加，而是若干个体之间同时自发地发生关联并集合在一起形成一个紧密而又有序的整体，是一种整体的复杂的协同作用。

2. 两亲性的定义

指同时具有亲水基团和疏水基团的分子或复合物。其中亲水基团指可以在水中溶解或电离的基团，如羧酸基、磺酸基、羟基、氨基、季铵盐以及带电荷的离子等极性强的基团；疏水基团指不能在水中电离，会排斥水的基团，如链烷烃基、环烷烃基等非极性基团。

3. 两亲性自组装的制备原理

由于超支化聚乙烯亚胺 HPEI 的表面拥有大量显碱性的氨基官能团，而棕榈酸的一端是疏水性长碳链，另一端则为显酸性的亲水性羧基功能基团。当两者在氯仿溶液中相遇后，将发生酸碱中和反应，后者的酸质子即转移到 HPEI 的外围氨基上，从而使 HPEI 外围的氨基质子化显正电性，羧酸分子的极性头端基失去质子带负电性，然后通过静电相互作用在氯仿溶液中形成了超分子反胶束。并且，可以通过改变 HPEI 与棕榈酸的比例来制备具有不同取代度的复合物。

4. 复合物包裹客体的机理

由于 HPEI 含有大量的一、二、三级氨基，具有亲水性，此聚集体外围的脂肪长碳链分子具有疏水性；因此这种核壳型的两亲性超分子聚集体是一种包裹客体分子的理想反胶束，可以作为纳米载体。其中，HPEI 可以提供一个微环境，当该复合物的氯仿溶液与亲水的甲基橙的水溶液充分接触时，由于 HPEI 与甲基橙极性相似，即 HPEI 的氨基与甲基橙的磺酸基发生相互作用，从而使甲基橙负载在 HPEI 的亲水基上；另外，复合物的疏水长碳链很好地保护了被负载的甲基橙，使其被转移到甲基橙的不良溶剂氯仿中，并且使之稳定存在。

这种异相的客体转移，可以拓宽客体分子的应用领域。本实验选用分子结构简单且已经工业化的水溶性阴离子染料 MO 作为客体分子和探针，如图 1 所示，通过液液萃取技术来研究所合成复合物的包裹性能。结果发现在两相萃取后，原本无色的有机相复合物溶液在萃取后变为染料的颜色，并且水溶液的颜色也相对变浅，说明复合物确实可以包裹转移染料分子。并且，可以通过紫外吸光度的大小，来计算每种复合物的客体包裹能力。图 2 所示为该客体异相转移的机理。

图 1　甲基橙的结构式

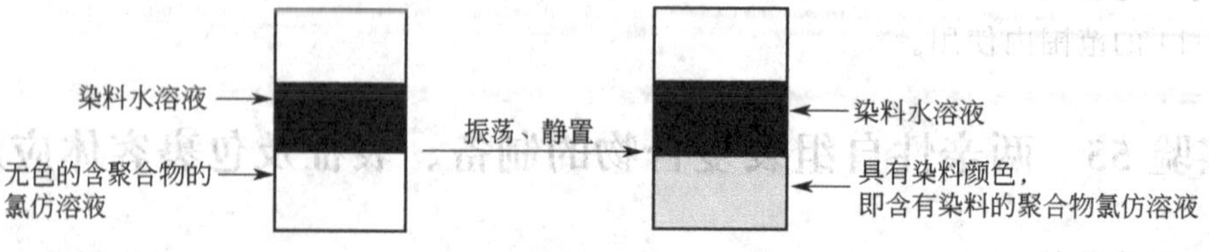

图 2　客体异相转移机理

三、仪器和试剂

1. 仪器

电子分析天平	1个	烧杯(50mL)	3个
玻璃棒	1个	量筒(10mL)	1个
移液管(1mL)	3个	试管(10mL)	4个

2. 试剂

超支化聚乙烯亚胺(10K)	A. R.	棕榈酸	A. R.
氯仿	A. R.	甲基橙	A. R.

四、实验步骤

1. 两亲性自组装复合物的制备

(1) 配制超支化聚乙烯亚胺的氯仿溶液　称量干燥后的超支化聚乙烯亚胺（10K），加入无水氯仿配成 0.8mg/mL 的溶液；用电磁搅拌器使其充分溶解。

(2) 配制棕榈酸的氯仿溶液　取一定量的棕榈酸，溶解在无水氯仿中，浓度为 1mg/mL。

(3) 制备两亲性自组装复合物　将上述配制好的步骤（1）、(2）溶液以及纯氯仿按照表 1 的体积混合，上下方向充分振荡 1min，然后静置 0.5h 以上。

表 1　所制备的两亲性自组装复合物各组分的体积

号码	超支化聚乙烯亚胺/mL	棕榈酸/mL	氯仿/mL
1号	1	4.77	2.23
2号	1	3.48	3.52
3号	1	2.58	4.42
4号	1	1.29	5.71

2. 自组装复合物的表征测试

① 对复合物溶液进行红外分析，测定红外谱图（傅里叶变换红外光谱仪，FT-IR360，AVATAR）：复合后，是否在红外图谱中 1705cm^{-1} 左右处的羧酸分子的羧羰基峰消失或减弱了；同时，不对称的羧酸盐的峰（1569cm^{-1} 左右处）、铵根离子的峰（1400cm^{-1} 和 798cm^{-1} 左右处）均在复合后是否出现。

② 对复合物溶液进行核磁氢谱分析（核磁共振仪，ARX 300，Bruker）：观察超支化聚乙烯亚胺和棕榈酸在复合后，其峰的位置、峰型有无变化。

③ 对复合物溶液进行粒径分析（Zeta 电位粒度仪，NanoZS，马尔文）：分别检测在复合前后，超支化聚乙烯亚胺、棕榈酸以及不同比例的复合物 1 号～4 号的粒径大小及分布情况有无变化。

3. 自组装复合物的客体包裹

① 取上述 1 号～4 号超分子复合物溶液各 5mL。

② 向上述溶液中分别加入 5mL 甲基橙水溶液（2.14×10^{-4} mol/L），上下充分振荡 10min，静置分层，此时观察到氯仿相由包裹前的无色透明变成了橙色。

③ 继续静置 1h 以上。

④ 用紫外分光光度计分别测定 1 号～4 号中氯仿相溶液的吸收峰位置以及吸光度大小。

五、实验结果和处理

实验记录表如下。

项目	复合前		复合后			
	HPEI	棕榈酸	1号	2号	3号	4号
红外特征峰						
核磁特征峰						
粒径大小/nm						
紫外吸收峰/nm	—	—				
紫外吸光度	—	—				

六、思考题

1. 分析超支化聚乙烯亚胺与棕榈酸的比例对复合溶液包裹染料的影响规律。
2. 对所配制的复合溶液，静置时间对复合物的包裹能力有无影响？

七、参考文献

[1] Chechik V，Zhao M Q，Crooks R M. Self-assembled inverted micelles prepared from a dendrimer template：Phase transfer of encapsulated guests. Journal of the American Chemical Society，1999，121：4910.

[2] Chen Y，Shen Z，Frey H，et al. Synergistic assembly of hyperbranched polyethylenimine and fatty acids leading to unusual supramolecular nanocapsules. Chemical Communications，2005，38：755.

[3] 刘海林，马晓燕，袁莉等．分子自组装研究进展．材料科学与工程学报，2004，22（2）：308.

八、附注

分子自组装是分子与分子在一定条件下，依赖非共价键分子间作用力自发连接成结构稳定的分子聚集体的过程 。通过分子自组装我们可以得到具有新奇的光、电、催化等功能和特性的自组装材料，特别是现在正在得到广泛关注的自组装膜材料在非线性光学器件、化学生物传感器、信息存储材料以及生物大分子合成等方面都具有广阔的应用前景，受到了研究者高度的重视和广泛的研究。

分子自组装的原理是利用分子与分子或分子中某一片段与另一片段之间的分子识别，相互通过非共价键作用形成具有特定排列顺序的分子聚合体。分子自发地通过无数非共价键的弱相互作用力的协同作用是发生自组装的关键。这里的“弱相互作用力”指的是氢键、范德华力、静电力、疏水作用力等。非共价键的弱相互作用力维持自组装体系的结构稳定性和完整性。并不是所有分子都能够发生自组装过程，它的产生需要两个条件：自组装的动力以及导向作用。自组装的动力指分子间的弱相互作用力的协同作用，它为分子自组装提供能量。自组装的导向作用指的是分子在空间的互补性，也就是说要使分子发生自组装就必须在空间的尺寸和方向上达到分子重排要求。

分子自组装的应用愈来愈得到各国研究者的重视。总体来讲，分子自组装的应用分为以下三个方面：纳米材料中的应用、膜材料方面的应用以及生物科学中的应用。很多种多功能性高分子及纳米粒子可自组装成为具有极高应用价值的多层结构。厚度接近于零的单分子自组装膜在化学、机械（例如机械的浸润和附着）、电子（例如阻抗）和热力学（例如渗透性扩散）性能的表面和界面改性方面有很广泛的应用。总的看来，人们对分子自组装的研究工作要比以前深入得多，对其的应用研究，则更是朝着实用的方面发展。分子自组装作为化学、物理、生命科学和材料科学的交叉学科，它将在光电材料、人体组织材料、高性能高效率分离材料以及纳米材料中发挥应有的作用。

实验 56　聚离子液体对金纳米粒子的固载及复合物的催化性能

一、实验目的

1. 了解离子液体及聚离子液体的相关概念。

2. 通过氨基功能化乙烯基咪唑聚合制备聚离子液体，掌握聚离子液体的制备方法。

3. 学习和掌握紫外-可见分光光度计的使用方法。

二、实验原理

离子液体，又称室温离子液体或室温熔融盐，是在室温及相邻温度下完全由离子组成的有机液体物质，它由有机阳离子和无机或有机阴离子组成。离子液体是从传统的高温熔盐演变而来的，但与一般的离子化合物有着非常不同的性质和行为，最大的区别在于一般离子化合物只有在高温状态下才能变成液态，而离子液体在室温附近很大的温度范围内均为液态。由于离子液体通常是具有低于100℃熔点的1-1型电解质（由一个阴离子和一个阳离子组成），同时构成离子液体的离子都是可变的，它们常常通过简易的离子交换进行改进，从而进行特殊的应用或者获得特殊的性质，所以，又会使用“可设计的溶剂（designer solvents）”来描述离子液体。

而聚离子液体还没有完整而准确的定义，但从其化学结构可以看出，聚离子液体主要包括重复单元中含有离子基团的聚合物。聚离子液体表现出与离子液体相似的性能，例如：溶解性、导电性、热稳定性及化学稳定性等。聚离子液体的合成一般有两种途径：间接合成法和直接合成法。先合成聚合物再在分子链上引入离子液体结构的方法称为间接合成法，即大分子反应；以不饱和离子液体单体直接聚合得到聚离子液体的方法称为直接合成法，一般采用自由基聚合。间接法由于存在着如向聚合物链上引入离子困难、离子交换不完全、聚合物季铵化反应受到静电斥力的影响等缺点使其应用受到了限制，因此直接法应用得更为广泛。

本实验以1-乙烯基咪唑、3-溴丙胺氢溴酸盐、氯金酸、*N*-乙烯基吡咯烷酮等为原料制备固载金纳米粒子的聚离子液体，具体步骤如图1所示。

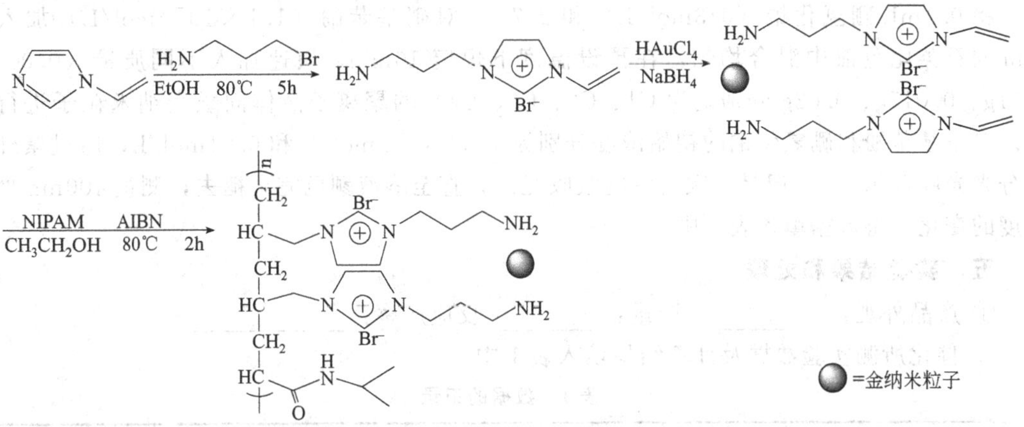

图1　聚离子液体的合成及其对金纳米粒子的固载

三、仪器和试剂

1. 仪器

三口烧瓶	1个	球形冷凝管	1只
超级恒温槽	1台	温度计	1支

真空循环水泵	1台	抽滤瓶	1只
搅拌器	1套	旋转蒸发仪	1台
布氏漏斗	1只	紫外-可见分光光度计	1台

2. 试剂

1-乙烯基咪唑	A. R.	氯金酸	A. R.
无水乙醇	A. R.	硼氢化钠	A. R.
3-溴丙胺氢溴酸盐	A. R.	*N*-乙烯基吡咯烷酮	A. R.
对硝基苯酚	A. R.	偶氮二异丁腈	A. R.
氢氧化钾	A. R.	蒸馏水	

四、实验步骤

1. 氨基功能化乙烯基咪唑离子液体的合成

称量 1.88g（20mmol）的 1-乙烯基咪唑至 100mL 三口烧瓶中，加入 10mL 无水乙醇，将 4.4g（20mmol）3-溴丙胺氢溴酸盐溶于 20mL 无水乙醇，室温下慢慢滴加至三口烧瓶中，氮气保护下 80℃反应 5h。反应完成后旋转蒸发去除乙醇，加入少量水，用氢氧化钾调节混合物的 pH 值至中性，旋转蒸发去除水，抽滤，真空干燥后得浅黄色的黏稠状液体。

2. 聚离子液体固载金纳米粒子催化剂的制备

室温下，称取 1.57g（5mmol）氨基功能化乙烯基咪唑离子液体溶于 20mL 蒸馏水中，加入 3mL（24mmol/L）的氯金酸水溶液并将溶液稀释至 30mL，搅拌 10min 将溶于 20mL 水中的 0.015g 硼氢化钠溶液缓慢滴加到离子液体溶液中，快速搅拌 30min，溶液逐渐变为暗红色。旋转蒸发去除水，得暗红色黏稠状液体，向其中加入 20mL 无水乙醇，0.6g*N*-乙烯基吡咯烷酮、0.05g 偶氮二异丁腈，在氮气保护下 80℃反应 2h，产生大量的紫红色固体沉淀，离心去除上层液体，用 80mL 无水乙醇洗涤所得固体 3 次，在 60℃真空干燥 1h，即得到聚离子液体固载金纳米粒子的催化剂。

3. 聚离子液体固载金纳米粒子催化对硝基苯酚的还原

将 0.1mL 硼氢化钠（0.3mol/L）和 2.7mL 对硝基苯酚（1.1×10^{-4}mol/L）加入到 1cm 的石英比色皿中混合均匀，在预设温度下恒定 10min，快速加入不同质量（0.005g、0.01g、0.015g、0.02g 分别记为 C1、C2、C3、C4）的聚离子液体固载金纳米粒子进行还原。对硝基苯酚和硼氢化钠的初始浓度分别为 1.0×10^{-4}mol/L 和 0.01mol/L，通过紫外可见分光光度计每 2min 记录一次溶液的吸收光谱，直至溶液颜色完全褪去，测量 400nm 处吸光度的变化，将数据填入表 1 中。

五、实验结果和处理

① 产品外观：________ 产量：______ 反应产率：________

② 催化所测实验数据及计算结果填入表 1 中。

表 1 数据的记录

$C/(\mathrm{g/cm^3})$	t/s	转化率	催化效率
C1			
C2			
C3			
C4			

六、思考题

1. 聚离子液体和离子液体的区别有哪些？

2. 聚离子液体作为催化剂载体的好处是什么？

七、参考文献

[1] Bates E D, Mayton R D, Ntai I, et al. CO_2 Capture by a Task-Specific Ionic Liquid. Journal of the American Chemical Society, 2002, 124: 926.

[2] 李标模，喻宁亚，王平军等．硫醚功能化离子液体固定纳米金粒子的制备及其催化性能．催化学报，2007，28：875.

[3] Sugimura R, Qiao K, Tomida D, et al. Immobilization of acidic ionic liquids by copolymerization with styrene and their catalytic use for acetal formation. Catalysis Communications, 2007, 8: 770.

[4] Marcilla R, Pozo-Gonzalo C, Rodriguez J, et al Use of polymeric ionic liquids as stabilizers in the synthesis of polypyrrole organic dispersions. Synthetic Metals, 2006, 156: 1133.

八、附注

① 离子液体种类繁多，不同的阴阳离子组合，生成离子液体的性质也大不相同。在离子液体中，阳离子通常为有机成分，根据阳离子类型可将离子液体分类。主要包括：磷鎓阳离子、季铵阳离子、吡啶阳离子和咪唑阳离子以及胍盐阳离子等。阴离子主要分成两类，一类是多核阴离子，另一类是单核阴离子。

② 与传统的有机溶剂及电解质相比，离子液体具有几乎没有蒸汽压、不易挥发、无色无味、绿色环保；较宽的稳定温度范围，较好的热力学和化学稳定性以及较宽的电化学稳定电位窗口；可以通过对阴、阳离子的设计或组合，调节其对无机物、水、有机物及聚合物的溶解性等优点。

实验 57 微乳液聚合制备聚丙烯酸酯纳米粒子

一、实验目的

1. 熟悉微乳液聚合原理以及体系中所加各组分的作用。

2. 掌握通过微乳液聚合法制备聚丙烯酸酯纳米粒子的操作过程。

3. 学习和了解纳米粒度及 zeta 电位仪的使用方法。

二、实验原理

目前微乳液聚合及超微乳液聚合已被广泛应用于黏合剂、化妆品、燃料乳化、上光蜡等方面，尤其是在纳米级金属材料、药物微胶囊化、提高石油采收率和聚合物粉末的制备等领域中有重要的应用。

微乳液是由单体、水、乳化剂和助乳化剂组成的各向同性、清明透亮或半透亮的热力学稳定体系，胶乳粒径为 8～80nm，属于纳米级微粒，而传统乳液聚合制备的乳液乳胶粒径为 100～150nm，为不透明、乳白色的热力学不稳定体系，是一种连续的粒子成核过程。与传统乳液聚合不同，微乳液聚合前体系内不存在大的单体液滴，所有的单体都分布在大小微乳液液滴中（4nm，10^{21} 个/L），微乳聚合由进入初级微乳液滴内部的自由基引发，达到某个直径之前快速增长，然后每个颗粒的直径保持恒定，同时颗粒数目稳定增加。在微乳液聚合体系内，由于乳化剂的含量很高，存在大量的微乳液滴，因此在大部分时间内自由基主要扩散进微乳颗粒内引发其成核聚合形成新的聚合物粒子内，而不是进入聚合物粒子内，所以在很高的单体转化率下仍然会产生新的聚合物粒子，表现出连续成核的特征。这使所得聚合物粒子内含有的高分子聚合物分子数目很少，通常只有1～4个，而分子量却很高，可达10^6～10^7，聚合后体系的聚合物粒子半径为25nm，浓度为10^{18}个/L。但对传统乳液聚合来说，当聚合进入恒速期后，自由基扩散进聚合物粒子交替地引发和终止反应，因此聚合物粒子内聚合物分子的数目较大，粒径较大。

本实验采用水溶性的过硫酸盐为引发剂、阴离子表面活性剂十二烷基硫酸钠和非离子表面活性剂辛基酚聚氧乙烯醚OP-10为复合乳化剂，以正丁醇为助乳化剂来制备聚丙烯酸酯微乳液。

三、仪器和试剂

1. 仪器

三口烧瓶	1个	搅拌器	1套
超级恒温槽	1台	量筒	3只
球形冷凝管	1只	烧杯	3只
温度计	1支	玻璃棒	1根
导气管	1根		

2. 试剂

丙烯酸丁酯	A. R.	过硫酸钾	A. R.
丙烯酸	A. R.	辛基酚聚氧乙烯醚OP-10	A. R.
甲基丙烯酸甲酯	A. R.	十二烷基硫酸钠	A. R.
正丁醇	A. R.	碳酸氢钠	A. R.
蒸馏水		氮气	高纯

四、实验步骤

① 装置：实验仪器包括三口烧瓶（250mL）、搅拌器、导气管、温度计、冷凝管、恒温水浴，组装成如图1所示的装置。

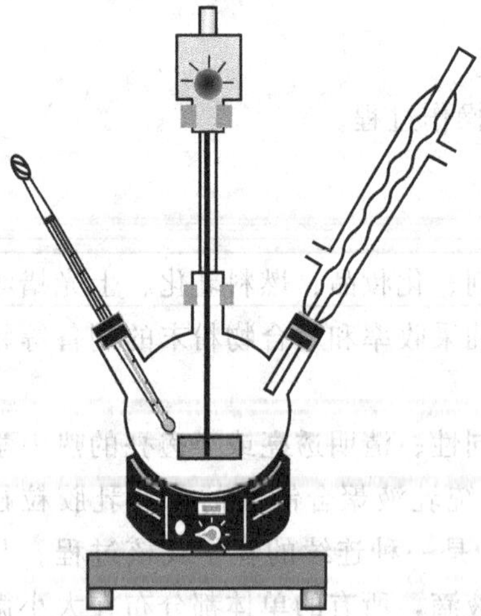

图1 实验装置示意图

② 加料：在装有搅拌器、回流冷凝管及温度计的三口烧瓶中加入10g十二烷基硫酸钠、1g乳化剂OP-10、110mL蒸馏水，溶解充分后加入0.5g丙烯酸、4.5g丙烯酸丁酯、5g甲基丙烯酸甲酯，最后加入18.5g正丁醇、0.07g过硫酸钾。

③ 反应：开动搅拌，于氮气保护下逐渐加热至80℃并保持恒温反应4h。

④ 后处理：停止加热，冷却到50℃后，若pH<4，则滴加10%碳酸氢钠溶液，调至pH值至4～5时，搅拌均匀、出料，用纳米粒度及zeta电位仪测其粒度大小及分布。观察乳液外观，取1g乳液放在干燥箱中于125℃下干燥至恒重（30～60min），计算固含量和转化率。

五、实验结果和处理

① 产品外观：______________；产量：____________。

② 固含量与单体转化率的计算：

$$转化率=\frac{固含量\times产品量-乳化剂总质量}{单体质量}\times100\%$$

③ 所得结果填入表 1 中。

表 1　数据的记录

项　目	结　果
干燥的样品质量	
固含量	
单体转化率	

六、思考题

1. 在微乳液聚合过程中，产物粒径小且分散稳定的原因是什么？
2. 为什么产物 pH<4 时，需滴加 10%碳酸氢钠溶液调至 pH=4～5？
3. 计算转化率时，为什么只减去了乳化剂的总质量而不减去助乳化剂的质量？

七、参考文献

[1] 崔正刚，殷福珊．微乳化技术及应用．北京：中国轻工业出版社，2001.
[2] Candau F，Leong Y S，Fitch R M. Kinetic study of the polymerization of acrylamide in inverse micromulsion. Journal of Polymer Science Part A- Polymer Chemistry，1985，23：193.
[3] Crotts G，Park T G. Preparation of porous and nonporous biodegradable polymeric hollow microspheres. Journal of Controlled release，1995，35：91.
[4] 柯昌美，汪厚植，强敏等．高固含量聚丙烯酸酯纳米微乳液的制备与性能研究．精细石油化工进展，2005，6：12.

八、附注

微乳液聚合与普通乳液聚合的差别是在体系中加入了助乳化剂，并采用了高压均化法、高速搅拌法和超声波分散法等微乳化工艺。微乳液聚合凝聚物量较少，可提高产率，避免粘釜。超微乳液聚合是指分散介质和单体在大量表面活性剂的作用下，形成热力学稳定、(半)透明的体系。其聚合反应速率很快，生成的聚合物粒子粒径非常小，为 20～40 nm。微乳液聚合及超微乳液聚合的乳液由于其具有稳定性高、粒径大小均一以及速溶的特点，在解决常规聚合体系中存在的一些问题、控制分子量及其分布等方面具有潜在的优势。

第三部分 设计性实验

实验 58　纳米铈锆固溶体的制备、表征及催化性能测试

一、实验目的

1. 通过制备纳米铈锆固溶体，掌握纳米材料的制备方法。
2. 通过纳米铈锆固溶体的表征，了解材料表征的一些方法。
3. 通过催化性能测试，了解催化剂性能的评价方法。

二、实验原理

所谓纳米材料，是指微观结构至少在一维方向上受纳米尺度（1～100nm）调制的各种固体超细材料，它包括零维的原子团簇（几十个原子的聚集体）和纳米微粒、一维调制的纳米多层膜、二维调制的纳米微粒膜（涂层）以及三维调制的纳米相材料。简单地说，是指用晶粒尺寸为纳米级的微小颗粒制成的各种材料，其纳米颗粒的大小不应超过 100nm，而通常情况下不应超过 10nm。目前，国际上将处于 1～100nm 尺度范围内的超微颗粒及其致密的聚集体，以及由纳米微晶所构成的材料，统称为纳米材料，包括金属、非金属、有机、无机和生物等多种粉末材料。

铈锆氧化物固溶体（$Ce_xZr_{1-x}O_2$）是一种性能良好的汽车尾气净化催化剂助剂，由于它的加入，不但减少了三效催化剂中贵金属的使用量，而且增加了其储氧能力和机械强度，使热稳定性及催化活性得到提高。此外，它还可用于电极材料、功能陶瓷等方面。由于它用途广，引起业内的重视，而采用不同的方法来制备 $Ce_xZr_{1-x}O_2$ 是目前催化剂领域的研究热点之一。$Ce_xZr_{1-x}O_2$ 的制备方法主要有：沉淀法、氧化物高温焙烧、氧化物高能球磨法、表面活性剂模板法、水热法、中低温固-固反应法、溶胶-凝胶法溶液燃烧法、化学削锉法（chemical filing）以及配合法等。这些方法各有优缺点，不同的制备方法对 $Ce_xZr_{1-x}O_2$ 的比表面积、晶相和氧化还原性能有很大的影响。

水热法是在特制的密闭反应容器（高压釜）里，采用水溶液作为反应介质，通过对反应容器加热，创造一个高温、高压反应环境，使得通常难溶或不溶的物质溶解并且重结晶。水热法可以制备大多数高新技术材料和晶体，且制备的材料和晶体的物理与化学性质具有特异性和优良性，能够合成固相反应无法制得的物相或物种，并能使反应在相对温和的溶剂热条件下进行。水热法具有如下优点：①水热法可直接得到结晶良好的粉体，无须作高温灼烧处理，避免了在此过程中可能出现的粉体硬团聚；②水热法制备的粉体物相和晶粒形貌与水热反应条件（反应时间、反应温度、前驱物形式）有关，因此通过控制适当的反应条件，可以控制与调节晶粒的粒度与形貌；③水热制备技术工艺简单。

三、仪器和试剂

1. 仪器

101 型电热鼓风干燥箱	1 台	100mL 圆底烧瓶	1 个
FC204 型电子天平	1 台	回流冷凝管	1 个
F2-500 反应釜	1 套	分水器	1 个
MAX-2500VPC 型 X 射线衍射仪	1 台	碱式滴定管	1 个
		电热套	1 个
Nicolet 红外光谱仪	1 台	100mL 锥形瓶	1 个
H-800 型透射电镜	1 台		

2. 试剂

硝酸铈、硝酸锆、水合肼、无水乙醇、氢氧化钠、冰乙酸、正丁醇均为分析纯试剂。

四、实验步骤

① 查阅有关水热法合成无机功能材料、铈锆固溶体的制备和应用以及固体酸催化酯化反应方面的文献和资料，进行文献总结，在此基础上制订实验方案。

② 利用水热法制备几种 Ce/Zr 比例不同的固溶体材料。

③ 在 Nicolet（美）生产的 MAGNA550 型红外光谱仪上测其酸的类型，KBr 压片。利用 XRD（X 射线衍射）测定其物相结构，利用 TEM（透射电镜）测定粒径大小。

④ 将制备的纳米铈锆氧化物固溶体作为一种固体酸催化剂应用于冰乙酸和正丁醇的酯化反应中，以检验其催化活性。

五、实验结果和处理

1. 材料的制备记录

样品编号	Ce/Zr 比例	$Ce(NO_3)_3 \cdot 6H_2O$ 质量/g	$Zr(NO_3)_4 \cdot 5H_2O$ 质量/g	所得产品的质量/g	产品收率/%

2. 表征结果记录

样品编号	XRD 表征结果	IR 谱峰归属	TEM 粒径测试结果

3. 催化活性测试结果

样品编号	反应前消耗 NaOH 溶液体积/mL	反应后消耗 NaOH 溶液体积/mL	乙酸的转化率/%

六、思考题

1. 在水热法制备材料的过程中需要注意哪些问题？

2. 铈锆固溶体为什么可作为酸催化剂使用？

七、参考文献

[1] 唐一科，许静，韦立凡．纳米材料制备方法的研究现状与发展趋势．重庆大学学报：自然科学版，2005，(1)：5.

[2] 王帅帅，冯长根．铈锆固溶体制备方法的研究进展．化工进展，2004，5：476.

[3] Hu Y. Hydrothermal Synthesis of Nano Ce-Zr-Y Oxide Solid Solution for Automotive Three-way Catalyst. J Am Ceram Soc，2006，89：2949.

[4] Hu Yucai. Solvothermal Preparation and Catalytic Performance of Nanometer $Ce_{0.8}Zr_{0.2}O_2$ Solid Solution. 功能材料，2005，36：1464.

[5] 胡玉才．微波辐射铈锆固溶体催化合成乙酸丁酯的研究．应用化工，2005，34：482.

[6] 胡玉才．铈锆固溶体的制备、表征及三效催化性能．材料科学与工艺，2005，13 (1)：34.

实验 59 低温锌系磷化工艺及磷化膜防腐性能测试

一、实验目的

1. 了解低温锌系磷化液的组成、磷化膜的性能；了解磷化技术中的温度分类、膜层成分分类以及工业生产中的操作流程和处理技术。

2. 通过查阅文献资料，设计实验工艺过程，完成实验操作，培养学生独立思考、独立设计、独立研究的技能，提高学生综合实验技术和科研能力。

二、实验原理

在钢铁磷化处理技术中，根据加工对象不同，可以选择不同类型的磷化工艺，在温度分类中，有高温磷化、中温磷化、低温磷化、常温磷化四种类型。本实验选择的是低温锌系磷化处理技术。该项处理技术是在40～50℃条件下进行的，主要用于质量要求较高、外观形状较好的产品，如目前国内外高档轿车的外壳防腐处理，绝大多数采用低温锌系磷化处理工艺。

1. 工艺流程

脱脂 → 水洗 → 酸洗 → 水洗 → 磷化 → 干燥 → 成品

2. 前处理

脱脂：利用碱性条件下的皂化和乳化原理将金属表面的油污除掉。

酸洗：利用混酸溶液进行浸泡，经过化学反应和物理过程，将氧化膜、保护膜等溶解和剥离，获得洁净的表面。

3. 反应原理

低温锌系磷化工艺，基本符合公认的四步机理：*AB* 为阳极溶解、*BC* 为氧化结晶、*CD* 为溶解成膜、*DE* 为成膜，如图1所示。

主要反应如下：

溶解 $Fe-2e^- \longrightarrow Fe^{2+}$，$2H+2e^- \longrightarrow 2[H] \longrightarrow H_2$

氧化 $[O]+2H \longrightarrow H_2O$，$Fe^{2+}+[O] \longrightarrow Fe^{3+}$，$Fe^{3+}+Fe \longrightarrow 2Fe^{2+}$

成膜 $H_3PO_4 \rightleftharpoons H_2PO_4^- + H^+ \rightleftharpoons HPO_4^{2-} + 2H^+ \rightleftharpoons PO_4^{3-} + 3H^+$

$$Zn^{2+}+Fe^{2+}+PO_4^{3-}+H_2O \longrightarrow Zn_2Fe(PO_4)_2 \cdot 4H_2O\downarrow$$

$$Zn^{2+}+PO_4^{3-}+H_2O \longrightarrow Zn_3(PO_4)_2 \cdot 4H_2O\downarrow$$

$$(Me^{2+}Fe^{2+})+PO_4^{3-}+HPO_4^{2-}+H_2O \longrightarrow (Me^{2+}Fe^{2+})_5H_2(PO_4) \cdot 4H_2O\downarrow$$

膜增厚　继续成膜反应

副反应　$Fe^{3+}+PO_4^{3-} \longrightarrow FePO_4\downarrow$（沉渣）

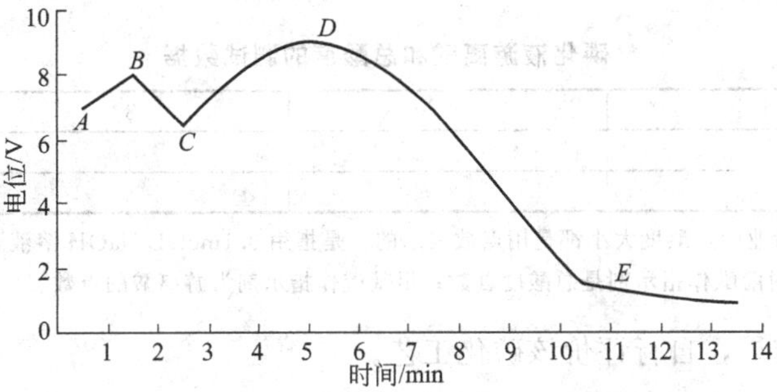

图 1　现代磷化机理电位-时间曲线

三、仪器和试剂

1. 仪器

台秤	1 台	量筒（100mL）	1 只
干燥箱	1 台	秒表	1 块
移液管（10mL）	1 支	容量瓶（100mL）	1 只
分析天平	1 台	碱式滴定管	1 支
恒温水浴	1 台	三角瓶	3 只

2. 材料

20mm×40mm×0.5mm 普通铁片	10 片	180 号～360 号砂纸	1 张
		0.5～5 精密 pH 试纸	1 本
细铁丝	50cm	1～14pH 试纸	1 本

3. 试剂

氢氧化钠、碳酸钠、偏磷酸钠、乳化剂（OP-10）、十二烷基硫酸钠、硫酸、磷酸、盐酸、硫酸镍、硝酸锌、硫脲、硝酸锰、磷酸钠、柠檬酸钠、马日夫盐、氯化钠、硫酸铜、甲基橙、酚酞等(以上试剂皆是 C. P.)。

四、实验步骤

1. 磷化处理

通过查阅有关的文献资料，自行设计脱脂、酸洗、磷化的工艺配方、处理流程及操作步骤方案。送达指导教师审阅，指导教师批准后，学生方可在实验室准备实验用品，进行实验操作。

2. 测试

(1) 磷化膜防腐性能测试　根据 GB 6807—86，进行硫酸铜点滴测试。通过查阅国标，确定测定方法，经指导教师批准后，学生再配制药品进行测试。

(2) 磷化液游离酸和总酸度的测试　通过查阅文献资料，掌握游离酸和总酸度的概念和测定方法，设计测定方案，经指导教师批准后，测定实验用磷化液的游离酸和总酸度。

五、实验结果和处理

磷化膜防腐性能测试数据

序　　号	1	2	3	平均值
硫酸铜点滴变色时间/s				

磷化液游离酸和总酸度的测试数据

序　号	1	2	3	平 均 值
游离酸(P)				
总酸度(P)				

注：P 表示点数。在行业中，酸度大小都是用点数表示的，是指用 0.1mol/L NaOH 溶液滴定 10mL 磷化液所消耗的 NaOH 溶液的体积。滴定时酚酞作指示剂是总酸度点数；甲基橙作指示剂为游离酸的点数。

通过以上测试结果，自行评价该磷化工艺。

六、思考题

1. 低温锌系磷化的含义是什么？
2. 低温锌系磷化常用的促进剂有哪些？
3. 硫酸铜点滴试验的目的是什么？

七、参考文献

[1] 唐春华．现代磷化技术问答．电镀与环保，1998，18：1.
[2] 柳玉波等．表面处理工艺大全．北京：中国计量出版社，1996.
[3] 徐乐年．低温锌系磷化液的研制．上海化工，1993，3：13.
[4] 张圣麟等．低温锌系磷化促进剂研究．涂料工业，2005，9：60.
[5] 张丕俭等．常温锌系磷化改进剂的研制．电镀与环保，1997，17 (5)：16.
[6] 张丕俭等．关于常温低锌磷化泛黄挂灰的探讨．电镀与精饰，1998，20 (2)：1.

实验 60　锂离子电池正极材料 $LiFePO_4$ 的掺杂改性研究

一、实验目的

1. 了解惰性气氛下材料制备的相关知识，设计掺杂改性的 $LiFePO_4$ 正极材料。
2. 独立完成正极材料的制备和性质测定，培养学生的操作和自主创新能力。

二、实验原理

1980 年，Goodenough 等人提出的 $LiCoO_2$ 系列层状过渡金属氧化物使锂离子电池在 1990 年实现了商业化，被称为第一代正极材料。尽管直到现在 $LiCoO_2$ 材料仍然占据着锂离子电池正极材料的主要市场，但是昂贵的钴价格已经明显地制约了钴系列材料的应用。1997 年，Goodenough 等首次报道了 $LiFePO_4$ 能可逆地嵌入和脱出锂离子，考虑到此材料无毒、对环境友好、原材料来源丰富，且价格低廉、比容量高、循环性能和热稳定性极好等优点，因此认为它在高容量、大功率的动力电池的应用方面具有广阔前景。

$LiFePO_4$ 在自然界中以磷蓝铁矿（triphylite）的形式存在，属于橄榄石型结构，空间群为 Pbnm，晶体参数 $a=0.6008nm$，$b=1.0334nm$，$c=0.4693nm$，晶胞体积为 $0.2914nm^3$。密实的橄榄石结构使得此材料具有稳定的性能，同时也使得其电子和离子导电率很低，在 $LiFePO_4$ 晶体结构中，由于自由电子的传导只能通过 Fe—O—Fe 键的相互连接，而 FeO_6 又被不导电的 PO_4 四面体所分割，限制了电子传导路径，因此材料的固体电子导电性能仅为 10^{-9} S/cm；同时锂离子由于受紧密的氧原子密堆积的影响，充放电过程中在材料中的移动受到限制，离子电导率仅为 10^{-14} ~ 10^{-11} S/cm；并且脱锂后的 $FePO_4$ 电导率也相当低，使得充放电过程中两相间的电子传递很不顺利。因此，为了极大地提高电导率和离子迁移速率，对几乎绝缘的 $LiFePO_4$ 晶体结构采取适当的掺杂改性非常必要。

三、仪器和试剂

1. 仪器

实验电池模具	3套	氧化铝坩埚	3只
常压手套箱	1台	烘箱	1台
玛瑙研钵	1套	真空干燥箱	1台
电池测试仪	1台	高纯氮气瓶	1个
真空管式炉	1台		

2. 试剂

碳酸锂	A. R.	负极锂片	99.99%
磷酸二氢铵	A. R.	隔膜	Cegard 2400
乙炔黑	电池级	草酸亚铁	A. R.
电解液　1mol/L $LiPF_6$ 的 EC-DMC（体积比为1∶1）有机电解液		铝箔	99.99%
		高纯氮气	99.99%
硝酸锂	A. R.		

四、实验步骤

1. $LiFePO_4$ 掺杂改性材料的制备

按化学式中的Li/Fe/P摩尔比来制备相关掺杂材料。学生自己查阅相关文献，拟定适合的制备方法，准备所需原料、设备等，经与老师讨论同意后开展实验。

2. 正极材料的物性测定

（1）XRD粉末衍射分析　按一般X射线物相分析步骤，测定制得的掺杂样品的粉末衍射图。确定其晶胞参数及其相对于纯相样品的改变。

（2）正极材料的化学分析　查阅文献，拟定材料中组分的测定方法，确定材料中锂、铁、磷含量。

（3）正极材料的表观形貌观察　用扫描电子显微镜拍摄材料微观照片，讨论制备过程与样品表观形貌的关系。

（4）电池性能和电化学性能测试　查阅文献，拟定正极材料的电池和电化学性质测定方法，自主测试结果。

五、思考题

结合锂离子电池的原理，试讨论样品的表观形貌与电池性质的关系。

六、参考文献

[1]　Padhi A K, Nanjundaswamy K S, Goodenough J B. Phospho-olivines as Positive-electrode Materials for Rechargeable Lithium Batteries. J Electrochem Soc, 1997, 144: 1188.

[2]　Xu Y B, Lu Y J, Yan L, Yang Z Y, Yang R D. Synthesis and Effect of Forming Fe_2P Phase on the Physics and Electrochemical Properties of $LiFePO_4$/C Materials. J Power Sources, 2006, 160:

570.

实验 61　交联聚苯乙烯微球的制备

一、实验目的

1. 通过交联聚苯乙烯微球的制备，掌握微球制备的基本方法。

2. 独立设计并完成微球的合成方法，培养和提高综合应用高分子实验技术和实验仪器的能力。

二、实验原理

交联聚苯乙烯微球作为一种功能高分子材料，已经广泛应用于标准计量、情报信息、生物医学及液晶显示等领域中。

聚苯乙烯是由单体苯乙烯（St）聚合而得，反应式如图 1 所示。

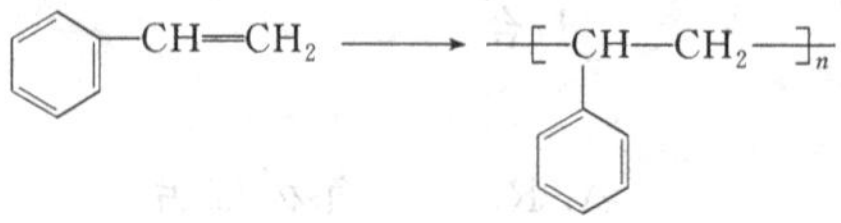

图 1　聚苯乙烯的聚合反应式

所谓交联聚苯乙烯就是在聚苯乙烯制备过程中添加一种交联剂（一般为双烯类化合物），使原来的线形聚苯乙烯发生交联而成为网状聚苯乙烯。常用的交联剂有二乙烯基苯（DVB）、乙二醇二甲基丙烯酸酯（EGDMA）、邻苯二甲酸二烯丙酯（DAP）等，结构式如图 2 所示。

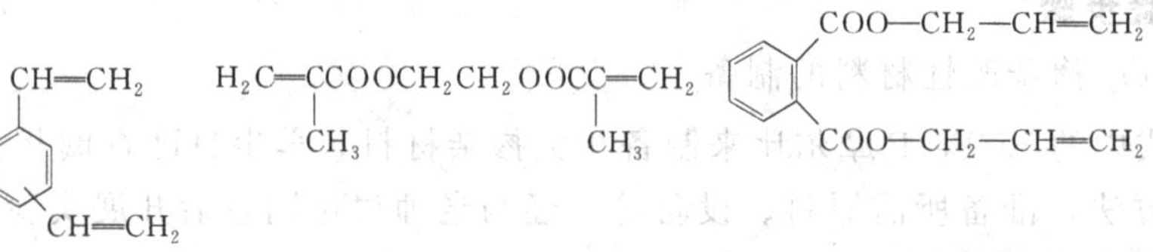

(a)　　(b)　　(c)

图 2　常用交联剂的结构式

(a) 二乙烯基苯（DVB）；(b) 乙二醇二甲基丙烯酸酯（EGDMA）；(c) 邻苯二甲酸二烯丙酯（DAP）

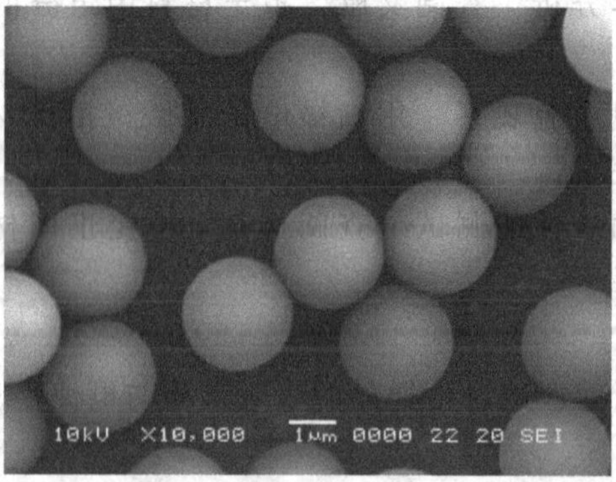

图 3　微米级交联聚苯乙烯微球

合成得到的交联聚苯乙烯可以有多种外观形貌，其中交联聚苯乙烯微球就是一个重要分支（如图 3 所示）。微米级交联聚苯乙烯微球由于其具有空间网络状的结构和微小的体积，在许多方面占有优势。与大颗粒的离子交换树脂相比，微米级交联聚苯乙烯微球具有较高的力学性能，优良的耐溶剂性，方便回收重复利用等优点。交联聚苯乙烯微球经过电镀后还可作为异方向导电膜中的导电粒子，使异方向导电膜可靠性得到提高，简化了生产工艺，特别适合精密间距的集成电路使用，极大地促进了电子设备向轻、薄、小的方向发展。

交联聚苯乙烯微球的制备常用分散聚合法，反应开始前为均相体系，单体、稳定剂和引发剂都溶解在介质中，所生成的聚合物不溶解在介质中，当聚合物链达到临界链长后，便从介质中沉淀出来形成核。接着，多个核互相聚集成稳定的成长微球，并吸附稳定剂于微球表面而使微球稳定。然后，成长微球从连续相吸收单体和引发剂在微球内聚合，最终得到稳定的单分散聚合物微球。在微球的制备过程中，反应原料组成（稳定剂、单体、引发剂、交联剂）和反应条件（反应介质极性、反应温度、搅拌速率）对微球的粒径大小和粒径分布，以及聚合反应速率具有很大影响。一般规则是搅拌速率对微球粒径大小影响较弱，而反应介质极性和单体、引发剂浓度的影响较大；对微球粒径分布而言，反应介质极性和引发剂浓度的影响较小，而单体浓度和稳定剂浓度的影响较大；而聚合速率一般随单体浓度、引发剂浓度和反应温度的升高而升高。另外，交联剂添加方式对微球的粒径大小和粒径分布也具有很大的影响，可分为一次加料法和后滴加法。

三、仪器和试剂

1. 仪器

电动搅拌器	1台	三口烧瓶（250mL）	1只
电子天平	1台	表面皿	2只
超声波清洗器	1台	恒压滴液漏斗	1只
离心试管（5mL）	6只	真空干燥箱	1台
温度计	2支	回流冷凝管	1只
恒温水浴锅	1台	烧杯（100mL）	2只
离心机	1台	克氏蒸馏头	1只

2. 试剂

苯乙烯（St）（减压蒸馏后使用）	A. R.	二乙烯基苯（DVB）	工业级/异构体含量80%
聚乙烯吡咯烷酮（PVP）	A. R.		
偶氮二异丁腈（AIBN）（重结晶后使用）	A. R.	无水乙醇（EtOH）	A. R.

四、实验步骤

1. 微球的制备

① 安装仪器（实验装置如图4所示）。

② 准确称量1.102g PVP于三口烧瓶中，加入EtOH 85mL，蒸馏水15mL，搅拌混匀至澄清溶液。

③ 通氮气30min，加入St 15.88g，AIBN 0.159g，将三口烧瓶转移至水浴中，开动搅拌，升温至70℃，反应2h。

④ 滴加DVB与EtOH的混合溶液，2.5h滴完，继续反应至24h。

⑤ 停止搅拌，将三口烧瓶中的液体倒入烧杯中，超声波震荡30min，转移至离心试管中，离心分离，倾掉上层清液，倒入无水乙醇，搅拌混合均匀，离心，倾掉上层清液，如此重复三次。

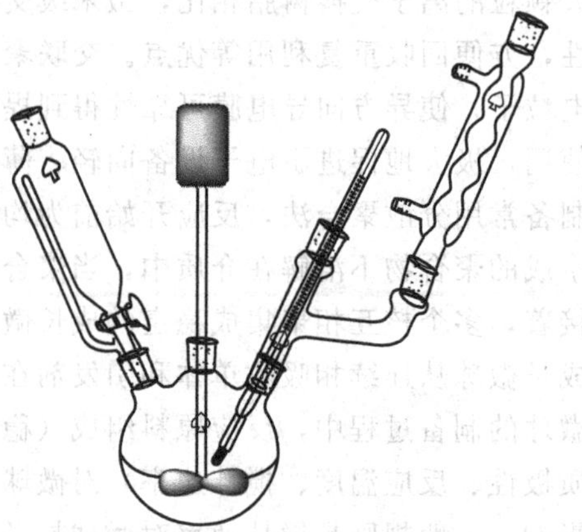

图 4　分散聚合实验装置图（采用交联剂后滴加法）

⑥ 将洗涤好的微球转移至表面皿中，室温下真空干燥至恒重，称量，计算产率。

2. 微球的性能测定

（1）微球的热重分析　测定所制备微球的 TG 和 DTA 图。氮气气氛，温度范围为室温至 150℃，升温速率 5℃/min。

（2）微球的耐溶剂性能分析　取少许微球样品于 6 只烧杯中，分别加入乙醇、THF、DMF、丙酮、环己烷、甲苯等溶剂，在室温下搅拌 48h，观察聚苯乙烯微球的溶解情况。

（3）微球的交联度的测定　准确称取一定质量的微球样品，以甲苯为溶剂，在索氏提取器中抽提 24h，烘干，称量，计算交联度，计算公式如下：

$$CD = m_2/m_1$$

式中，m_1 为经索氏抽提之前样品的质量；m_2 为抽提之后样品的质量。

（4）微球表观形貌的观察　将微球样品均匀地涂覆在样品台上，喷金，利用扫描电镜分析其形貌。

（5）微球粒径和粒径分布的测定　取少量微球样品均匀地分散在乙醇中，超声 10min，利用激光粒度仪分析微球样品的粒径大小和粒径分布。

以上微球性能的测定，根据具体情况可选做其中部分内容，或另行选择其他性能的测定。

五、思考题

1. 试述微球制备过程中影响其粒径和粒径分布的因素。

2. 如果在制备过程中微球之间发生凝结，致使对样品难以进行分析测试，试分析导致这种现象发生的原因有哪些？

六、参考文献

[1] 马光辉，苏志国．高分子微球材料．北京：化学工业出版社，2005.

[2] Lee J，Ha J U，Choe S，et al. Synthesis of Highly Monodisperse Polystyrene Microspheres via Dispersion Polymerization Using an Amphoteric Initiator. J Colloid Interf Sci，2006，298：663.

[3] 张凯，傅强，黄渝鸿，等．聚苯乙烯单分散微球粒径可控性探讨．离子交换与吸附，2006，22：140.

[4] 张洪涛，吕睿，陈敏．分散共聚合制备 PST-AA-EGDMA 功能性单分散微米级交联微球的研究．高等学校化学学报，2004，25：366.

[5] Thomson B，Rudin A，Lajoie G. Dispersion Copolymerization of Styrene and Divinylbenzene Ⅱ：Effent of Crosslinker on Particle Morphology. J Appl Polym Sci，1996，59：2009.

[6] 王娟，梁彤祥，闫迎辉．单分散 St-PEG200DMA 交联共聚微球的合成．化工学报，2005，56：1585.

实验 62　P507 浸渍树脂吸附铟（Ⅲ）的性能

一、实验目的

1. 独立设计浸渍树脂的制备及吸附铟(Ⅲ)的性能实验。

2. 培养和提高综合运用实验技术和解决问题的能力。

二、实验原理

浸渍树脂又称萃取树脂或萃淋树脂，是指将某种选择性很高、萃取能力很强的金属萃取剂包藏在多孔性聚合物骨架上的一种新型树脂。文献中 Levextrel 树脂是指带有选择性萃取剂的大孔型苯乙烯-二乙烯苯系树脂的集团名称（collective time）。

1971 年德国化学家 A. Meyer 首先合成 TBP 萃淋树脂（CL-TBP）。它的外观与一般圆球状的离子交换树脂相同。其中活性部分为萃取剂。其主要应用性能是由共聚物中所含萃取剂的选择性决定的。

浸渍树脂制备方法有以下两种。

① 将载体（如大孔吸附树脂）用萃取剂进行浸渍处理，该方法操作简单，但萃取剂容易脱落。近来国外有人在其表面制备一层膜，像网一样网住萃取剂，又能使功能基暴露在外边而不影响其吸附性能。

② 将萃取剂与苯乙烯、二乙烯苯、致孔剂等混合，并进行成珠聚合。使用浸渍树脂的操作过程，兼具溶剂萃取与离子交换两种单元操作的优点，既提取能力强、可选择型号、无溶剂损失与相分离问题（油水两相难以进行完全的相分离）、且设备简单、操作方便，因此特别适宜那些体积大、浓度低的溶液的选择性分离，提取稀有金属、贵金属。

目前可用来构成浸渍树脂的萃取剂种类很多，有胺类，如三辛胺（TOA）、阿拉明 336（Alanine336）；磷酸酯类，如磷酸三丁酯（TBP）、二（2-乙基己基）磷酸 DEPHA（P204）、三辛基氧磷（TOPO）；羟基喹啉类，如 Kelex 系列；以及羟肟类，如 LIX 系列等。

浸渍树脂在分离方面主要应用于稀土元素、稀贵金属以及某些有机物质。

三、仪器和试剂

1. 仪器

气浴恒温振荡器	分光光度计	超级恒温水浴	水浴恒温振荡槽
酸度计	恒流泵	紫外可见分光光度计	扫描电子显微镜

2. 材料与试剂

萃取剂：2-乙基己基磷酸单-2-乙基己基酯（别名：P507），其结构式如下：

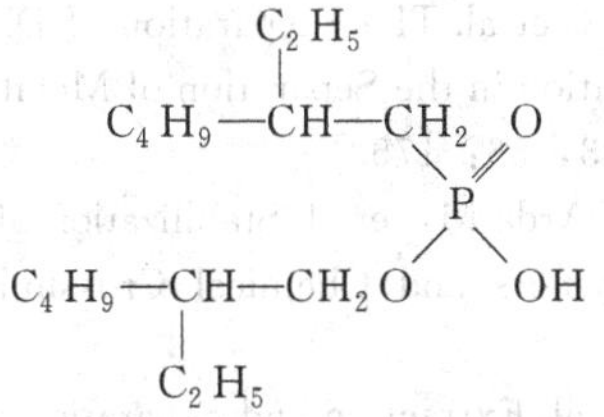

载体：HZ803 大孔吸附树脂（华东理工大学华震公司），其性能见表 1。

表 1　HZ803 大孔吸附树脂的性能

性　能	HZ803	性　能	HZ803
化学结构	苯乙烯、DVB	平均孔径/nm	6
含水率/%	60.5	孔容/(mL/g)	0.97
比表面积/(m^2/g)	575	湿密度	1.10

铟(Ⅲ)、二甲酚橙及其他化学试剂均为分析纯。

四、实验步骤

1. P507 浸渍树脂的制备与表征

学生自己查阅有关资料，拟定合适的制备方法，在实验室由学生自己准备所需试剂、有关设备，经老师同意后进行实验。

首先制备浸渍树脂，然后测定 P507 浸渍树脂中萃取剂 P507 的含量，最后采用红外光谱和电镜扫描等手段对 HZ803 大孔树脂浸渍 P507 前后的状态分别进行红外分析和结构观察。

2. 铟(Ⅲ)含量测定

查阅有关资料，确定分析溶液中铟(Ⅲ)离子的方法。

3. 吸附实验方法及计算

查阅有关资料，确定浸渍树脂批处理法吸附铟(Ⅲ)溶液的方法，按下式计算树脂的吸附容量 q 和分配比 D：

$$q=\frac{(c_0-c)V}{m} \tag{1}$$

$$D=\frac{c_0-c}{c}\times\frac{V}{m} \tag{2}$$

式中，c_0 为溶液中铟(Ⅲ)的起始浓度，g/L；c 为溶液中铟(Ⅲ)的平衡浓度，g/L；V 为溶液的体积，mL；m 为干树脂的质量，g。

4. 吸附实验步骤

查阅有关资料，按实验方法考察下列因素对吸附性能的影响。

① 振荡时间对吸附量的影响，并确定振荡平衡时间。

② 溶液 pH 值对吸附的影响，并确定振荡吸附最佳酸度。

③ 铟(Ⅲ)离子浓度对吸附的影响，并确定其等温吸附模式及吸附难易程度。

④ 温度对吸附性能的影响，并确定其吸附焓变。

五、思考题

1. 试述红外光谱推断浸渍树脂吸附铟(Ⅲ)离子的机理。

2. 试比较浸渍树脂与螯合树脂、离子交换树脂三种树脂吸附金属离子的优势与不足。

六、参考文献

[1] Marinsky J A, Marcus Y. Ion Exchange and Solvent Extraction Volume 13. New York: Marcel Dekker Inc, 1997.

[2] Chen J H, Chen W R, Gau Y Y, et al. The Preparation of Di (2-ethylhexyl) phosphoric Acid Modified Amberlite 200 and Its Application in the Separation of Metal Ions from Sulfuric Acid Solution. Reactive & Functional Polymers, 2003, 56: 175.

[3] Trochimczuka A W, Kabayb N, Arda M, et al. Stabilization of Solvent Impregnated Resins (SIRs) by Coating with Water Soluble Polymers and Chemical Crosslinking. Reactive & Functional Polymers, 2004, 59: 1.

[4] Liu J S, Chen H, Chen X Y, et al. Extraction and Separation of In (Ⅲ), Ga (Ⅲ) and Zn (Ⅱ) from Sulfate Solution Using Extraction Resin. Hydrometallurgy, 2006, 82: 137.

[5] 陈建荣，林建军，钟依均等．N_{503} 萃淋树脂吸萃铟的研究．高等学校化学学报，1996，17 (8)：169.

实验 63 绿色方法制备纳米贵金属颗粒及其结构表征

一、实验目的

1. 了解绿色方法的含义及其在材料合成中的重要性。

2. 独立设计一绿色方法完成纳米贵金属颗粒的制备，培养综合应用实验技术和解决问题的能力。

二、实验原理

纳米材料是 21 世纪材料科学较重要的研究方向之一。近年来各工业发达国家在制定其中长期科技政策时，都把纳米材料的研究列在最重要的研究项目之中，尽力扶持此领域的研究，以便保持未来他们在材料科学方面的领先地位。对于已经取得的研究成果（特别是一些技术秘诀，即所谓的 know-how），他们非常重视在知识产权方面的保护。因此，此领域的研究是颇具挑战性的，也是制约一个国家在 21 世纪科技发展的关键之一。其中的纳米金属颗粒在物理、化学、材料科学、生物医药等各个领域的应用尤为广泛。就目前的研究情况来看，大多数的合成都依赖于有机溶剂及有毒的还原剂如硼氢化钠等，工业化后，将不可避免地对环境产生严重影响。为了减少对环境的污染，人们又根据 12 条基本的绿色化学准则来探索“绿色”方法合成纳米金属颗粒。

在用绿色方法进行纳米金属颗粒制备的时候，应考虑使用环境友好的溶剂、还原剂及稳定剂。壳聚糖、淀粉等天然大分子具有良好的生物相容性，对金属离子具有良好的吸附能力，且本身为还原性糖类，可在吸附金属离子的同时将其还原并使得到的纳米金属颗粒稳定。因此这类天然大分子在纳米金属颗粒的制备过程中，可以起到还原剂和稳定剂的双重作用。制备过程可在水溶液（或酸性水溶液）中进行，从而实现纳米金属颗粒的完全“绿色”制备。

三、仪器和试剂

1. 仪器

烧杯（250mL）	2 个	容量瓶（500mL）	2 个
量筒（10mL）	1 个	容量瓶（1000mL）	1 个
圆底三口烧瓶（250mL）	1 个	冷凝管	1 个
集热式恒温加热磁力搅拌器	1 台	电子天平	1 台

2. 试剂

壳聚糖	C. P.	冰乙酸	C. P.
贵金属盐	A. R.		

四、实验步骤

1. 纳米贵金属颗粒的制备

以壳聚糖为稳定剂和还原剂制备纳米贵金属（如金、银、铂）颗粒，学生自己查阅相关文献，拟定合适的制备方法，写出实验方案，在实验室中准备好所需的实验材料后，经教师同意后开始实验。

2. 纳米贵金属颗粒的表征

(1) 紫外光谱表征　将所得到的产品进行紫外光谱表征，分析谱图。

(2) 外形观察　用透射电镜观察所得产品的外形及尺寸大小。

(3) 结晶观察　用偏光显微镜对产品的结晶进行观察，并与纯壳聚糖的结晶进行对比。

五、思考题

试述在制备过程中影响贵金属纳米颗粒大小的因素。

六、参考文献

[1] Raveendran P, Fu J, Wallen S L. Comletely "Green" Synthesis and Stabilization of Metal Nanoparticls. J Am Chem Soc, 2003, 125: 13940.

[2] Raveendran P, Fu J, Wallen S L. A Simple and "Green" Method for the Synthesis of Au, Ag, and Au-Ag Alloy Nanoparticles. Green Chem, 2006, 8: 34.

[3] Huang H, Yang X. Synthesis of Chitosan-stabilized Gold Nanoparticles in the Absence/presence of Tri-polyphosphate. Biomacromolecules, 2004, 5: 2340.

实验 64　聚苯乙烯-*b*-聚丙烯酸甲酯嵌段共聚物的制备

一、实验目的

1. 掌握原子转移自由基活性聚合的基本原理。

2. 设计通过原子转移自由基活性聚合制备嵌段共聚物的实验方法和产物的提纯及表征方法。

二、实验原理

嵌段共聚物是通过共价键将两种或两种以上不同组成和性质的聚合物连接在一起而形成的聚合物。由于不同嵌段的物理化学性质的差异，由此赋予嵌段共聚物许多特殊的性质和功能，可以作为热塑性弹性体、分散剂、表面活性剂、共混增溶剂等来使用。此外，嵌段共聚物在本体状态和选择性溶剂中可以发生微相分离，自组装形成小到几纳米、大到数微米甚至更大尺寸范围内的微粒，是具有丰富的形态结构的有序材料，其有序微结构的尺寸可以通过分子及材料设计来实现。嵌段共聚物被大量用于纳米材料的制备，如金属/半导体纳米粒子、有机光电纳米材料、纳米结构材料、介孔陶瓷、纳米刻蚀模板、生物医用材料、光子晶体等。

活性阴离子聚合是合成嵌段共聚物的经典方法。但由于阴离子聚合反应条件比较苛刻，对单体要求较高，聚合温度低等从而难以操作。因此近年来又发展了活性/可控自由基聚合技术，可以在更温和、更宽泛的单体选择条件下，合成嵌段共聚物。其中原子转移自由基聚合（atom transfer radical polymerization, ATRP）由于具有反应条件非常温和、适用的单体范围广等优点而备受高分子科学界的重视。

ATRP 反应的原理是以简单的有机卤化物为引发剂，以过渡金属配合物为卤原子的载体，通过氧化-还原反应实现了活性种与休眠种之间的可逆动态平衡，并有效地抑制了双基终止反应，通过选择合适的聚合体系（引发剂/过渡金属卤化物/配位剂/单体），可以使引发反应速率大于或至少等于链增长速率；同时，活化-失活可逆平衡的交换速率远大于链增长速率。这样保证了所有增长链同时进行引发，并且同时进行增长，也实现了可控的自由基活性聚合。如果在聚合物末端引入卤原子，则可作为 ATRP 聚合引发剂的组分，进一步引发其他单体聚合物形成嵌段共聚物。

利用原子转移自由基聚合方法可对分子结构进行精确的设计，从而制备分子量可控及分子量分布较窄 AB 型、ABA 型、ABC 型等各种嵌段共聚物（其中 A 和 B 分别代表不同的嵌段）。通过 ATRP 技术制备嵌段聚合物主要有两种方法：第一种方法是用含有末端功能基（多为卤原子）的大分子预聚体作为引发剂引发第二单体进行聚合，即先合成第一链段，经分离、纯化、表征后作为大分子引发剂，引发第二单体聚合。如果大分子预聚体只含有一个末端功能端基，则可以合成 AB 型二嵌段共聚物。如果大分子预聚体的两个末端都含有功能端基，则可以合成 ABA 型三嵌段共聚物。合成嵌段共聚物的第二种方法是顺序加料法，即在第一种单体 ATRP 反应完全后，在反应体系中加入第二种单体至反应完毕。

本实验以 1-氯苯基乙烷/CuCl/α，α'-联吡啶为引发催化体系首先进行苯乙烯的 ATRP 反应，然后将制得的均聚物 PS 作为大分子引发剂，继续引发第二单体丙烯酸甲酯进行聚合，制备分子量可控的聚苯乙烯-*b*-聚丙烯酸甲酯嵌段共聚物（PS_{20000}-*b*-PMA_{10000}）（下标表示聚合物的数均分子量）。

三、仪器和试剂

1. 仪器

反应管（25mL）	2 支	布氏漏斗	1 只
酒精喷灯	1 只	氮气钢瓶	1 只
恒温油浴	1 套	电子天平	1 套
真空抽滤装置	1 套	真空干燥器	1 套

2. 试剂

1-氯苯基乙烷（1-PECl）	A. R.	α，α'-联吡啶（BPY）	A. R.
苯乙烯（St）	A. R.	丙烯酸甲酯（MA）	A. R.

四、实验步骤

1. 大分子引剂 PS 的制备

以苯乙烯为单体原料，1-氯苯基乙烷为引发剂，以 CuCl/联吡啶（BPY）配合物为催化剂，通过原子转移自由基聚合制备分子量为 20000 的聚苯乙烯。学生自己查阅有关资料，拟定合适的制备路线，计算所需试剂的用量及准备所需仪器。

2. 嵌段共聚物（聚苯乙烯-聚丙烯酸甲酯）的 ATRP 合成

将合成的聚合物 PS 作为大分子引发剂，进一步引发第二单体丙烯酸甲酯制备第二嵌段分子量为 10000 的共聚物 PS-*b*-PMA。查阅有关资料，拟定合适的制备路线，反应温度、所需试剂及所需仪器。

3. 聚合物结构及分子量的表征

通过^{1}H NMR 确定产物的结构，确定共聚物中各个峰的归属，并计算合成的共聚物中两嵌段的比例。

通过凝胶渗透色谱仪（GPC）测定均聚物及共聚物的分子量和分子量分布，比较实测分子量与理论分子量的差距。

五、思考题

1. 根据原子转移自由基聚合的原理，说明在哪些条件下才能实现“可控活性聚合”。

2. 查阅资料回答除了 ATRP 方法之外还有哪些合成嵌段共聚物的方法？

六、参考文献

[1] Miller P J，Matyjaszewski K. Atom Transfer Radical Polymerization of (Meth) acrylates from Poly (dimethylsiloxane) Macroinitiators，Macronolecules，1999，32：8760.

[2] Rademacher J T，Baum R，Pallack M E. et al. Atom Transfer Radical Polymerization of *N*，*N*-Dimeth-

ylacrylamide, Macromolecules, 2000, 33, 284.

[3] Li G, Shi L, An Y, et al. Double-responsive Core-shell-corona Micelles from Self-assembly of Diblock Copolymer of Poly (t-butyl Acrylate-co-acrylic Acid)-*b*-Poly (*N*-Isopropylacrylamide), Polymer, 2006, 47: 4581.

[4] Li G, Shi L, Ma R, et al. Formation of Complex Micelles with Double-Responsive Channels from Self-Assembly of Two Diblock Copolymers. Angew Chem Int Ed. 2006, 45: 4959.

实验 65 聚苯乙烯负载聚乙二醇 200 硫杂开链冠醚的合成

一、实验目的

1. 通过该树脂的合成，掌握多步反应合成技术。

2. 了解相转移催化剂在合成中的应用。

3. 独立设计合成产物的表征方法，培养和提高解决问题的综合能力。

二、实验原理

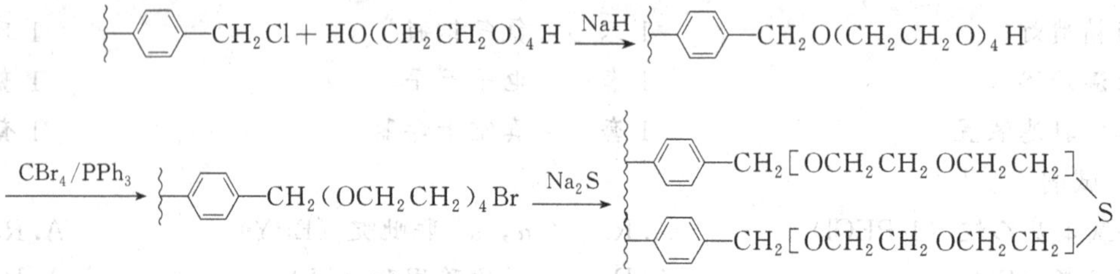

三、仪器和试剂

1. 仪器

三口烧瓶 250mL，电动搅拌器，冷凝管，干燥管，恒温水浴，索氏提取器，氮气瓶，真空干燥器，Nicolet MAGNA-IR 550（SebesⅡ）红外光谱仪，Quest Level 2 型 X 射线能谱仪，JSM-5610LV 型高低真空扫描电子显微镜。

2. 试剂

氯甲基化聚苯乙烯（氯球，交联度 40%），聚乙二醇 200，氢化钠，硫化钠，苯，四溴甲烷、三苯基膦，甲苯，甲醇，乙醇，二草烷。

四、实验步骤

1. 氯球的处理

取 30g 氯球在甲苯中溶胀 0.5h，转移至漏斗中，依次用甲苯、乙醇、丙酮淋洗至无颜色，置于真空干燥器中，干燥 48h 备用。

2. 聚苯乙烯负载聚乙二醇的制备

将 22g 聚乙二醇，150mL 无水二草烷，2.53g 氢化钠和 4g 氯球，置于装有搅拌器、回流冷凝管、干燥管的反应器中，在通氮气与回流温度下，电动搅拌 30h。冷却至室温，加入少量甲醇分解未反应的氢化钠，过滤，用水、甲醇、二草烷依次洗涤，直至滤液无氯离子为止。产品在 50℃真空下干燥 48h。

3. 聚苯乙烯负载聚乙二醇的溴取代

取聚苯乙烯负载 4g 聚乙二醇 200，在 20mL 甲苯中溶胀 20min，加入 6.64g 四溴甲烷，5.24g 三苯基膦（事先用 10mL 甲苯溶解），然后放入振荡器中于 25℃振荡、避光反应 48h（黑布包裹），产品过滤，用乙醇在索氏提取器中提取 48h，然后放入真空干燥器中干燥 48h，产品备用。

4. 聚苯乙烯负载聚乙二醇溴代的硫取代

取溴代聚苯乙烯负载聚乙二醇样品 4g，在 20mL 甲苯中溶胀 0.5h，加入 3.9g 硫化钠、0.205g 四丁基溴化铵，在 60℃水浴中加热搅拌反应 48h，取出后用乙醇索氏提取 48h，然后在真空干燥器中干燥 48h，产品备用。

5. 产品结构分析

对原料、中间产品及最终产物进行红外光谱分析；对最终产品成分进行定性和定量分析；对原料和最终产品进行表面观察。

五、实验结果和处理

① 聚苯乙烯负载聚乙二醇的红外表征：观察 C—Cl 峰减弱或消失和—OH 峰的出现。

② 聚苯乙烯负载聚乙二醇溴代物的红外：红外光谱观察—OH 峰减弱或消失和 C—Br 键峰的出现。

③ 聚苯乙烯负载聚乙二醇硫取代物的能谱表征：能谱观察各成分的含量。

④ 扫描电镜表征：观察所制得树脂是否是大孔树脂，经过一系列实验后孔隙是否被破坏。

六、思考题

1. 在合成实验中通氮气的目的是什么？

2. 写出你对相转移催化剂的认识。

七、参考文献

[1] 林汉枝，钟振声，马自觉．聚苯乙烯支载聚乙二醇二苯并 18-冠-6 的合成及催化性能研究．有机化学，1999，(19)：431.

[2] 刘启溶．带溴端的聚氧化乙烯与聚乙烯亚胺的交联反应及阳离子型高吸水树脂．高等学校化学学报，1992，(4)：558.

实验 66 多晶 X 射线衍射方法测定聚合物晶体结构

一、实验目的

1. 了解 X 射线衍射仪的简单结构及使用方法。

2. 初步掌握 X 射线分析的基本原理。

3. 学会 X 射线衍射实验结果的数据处理和物相分析。

二、实验原理

X 射线和可见光相同，是一种电磁波，显示波粒二象性，但波长较可见光更短一些。X 射线的波长范围为 0.001～10nm。但在高聚物的 X 射线衍射方法中所使用的 X 射线波长一般在 0.05～0.25nm（最常用的是 $CuK_\alpha=0.1542$nm），因为这个波长与高聚物微晶单胞尺寸 0.2～2nm 大致相同。

当一束单色 X 射线入射到晶体时，由于晶体是由原子有规律排列成的晶胞所组成，而这些有规律排列的原子间的距离与入射的 X 射线波长具有相同数量级。故由不同原子衍射的 X 射线相互干涉叠加，可在某些特殊的方向上，产生强的 X 射线衍射。衍射方向与晶胞的形状及大小有关。衍射强度则与原子在晶胞中的排列方式有关。衍射线空间方位与晶体结构的关系可用布拉格方程表示：

$$2d\sin\theta=n\lambda$$

式中，d 为晶面间距；n 为整数，称为衍射级数；θ 为衍射半角；λ 为 X 射线波长。

目前，衍射仪法是多晶 X 射线衍射中最常用、最简单的一种方法。衍射仪由 X 射线发生器、X 射线测角仪、辐射探测器和辐射探测电路 4 个基本部分组成，是以特征 X 射线照射多晶体样品，并以辐射探测器记录衍射信息的衍射实验装置。现代 X 射线衍射仪还配有控制操作和运行软件的计算机系统。

X 射线衍射仪的成像原理与聚集法相同，但记录方式及相应获得的衍射花样不同。衍射仪采用具有一定发散度的入射线，也用“同一圆周上的同弧圆周角相等”的原理聚焦，不同的是其聚焦圆半径随 2θ 的变化而变化。

衍射仪法以其方便、快捷、准确和可以自动进行数据处理等特点在许多领域中取代了照相法，现在已成为晶体结构分析等工作的主要方法。

晶体的 X 射线衍射图像实质上是晶体微观结构的一种精细复杂的变换，每种晶体的结构与其 X 射线衍射图之间都有着一一对应的关系，其特征 X 射线衍射图谱不会因为其他物质混聚在一起而产生变化，这就是 X 射线衍射物相分析方法的依据。制备各种标准单相物质的衍射花样并使之规范化，将待分析物质的衍射花样与之对照，从而确定物质的组成相，就成为物相定性分析的基本方法。鉴定出各个相后，根据各相花样的强度正比于该组分存在的量（需要做吸收校正者除外），就可对各种组分进行定量分析。目前常用衍射仪法得到衍射图谱，用粉末衍射标准联合会（JCPDS）编写的《粉末衍射卡片（PDF 卡片）》进行物相分析。

目前，物相分析存在的问题主要有：①待测物图样中的最强线条可能并非某单一相的最强线，而是两个或两个以上相的某些次强或三强线叠加的结果。这时若以该线作为某相的最强线将找不到任何对应的卡片。②在众多卡片中找出满足条件的卡片，十分复杂而烦琐。虽然可以利用计算机辅助检索，但仍难以令人满意。③定量分析过程中，配制试样、绘制定标曲线或者 K 值测定及计算，都是复杂而艰巨的工作。为此，有人提出了可能的解决办法，认为从相反的角度出发，可根据标准数据（PDF 卡片）利用计算机对定性分析的初步结果进行多相拟合显示，绘出衍射角与衍射强度的模拟衍射曲线。通过调整每一物相所占的比例，与衍射仪扫描所得的衍射图谱相比较，就可以更准确地得到定性和定量分析的结果，从而免去了一些定性分析和整个定量分析的实验和计算过程。

此外，X 射线衍射法可以测定结晶聚合物的晶胞参数、取向度、结晶度、晶粒尺寸和点阵畸变等。

三、实验仪器

D/max2500PC 转靶粉末衍射仪（日本理学，Cu 靶，18kW）。

四、实验步骤

① 依次开启总电源、循环水电源、主机电源，按“pump”连续抽真空 12h 以上。

② 开启电脑，右下角任务栏出现第一个蓝色图标之后，开始程序操作（双击 Rigaku 文件夹）。

a. 双击 Measurement server，在右下角出现第二个小图标，当其颜色从红色变为蓝色时，进行下步操作。

b. 双击 XG operation，出现控制面板（XG control）。从左到右点击，先点击 power on，再使仪器老化一段时间。

③ 创建数据保存的路径：在 standard measurement 对话框中 file name 单击 Browse，在 D：/创建自己的文件夹。

④ 设定扫描条件：包括起始角度（start angle），终止角度（stop angle），步长（sampling W），扫描速度（scan speed），以及电压，电流。

⑤ 按“Door”按钮，听到提示音，轻开门，放置样品；在 standard measurement 对话框点击黄色图标，即开始扫描。

⑥ 数据处理。

a. 用 JADE 软件原始数据处理；

b. 转换“*.txt”格式。

⑦ 测试结束后，首先点击“Set”泄掉高压，保持通循环水 40min 以上，依次关闭主机电源、水、总电源。

五、注意事项

1. 测角仪为 0°时，千万不能开光闸，因 X 射线直接射入光电倍增管易造成损坏；仪器使用角度一般在五度以上，若必须低于五度时要征得管理人员许可。

2. 电流的选择。夏季选择最好不超过 40kV、200mA。否则仪器会因散热问题而报警。

3. 扫描的终止角度禁止超过 140°。

六、思考题

1. 与低分子晶体进行比较高分子晶体有哪些特点？

2. 用 Co、Cu、Fe、Mo 等靶对聚合物材料进行结构分析，为获得单色辐射，选用何种材料滤波？为什么？

3. X 射线与普通光相比有什么特点？这些特点将带来什么重要作用和用途？

4. 简述用粉末法（或多晶法）测定一个聚合物晶体结构的步骤。

七、参考文献

[1] 殷敬华，莫志深．现代高分子物理学．北京：科学出版社，2003.

[2] 周公度．晶体结构测定．北京：科学出版社，1981.

[3] 冯开才等．高分子物理实验．北京：化学工业出版社，2004.

[4] 蒙延峰等．聚己内酯在聚己内酯/聚乙烯基甲基醚共混体系中的结晶研究．高分子学报，2007，(2)：198.

实验 67　微凝胶的制备、表征及其对金属离子的吸附

一、实验目的

1. 了解凝胶、微凝胶的概念及区别。

2. 通过制备温敏性聚 *N*-异丙基丙烯酰胺微凝胶了解微凝胶的合成方法及应用。

二、实验原理

凝胶根据尺寸大小可分为宏观凝胶和微观凝胶（微球），根据对外界环境刺激的响应则可分为化学信号刺激（如 pH 值、化学或生物物质等）响应性凝胶和物理信号刺激（如温度、光、电、磁等）响应性凝胶。

微凝胶是一种分子内高度交联的聚合物胶体粒子，其内部结构为典型的网络结构。通常制备的微凝胶都是以胶态形式溶胀于一定溶剂中高度分散的体系。目前，对于微凝胶的尺寸

尚没有统一的定义，一般认为，凡是粒径在 50nm～5μm 之间的凝胶粒子都可称为微凝胶。微凝胶的研究和应用得到了快速发展，近年来，具有良好生物相容性且对多种外界刺激同时产生敏感的凝胶成为研究的热点，这其中，研究得较集中的属温敏性微凝胶，而温敏性微凝胶中人们更为关注的是以 *N*-异丙基丙烯酰胺为基本单体的一类微凝胶。以 NIPAM 为基本单体的微凝胶之所以研究得最多，有两方面原因：一方面，单体 NIPAM 具有良好的双亲性；另一方面，聚 *N*-异丙基丙烯酰胺（PNIPAM）无论是以何种结构形式存在，都具有良好的温度响应性。

本设计实验的主要内容是制备温敏性聚 *N*-异丙基丙烯酰胺微凝胶（装置如图 1 所示）并考察其对汞离子的吸附。查阅有关文献和资料确定微凝胶的制备方法，观察温敏性微凝胶在不同温度下会发生哪些变化及在不同温度下对汞离子的吸附效率和吸附容量有何不同。

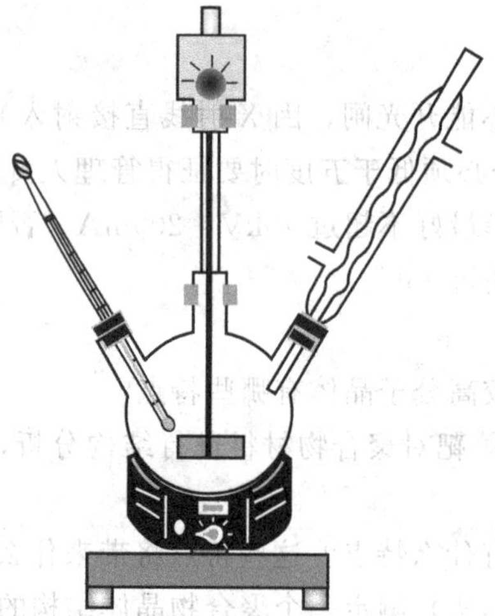

图 1　聚合装置图

三、仪器和试剂

1. 仪器

三口烧瓶	1 个	烧杯	2 个
磨口冷凝管	1 支	磁力加热搅拌器	1 套
温度计	1 支	精密电动搅拌器	1 套
恒温水浴	1 套	循环水式真空泵	1 套
电子天平	1 支	干燥箱	1 台
移液管	1 支		

2. 试剂

N-异丙基丙烯酰胺	A. R.	*N*,*N*-亚甲基双丙烯酰胺	A. R.
N-乙烯基吡咯烷酮	A. R.	过硫酸钾	A. R.
氯化汞	A. R.		

四、实验内容

① 聚 *N*-异丙基丙烯酰胺微凝胶的制备：学生自己查阅有关资料，拟定合适的制备方法，在实验室由学生自己制备温敏性微凝胶样品。

② 查阅有关温敏性凝胶或微凝胶溶胀率的测试分析方法，对所合成的样品进行分析。

③ 查阅有关凝胶或微凝胶在离子吸附方面的应用，考察样品的吸附能力。

④ 查阅有关温敏聚合物的相关性质，对所合成的样品进行温敏性能分析。

⑤ 分析样品在离子吸附应用方面的效果，结合文献资料对比微凝胶和传统凝胶的区别，对本实验自己制备的温敏性聚 *N*-异丙基丙烯酰胺微凝胶进行综合评价。

五、思考题

1. 分析微凝胶和传统凝胶在吸附性能方面的差异。

2. 温敏微凝胶在外界温度高于或低于聚 *N*-异丙基丙烯酰胺链段的相分离温度（或称浊点）时，其吸附性能有何变化？为什么？

六、参考文献

[1] Saunders B R，Vincent B. Microgel particles as model colloids：theory，properties and applications. Advances in Colloid and Interface Science，1999，80：1.

[2] 马晓梅，唐小真．体积相转变温度可调的温敏性 *N*-异丙基丙烯酰胺共聚物微凝胶的制备与性能研究．高分子学报，2006，7：897.

实验 68 小粒径油溶性金纳米粒子复合物的制备及催化应用

一、实验目的

1. 通过小粒径油溶性金的制备，掌握油溶性金纳米粒子的制备原理和方法。

2. 通过对金纳米粒子的表征，了解纳米材料表征的常用方法。

3. 通过对金催化性能的测试，了解催化剂性能的评价方法。

二、实验原理

纳米金颗粒是指尺寸在 1～100nm 范围内的金粒子。制备方法主要采用柠檬酸钠、硼氢化钠等还原剂，还原氯金酸。制备过程中通过控制反应条件、试剂用量，可得到单分散性很好的金颗粒。所制备的金纳米粒子的粒径大小，不仅与制备方法有关，还与使用的还原剂的用量、反应条件等关系密切。通常，使用硼氢化钠制备出的金粒子的粒径小于柠檬酸钠还原的金，本实验将选用硼氢化钠还原氯金酸的方法，制备粒径在 20nm 以内的小粒径金纳米粒子。

纳米金颗粒具有两点比较重要的性质：①纳米金颗粒随直径的变化会呈现出不同的颜色；②与—SH、—NH_2、—CH 等基团有很强的亲和力。这些性质使金颗粒有了特殊的生物化学及医学方面的应用。金颗粒与烷基修饰的寡核苷酸通过共价键相连，组成纳米生物探针，可用于 DNA 序列的检测；金颗粒还可以与蛋白质相连，如与特定抗体相连，检测其相应的抗原等作用。使用金颗粒作为探针进行 DNA 或蛋白质检测，不仅操作简单、现象明显而且准确度、灵敏度高。

通常用上述还原的方法制备的金纳米粒子是水溶性的，为了扩展金粒子的应用领域，可以选用各种有机分子对金纳米粒子表面进行修饰，作为相转移剂和稳定剂，使金纳米粒子均匀地分散在极性较低的环境体系中，从而实现金粒子在有机体系中的各种应用。本实验将选用两亲性的超分子自组装体作为金的相转移剂和稳定剂，将小粒径的金转移到三氯甲烷相中，从而制备油溶性的金纳米粒子。

一直以来，关于金属纳米粒子在催化应用方面的研究都得到了广泛的关注。这是因为与其他较大的粒子或材料催化剂相比，金属纳米粒子具有更强的催化活性。已知纳米粒子的催化活性主要依赖于原子表面的有效活性，其活性通常与球状表面积、表面结构、表面外缘有关。因此，纳米粒子的粒径越小，其表面积/体积的比值越大，催化效果越好。所以目前在制备催化剂时普遍都尽量制备小的，甚至纳米级粒径的颗粒以改进催化活性效果。虽然小粒径的纳米颗粒具有高的表面能，使其表面原子催化活性更强，但是，这同时也会容易导致纳米粒子的聚集，在催化反应时，这种聚集会导致原子的催化活性表面积减小，从而使催化剂活性减小甚至完全丧失。这个问题在一定程度上制约了昂贵的金属纳米粒子在催化方面的工业应用。

4-对氨基苯酚作为重要的工业原料，已经在许多领域被广泛应用。例如，它是许多止痛剂和退烧药的重要药物中间体。对氨基酚通常是以金属纳米粒子作催化剂，通过硼氢化钠还原 4-硝基苯酚而制得的。通常，用此反应可检验金属纳米粒子的催化活性。在还原对硝基酚时，为了准确判定金属纳米粒子的催化活性，最常用的方法是在一定量的金属纳米颗粒的催化下，确定在一次还原反应中所需的反应时间、还原速率和速率常数。

影响金属纳米粒子的催化性质的因素主要分为两种。一种是金属纳米粒子本身，比如金属纳米粒子的种类、形状以及其作为催化剂的应用；另一种是包裹并稳定金属纳米粒子的材料在催化活性上的影响。采用两亲性的超支化结构复合物作为负载材料，来稳定有机溶剂中的金属纳米粒子（AuNPs）。其中选用亲水性的超支化聚乙烯亚胺来负载金粒子，用疏水长碳链将含金的负载物稳定在有机溶剂中，并且由于其内部的官能团的特点，这些具有核壳结构的复合物可以负载粒径更小的金属纳米粒子。可以运用紫外可见光谱（UV-vis）、红外光谱（IR）、X 射线衍射（XRD）和透射电镜（TEM）对金纳米粒子进行了相关表征和分析。

三、仪器和试剂

1. 仪器

电子分析天平	1 个	玻璃棒	1 个
三口烧瓶(100mL)	1 个	烧杯(100mL)	1 个
机械搅拌器	1 个	烧杯(50mL)	1 个
电热鼓风干燥箱	1 个	量筒(50mL)	1 个
恒温水浴	1 个	移液管(10mL)	1 个

2. 试剂

超支化聚乙烯亚胺(10K)	A. R.	对硝基苯酚	A. R.
棕榈酸	A. R.	硼氢化钠	A. R.
氯仿	A. R.	二次蒸馏水	
氯金酸($HAuCl_4 \cdot 4H_2O$)	A. R.		

四、实验步骤

① 查阅有关制备超分子自组装复合物的文献和资料，进行文献总结，在此基础上制订实验方案。制备一定比例的超支化聚乙烯亚胺和十六酸的超分子复合物。运用傅里叶变换红外光谱仪、核磁共振仪以及 Zeta 电位粒度仪对所制备的复合物进行表征，以确定自组装复合物制备成功，并分析其粒径大小及分布情况。

② 查阅有关制备小粒径油溶性金纳米粒子的文献和资料，进行文献总结，在此基础上制订实验方案。制备稳定存在于氯仿中的 10nm 以内的金纳米粒子。运用场发射透射电子显微镜表征所制备的金粒子的粒径大小及分布情况。

③ 将制备的油溶性金纳米粒子作为催化剂，应用于硼氢化钠还原对硝基酚的反应中，以检验其催化活性。

五、实验结果和处理

1. 超分子自组装复合物的制备记录

项目	复合前		复合物
	HPEI	棕榈酸	
红外特征峰			
核磁特征峰			
粒径大小/nm			

2. 油溶性小粒径金纳米粒子的制备、表征记录

项目		实验1	实验2
制备记录	复合物的物质的量/mmol		
	复合物溶液的体积/mL		
	$HAuCl_4\cdot 4H_2O$的质量/mg		
	硼氢化钠的质量/mg		
表征记录	透射电镜测得的金粒径/nm		

3. 催化活性测试结果

项目	实验1	实验2
含金的溶液体积/mL		
AuNPs的物质的量/mmol		
对硝基酚溶液的浓度/(mol/L)		
对硝基酚溶液的体积/mL		
硼氢化钠的质量/mg		
催化反应时间/s		

六、思考题

1. 对比油溶性金纳米粒子和水溶性金纳米粒子制备方法的不同。

2. 可以用于稳定油溶性金纳米粒子的负载体还有哪些？举例说明。

七、参考文献

[1] Kumar K R, Brooks D E. Comparison of hyperbranched and linear polyglycidol unimolecular reverse micelles as nanoreactors and nanocapsules. Macromolecular Rapid Communications, 2005, 26: 155.

[2] Stiriba S E, Kautz H, Frey H. Hyperbranched molecular nanocapsules: Comparison of the hyperbranched architecture with the perfect linear analogue. Journal of the American Chemical Society, 2002, 124: 9698.

[3] Vajda S, Pellin M J, Greeley J P, et al. Subnanometre platinum clusters as highly active and selective catalysts for the oxidative dehydrogen. Nature Materials, 2009, 8: 213.

[4] Liu Y, Fan Y, Yuan Y, et al. Amphiphilic hyperbranched copolymers bearing a hyperbranched core and a dendritic shell as novel stabilizers rendering gold nanoparticles unprecedentedly long lifetime in the catalytic reduction of 4-nitrophenol. Journal of Materials Chemistry, 2012, 22: 21173.

[5] Mei Y, Sharma G, Lu Y, et al. High Catalytic Activity of Platinum Nanoparticles Immobilized on Spherical Polyelectrolyte Brushes. Langmuir, 2005, 21: 12229.

实验69 介孔二氧化硅分子筛SBA-15的制备

一、实验目的

1. 了解介孔分子筛的制备原理和制备方法。

2. 独立设计并完成介孔二氧化硅分子筛 SBA-15 的制备和表征，培养和提高解决问题的能力。

二、实验原理

介孔分子筛是以表面活性剂形成的超分子液晶结构为模板，利用溶胶-凝胶、乳化或微乳化等物理化学过程，通过有机物和无机物之间的界面作用组装和协同化学反应生成的一类孔径在 1.3～30nm 之间、孔径分布窄且具有规则孔通道结构的多孔材料。1992 年美国 Mobil 公司使用烷基季铵盐型阳离子表面活性剂为模板成功地合成了 M41S 型硅基介孔分子筛，孔径可在 1.5～10nm 之间进行调节，其单一的孔尺寸分布、高的比表面积（$1000m^2/g$）和孔隙率引起了广泛关注。由于它的孔尺寸在很大范围内可以调节，在实际应用中起着微孔材料不能替代的作用，在大分子催化、生物分子的分离、分子器件等领域有着重要的应用前景。

典型的介孔分子筛合成体系主要由材料前驱体、模板剂、酸或碱催化剂及溶剂组成。以目前广为研究的介孔二氧化硅分子筛为例，常用硅酸盐或正硅酸乙酯作前驱体，表面活性剂作模板剂，其合成过程涉及众多的物理化学过程，如前驱体的水解-缩聚过程和溶胶-凝胶过程、模板分子从胶束到液晶的自组装过程等。硅源和模板分子间的界面组装作用力有静电作用、氢键、范德华力、配位键等。常用的表面活性剂模板随组成和浓度的不同，在溶液中能够自组装形成球形胶束、棒状胶束、六方密堆积液晶相、三维的面心立方相和双连续立方相以及二维的层状结构等丰富多样的液晶结构，这种液晶相组装行为为设计不同类型的介孔分子筛提供了理论依据。人们可以利用硅源与模板分子之间的相互作用，使两者通过组装形成液晶结构复合物，高温烧结或溶剂抽提除掉复合物中的模板剂后得多孔骨架，即有序介孔分子筛。其形成机理目前主要有两种观点，如图 1 所示。

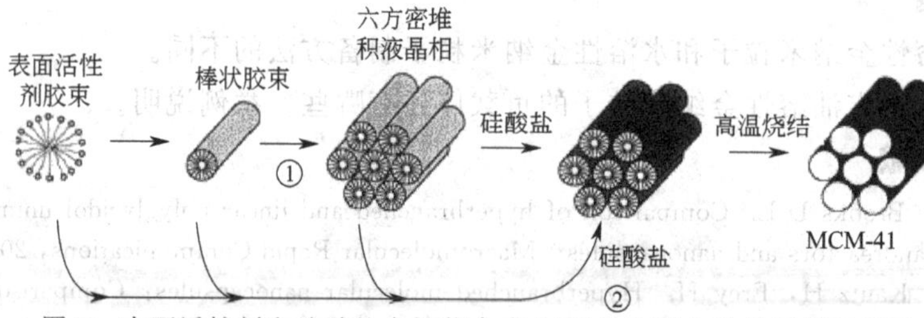

图 1　表面活性剂和硅酸盐自组装合成 MCM-41 型介孔分子筛示意图

①　液晶模板机理（LCT）；②　协同作用机理（CFM）

第一种观点为液晶模板机理（liquid-crystal templating mechanism，简称 LCT 机理），该机理认为表面活性剂首先在溶液中聚集形成液晶相，然后硅源以其为模板附着于表面，再经过缩聚过程形成无机网络。这一机理只有在表面活性剂浓度较大时才可能成立，对于表面活性剂浓度不足以形成液晶相，却仍可以生成介孔分子筛的现象，该机理无法解释。这促使人们进一步思索表面活性剂与硅源之间的相互作用及其有序化过程，于是提出了第二种观点，即协同作用机理（cooperative formation mechanism，简称 CFM 机理）。CFM 机理认为液晶结构的中间相是胶束和硅源共同作用的结果。这种相互作用表现为胶束加速硅源的缩聚过程，而硅源的缩聚反应对胶束形成液晶相结构有促进作用。胶束加速硅源的缩聚过程主要由于两相界面之间的相互作用（如静电吸引力、氢键作用或配位键等）导致硅源在界面的浓缩而产生。在两者的共同作用下，尽管表面活性剂浓度较低，仍然能与硅源共同组装成液晶结构。在众多介孔二氧化硅分子筛中，SBA-15是较受关注的品种之一，最早由Stuky等用PEO-PPO-PEO型三嵌段共聚物作模板，在酸性条件下合成。SBA-15介孔二氧化硅分子筛的显著优势是孔壁较厚，具有较高的水热稳定性，因而在催化、分离等领域具有广泛的应用前景。本设计实验的主要内容是查阅相关文献，制备SBA-15介孔二氧化硅分子筛，并通过X射线衍射、比表面积和孔隙率分析和透射电子显微镜表征其结构。

三、仪器和试剂

1. 仪器

单口烧瓶	1个	电子天平	1台
烧杯	2个	磁力加热搅拌器	1套
布氏漏斗	1个	循环水式真空泵	1套
抽滤瓶	1个	干燥箱	1台
反应釜	1个	马弗炉	1台
超级恒温水浴	1套		

2. 试剂

三嵌段共聚物表面活性剂 Pluronic-P123($EO_{20}PO_{70}EO_{20}$)	A. R.	正硅酸乙酯	A. R.
盐酸	A. R.	蒸馏水	

四、实验内容

1. 介孔二氧化硅分子筛SBA-15的制备：学生自己查阅有关资料，拟定合适的制备方法，在实验室由学生自己制备介孔二氧化硅分子筛SBA-15。

2. 查阅有关X射线衍射分析的实验操作方法，对所合成的样品进行分析。

3. 查阅有关比表面积和孔隙率测试的实验操作方法，对所合成的样品进行分析。

4. 查阅有关透射电子显微镜的实验操作方法，对所合成的样品进行分析。

五、思考题

1. 介孔分子筛有哪些特点？

2. 介孔分子筛的合成原理是什么？

3. 常用来表征介孔分子筛结构的分析手段有哪些？

六、参考文献

[1] Kresge C T, Leonowicz M E, Roth W J, et al. Ordered mesoporous molecular sieves synthesized by a liquid crystal template mechanism. Nature, 1992, 359: 710.

[2] 陈逢喜，黄茜丹，李全芝．中孔分子筛研究进展．科学通报，1999，44：1905.

[3] Zhao D, Huo Q, Feng J, et al. Nonionic triblock and star diblock copolymer and oligomeric surfactant syntheses of highly ordered, hydrothermally stable, mesoporous silica structures. J. Am. Chem. Soc., 1998, 120: 6024.

[4] Zhao D, Feng J, Huo Q, et al. Triblock copolymer syntheses of mesoporous silica with periodic 50 to 300 angstrom pores. Science, 1998, 279: 548.

实验70 金纳米棒的制备及催化性能研究

一、实验目的

1. 掌握金纳米棒的一些制备方法及纳米材料的一些表征手段。

2. 了解催化剂性能评价的一些方法。

3. 培养学生独立学习、独立设计、独立完成实验的能力，提高学生的自主创新能力和综合实验能力。

二、实验原理

金纳米棒具有各向异性，具有两种表面等离子共振模式，并且纳米棒的纵向等离子谱带与其长径比密切相关，导致金纳米棒具有很多潜在的应用。例如金纳米棒可作为光散射或双光子吸收的生色团用于血管和肿瘤细胞的生物成像；在生物传感器方面可应用于药物输送，癌症的光热治疗等。金纳米棒的制备方法很多，目前主要有电化学合成法，光化学方法、晶种法、模板法等。

由于金纳米材料具有很高的表面/体积原子比和表面能，因此他们表面的原子非常活泼，故对各种类型的反应均具有很高的催化活性。作为催化剂使用的纳米粒子通常固定于基底上或分散于表面活性剂体系中，除纳米粒子的尺寸及形貌外，基底和表面活性剂的性质以及纳米粒子表面修饰的功能基因也会影响其催化活性。金与各种功能基团的作用力较强，这有利于金纳米粒子的稳定，但同时也降低了其催化活性。因此合适的保护剂也是制备高质量金催化剂的一个关键因素。

对氨基苯酚是有机合成、医药、染料等领域的一种很重要的中间体，在医药生产中大量使用，如扑热息痛和安妥明等，还可用于偶氮染料和硫化染料的合成。对氨基苯酚通常是由对硝基苯酚催化加氢得到的，文献报道显示，各向异性的金纳米粒子对这个反应具有很高的催化活性。因此，可以利用对硝基苯酚的催化还原实验测试金纳米棒的催化活性。

三、仪器和试剂

1. 仪器

容量瓶(50mL)	1 只	透射电子显微镜	1 台
电子天平	1 台	移液管(25mL)	1 只
锥形瓶(100mL)	5 只	离心机	1 台
紫外-可见分光光度计	1 台	微量注射器(500μL)	1 只
移液管(10mL)	1 只		

2. 试剂

氯金酸	A. R.	对硝基苯酚	A. R.

四、实验步骤

1. 金纳米棒的制备

学生自己查阅相关文献，拟定合适的制备方法，写出实验方案，在实验中准备好所需的实验材料后，经教师同意后开始实验。

2. 金纳米棒的表征

(1) 形貌表征　用透射电子显微镜观察所得金纳米棒的形貌和尺寸。

(2) 紫外光谱表征　利用紫外光谱表征所制得的金纳米棒，并分析谱图。

3. 金纳米棒的催化性能研究

当没有金纳米粒子时，对硝基苯酚在 400 nm 处有一个对硝基苯酚盐引起的吸收峰，这个吸收峰不会随时间的延长而发生变化，从而说明在没有催化剂的情况下不会发生还原反应。但是当加入少量经过纯化的金纳米粒子之后，混合溶液则会很快由浅黄色变为无色，因此我们可以利用紫外-可见吸收光谱来监测反应的进程。

五、思考题

1. 试述金纳米棒各种制备方法的优缺点。

2. 试述目前制备金纳米棒应用最广泛、最有效的晶种法的主要步骤及制备过程中影响金纳米棒长径比的主要因素。

六、参考文献

[1] Chang S S, Shih C W, Chen C D, et al. The shape transition of gold nanorods. Langmuir, 1999, 15: 701.

[2] Jana N R, Gearheart L, Murphy C J. Seed-mediated growth approach for shape—controlled synthesis of spheroidal and rod-like gold nanoparticlesusing a surfactant template. Advanced Materials, 2001, 13: 1389.

[3] Placido T, Comparelli R, Giannici E, et al. Photochemical synthesis of water-soluble gold nanorods: the role of silver in assisting anisotropic growth. Chemistry of Materials, 2009, 21: 4192.

[4] Bai X T, Gao Y A, Liu H G, et al. Synthesis of amphiphilic ionic liquids terminated gold nanorods and their superior catalytic activity for the reduction of nitro compounds. Journal of Physical Chemistry C, 2009, 113: 17730.

实验 71 咪唑类离子液体的合成

一、实验目的

1. 通过咪唑类离子液体的合成了解合成离子液体的一般方法。

2. 独立设计并完成咪唑类离子液体合成实验，并进行纯化及性质验证。培养和提高解决问题的能力。

二、实验原理

离子液体被视为绿色化学和清洁工艺中最有发展前途的溶剂，近二十年时间里在世界范围内得到了广泛的研究和发展。离子液体是指由有机阳离子和无机或有机阴离子构成的，在室温或室温附近温度下呈液体状态的盐类。根据常见阳离子的不同，可分为咪唑类、吡啶类、季铵盐类、季鏻盐类等。常见的阴离子有 Cl^-、Br^-、I^-、NO_3^-、SO_4^{2-}、$[BF_4]^-$、$[PF_6]^-$、$[CF_3SO_3]^-$、$[CF_3COO]^-$、$[(CF_3SO_2)_2N]^-$ 等。不同的阳离子和阴离子可以进行组合，以得到不同性质的离子液体。

离子液体的合成是离子液体应用研究的前提和基础。咪唑类离子液体的合成一般采用两步法。第一步先由叔胺与卤代烃反应合成季铵的卤化物；第二步再将卤素离子转换为目标离子液体的阴离子。

本实验将制备如图 1 所示的两种离子液体，阳离子为：1-丁基-3-甲基咪唑，阴离子分别为：$[BF_4]^-$、$[PF_6]^-$。

(a) $[C_4mim][BF_4^-]$　(b) $[C_4mim][PF_6^-]$

图 1 本实验将要制备的离子液体结构

第一步先由甲基咪唑和 1-溴丁烷于 70℃ 反应制备出目标阳离子的溴盐，并进行纯化，除去杂质。

第二步由目标阴离子的盐或酸与第一步生成的溴盐进行阴离子交换。

三、仪器和试剂

1. 仪器

三口瓶	1个	磁力加热搅拌器	1套
磨口冷凝管	1支	循环水式真空泵	1套
温度计	1支	真空干燥箱	1台
电子天平	1台	旋转蒸发仪	1台
量筒	1个		

2. 试剂

N-甲基咪唑	A. R.	四氟硼酸钠	A. R.
乙酸乙酯	A. R.	六氟磷酸钾	A. R.
1-溴丁烷	A. R.		

四、实验内容

① 咪唑类离子液体的制备：学生自己查阅有关资料，拟定合适的制备方法，在实验室由学生自己制备离子液体。

② 分析产品中可能存在的杂质，查阅有关纯化方法，对所合成的产品进行纯化。

③ 检测 [C_4mim] [BF_4^-]、[C_4mim] [PF_6^-]的亲疏水性，并说明原因。

五、思考题

1. 第一步得到的产品为什么要进行纯化？

2. 分析制备的两种离子液体亲疏水性不同的原因是什么？

六、参考文献

[1] 李汝雄．王建基．绿色溶剂——离子液体的制备与应用．化工进展，2002，21：43.
[2] 邓友全．离子液体：性质、制备与应用．北京：中国石化出版社，2006.
[3] 张锁江，徐春明，吕兴梅等，离子液体与绿色化学．北京：科学出版社，2009.

实验72　线型聚烯烃与长链支化聚烯烃特性黏度的测定

一、实验目的

1. 掌握稀释型高温乌氏黏度计的操作技术及数据处理方法。

2. 独立完成线型聚乙烯和长链支化聚乙烯特性黏度的测定，比较并分析线型聚乙烯和长链支化聚乙烯特性黏度的差异。

3. 培养和提高独立解决问题的能力。

二、实验原理

由于聚乙烯、聚丙烯等聚烯烃为结晶聚合物，在常温下不溶于任何溶剂，只有在较高的温度下才能溶解在特定的溶剂中，如甲苯、二甲苯、十氢萘等。因此其特性黏度需在高温下测试才能得到。

目前工业生产的聚乙烯品种主要有三种：高密度聚乙烯（HDPE）、低密度聚乙烯（LDPE）、线型低密度聚乙烯（LLDPE）。其中 HDPE 主链为线型结构，支链很少；而 LDPE 主链上则带有较多长支链。由于大分子的长链支化，使链段在空间的排布较线型分子更为紧密，以致支化分子在溶液中的尺寸小于同样分子量的线型分子尺寸，其流体力学体积以及与之相关的特性黏度都要明显减小。这一特性可以作为聚合物分子长链支化测定的依据，长链支化聚合物的特性黏度相对相同质量的线型聚合物分子的特性黏度偏离程度越大，支化度越大。

本设计实验的主要内容是测定分子量相差不大的线型高密度聚乙烯和长链支化低密度聚乙烯的特性黏度，并比较它们特性黏度的差异。

三、仪器和试剂

1. 仪器

高温乌氏黏度计	1 支	针筒	1 支
高精度水银温度计	1 支	分析天平	1 台
砂芯漏斗	2 个	溶剂储存管	1 支
精密电动搅拌器	1 套	聚四氟乙烯管	若干
水泵	1 台	洗耳球	1 个
移液管	2 支	吸滤瓶	1 个
秒表	1 个	铁架	1 台
容量瓶	2 个	乳胶管	若干

2. 试剂

十氢萘	分析纯	264 稳定剂	分析纯
201 甲基硅油		低密度聚乙烯	
高密度聚乙烯			

四、实验内容

① 聚烯烃的溶解：学生自己查阅有关资料，选取合适的溶剂，在实验室由学生自己溶解线型和支化聚乙烯样品。

② 聚烯烃特性黏度的测定：查阅高温乌氏黏度计测试聚烯烃特性黏度的方法和标准，掌握相应的测试步骤，对线型聚乙烯和长链支化聚乙烯的特性黏度进行测定。

③ 对比线型聚乙烯和长链支化聚乙烯的特性黏度，查阅有关资料，分析两者具有差别的原因，并分析用这种方法表征聚乙烯烃长链支化程度的优点。

五、思考题

1. 为什么分子量相同，长链支化聚乙烯的特性黏度小于线型聚乙烯的特性黏度？

2. 每加一次溶剂时为什么要恒温一段时间，并且要用洗耳球抽吸几次？

六、参考文献

[1] 何曼君等．高分子物理．上海：复旦大学出版社，2000.
[2] GB/T 1841—80 聚烯烃树脂稀溶液黏度试验方法．

附录　常用大型设备的使用说明

附录 1　Rigaku D/max-2500VPC 型 X 射线粉末衍射分析仪

一、仪器工作原理

X 射线衍射法物相分析，可分为定性分析和定量分析，本文主要介绍定性分析方法。所谓 X 射线物相定性分析就是根据 X 射线对不同种晶体衍射而获得的衍射角、衍射强度数据，对晶体物相进行鉴定的方法。

晶体是由质点（原子、离子、分子）在空间周期地排列而构成的固体物质。在粉末晶体或多晶样品中含有千千万万个小晶粒，它们杂乱无章、取向随机地聚集在一起。当一束单色 X 射线照射到某一个小晶粒上时，由于晶体具有周期性的结构，当晶面间距 d 与 X 射线入射角 θ 之间应符合布拉格（Bragg）方程时，就会产生衍射现象（见图 1）。

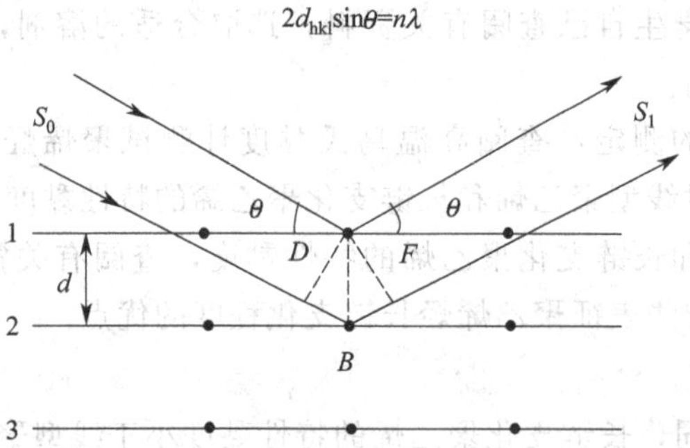

图 1　衍射现象

每一种结晶物质，都有其特定的结构参数，即点阵类型、晶胞大小、单胞中原子（离子或分子）的数目及其位置等，而这些参数在 X 射线的衍射图上均有所反映。所以尽管物质的种类有千千万万，但却难以找到两种衍射图完全相同的物质。粉末衍射线条的数目、位置及其强度，就像人的指纹一样，反映了每种物质的特征，因而可以成为鉴别物相的标志。如果将几种物相混合进行 X 射线衍射，则所得到的衍射图将是各个单独物相的衍射图的简单叠加。根据这一原理，就有可能从混合物的衍射图中将各个物相一个个鉴别出来。混合物中某种物质的衍射强度与其在混合物中的含量成正比。含量大，衍射强度大；否则变小。

二、仪器的基本结构

Rigaku D/max 2500VPC 型 X 射线衍射仪基本包括三个部分。

① X 射线发生器。用于产生 X 射线，常用的阳极靶元素是 Cu，入射 X 射线波长 λ 为 1.54Å。

② 电子学系统。将样品的衍射信号转换成一个与衍射强度成正比的电讯号用记录仪记录

下来。

③ 测角仪。测量 X 射线入射角，过滤入射线和衍射线，确定计数管位置。

三、操作和使用方法

① 依次开启总电源、循环水电源、主机电源，按“pump”连续抽真空 12h 以上。

② 开启电脑，右下角任务栏出现第一个蓝色图标之后，开始程序操作（双击 Rigaku 文件夹）。

a. 双击 Measurement server，在右下角出现第二个小图标，当其颜色从红色变为蓝色时，进行下一步操作。

b. 双击 XG operation，出现控制面板（XG control）。使仪器“老化”一段时间。

③ 创建数据保存的路径：在 standard measurement 对话框中 file name 单击 Browse，在 D:/创建自己的文件夹。

④ 设定扫描条件：包括起始角度（start angle），终止角度（stop angle）[终止角度禁止超过 140°]，步长（sampling W）、扫描速度（scan speed），以及电压、电流（注意夏季电压选择 40kV，电流选择 200mA）。

⑤ 按“Door”按钮，听到提示音，轻开门，放置样品；在 standard measurement 对话框点击黄色图标，即开始扫描。

⑥ 数据处理。

a. 原始数据处理；用 JADE 软件。

b. 转换“*.txt”格式。

⑦ 测试结束后，首先点击“Set”泄掉高压，保持通循环水 40min 以上，依次关主机电源、关水、关总电源。

四、操作注意事项

① 测角仪为 0°时，千万不能开光闸，因 X 射线直接射入光电倍增管易造成损坏；仪器使用角度一般在 5°以上，若必须低于 5°要征得管理人员许可。

② 禁止更改 XG Control RINI 2500 对话框中的任何参数。

③ 电流的选择：夏季选择 40kV，200mA。否则仪器会因散热不利而报警。

④ 扫描的终止角度禁止超过 140°。

附录 2 Nicolet MAGNA-IR 550（series Ⅱ）傅里叶变换红外光谱仪

一、仪器工作原理

红外光谱（infrared spectroscopy，IR）是研究有机化合物及高聚物结构的较常用的物理方法之一，能为官能团的鉴定提供有效信息。红外光的波长范围为 0.8～1000μm，相应的频率是 12500～10cm^{-1}（波数）。由于研究对象及实验观测手段不同，红外光谱通常划分为三个部分，即近红外区（波数为 12500～4000 cm^{-1}）、中红外区（波数为 4000～200 cm^{-1}）和远红外区（波数为 200～10 cm^{-1}）。中红外区的光谱来自物质吸收光的能量后分子振动能级之间的跃迁，是分子振动的基频吸收区；近红外区为振动光谱的泛频区；远红外区的光谱包括分子转动能级的转动光谱或化学键的振动光谱以及晶格振动光谱，较低能量的分子振动模式产生的振动光谱也出现在该区。

红外光源发出连续波长的红外线，照射到被测物质上，当分子中基团或键的振动频率与红外线的某一频率相同时，分子吸收该频率的红外光，产生振动能级和转动能级的跃迁。

物质吸收红外光的吸光度或透光率与波长或波数的关系图称为红外光谱图。

用红外光谱仪测量样品的红外光谱包括下述三个步骤：首先，分别收集背景（无样品时）的干涉图及样品的干涉图；然后，分别通过傅里叶变换，将上述干涉图转化为单光束红外光谱；最后，将样品的单光束光谱扣除背景的单光束光谱，即得到样品的吸收光谱。

二、仪器的基本结构

红外光谱仪由干涉仪、检测器和计算机组成，软件由 OMNIC 软件包组成（见图 1）。

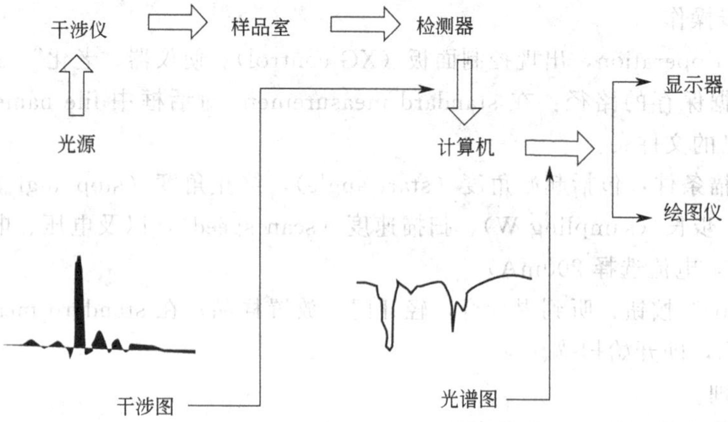

图 1　傅里叶变换红外光谱仪结构框图

三、操作和使用方法

1. 开机

① 打开 5kVA 宽调交流净化稳压电源，待电压稳定后，启动电脑主机。

② 点击桌面上的“OMNIC”图标，启动应用程序。

2. 试样的制备

在研钵中称取约 45mg KBr 和少量待测样品，在红外灯下仔细研磨 35min 后，转移到手动压片器中压成透明薄片，待测。

3. 红外光谱图的采集

① 使用 Collect 菜单中的 Experiment Setup 命令设定扫描次数（通常为 32 次）和分辨率（通常为 $4cm^{-1}$）。

② 点击屏幕左上方的“Collect sample”按钮，在“Collect sample”对话框中填入所测样品的名称，点击“OK”。

③ 在“Conformation”对话框中，显示“Please prepare to collect the background spectrum”，点击“OK”。

④ 在出现“Conformation”对话框之后，提示“Please prepare to collect the sample spectrum”之后，再点击“OK”。

⑤ 完成扫描后，出现“Conformation”对话框，提示“Add to window”，点击“OK”。

⑥ 使用 Analyze 菜单中的“Find peaks”命令，确定谱图中各种峰的位置。

⑦ 使用 File 菜单中的 Save 命令，保存谱图。

⑧ 使用 File 菜单中的 Print 命令，打印谱图。

4. 关机

使用 File 菜单中的 Exit 命令退出 OMNIC 程序，关闭计算机和稳压电源开关。

四、操作注意事项

① 保持室内环境相对湿度在 50%以下。KBr 窗片和分束器很容易吸潮，为防止潮解，务必保持室内干燥。同时操作的人员不宜太多，以防人呼出的水汽和 CO_2 影响仪器工作。

② 每次使用后对仪器台面进行及时全面的清理，待仪器降温后及时加盖防尘罩。

③ 使用后的 KBr 稀释剂应及时放回干燥器中，以防受潮。

④ 压片工具应及时拭净，在必要时进行清洗，擦干，在干燥器中保存，防止锈蚀。

⑤ 维持室内温度相对稳定。温差变化太大，也容易造成水汽在窗片上凝结。

⑥ 尽量不要搬动仪器，防止精密仪器的剧烈震动。

附录 3 UV-2550 紫外可见分光光度计

一、仪器工作原理

紫外-可见光光谱法是仪器分析方法的一种。虽然它的灵敏度不如原子吸收光谱法及荧光光谱法等方法高，但由于它具有精密度较高、仪器简单、方法快速可靠、适用范围较广等优点，因而，已成为仪器分析中广泛采用的方法之一。

当分子吸收一定量的紫外-可见光能量时，会引起分子内电子从低能态向高能态跃迁。连续用不同波长的单色光照射样品而测量其透射光，由于样品吸收了某特定波长的光，而使透射光的强度发生变化，这样得到的强度与波长的关系曲线称为吸收光谱。其吸收峰的位置取决于样品的性质，而吸收峰强度与样品的量有关，这是定量测定的基础。

二、仪器的基本结构

紫外-可见光谱仪一般由四个主要部分组成，即光源、单色器、吸收室、接收器（检测器、显示系统），见图 1。

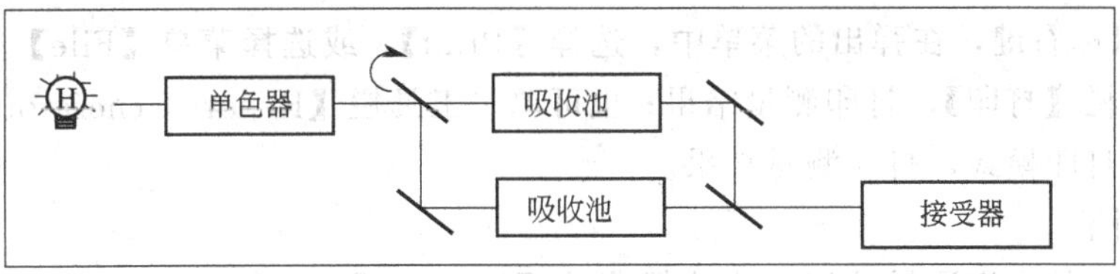

图 1 UV-2550 紫外可见分光光度计结构示意图

三、操作和使用方法

1. 准备工作

① 开启计算机电源。

② 打开光度计主机电源。

③ 双击【UV Probe】快捷图标或在【开始】菜单下选择【程序】→【Shimadzu】→【UV Probe】，即可启动 UV-2550 的控制程序。

④ 如设安全模式，将弹出【User Login】窗口，在【Password】栏下输入所设密码，单击【OK】键进入工作程序（未设密码，可直接单击【OK】键进入工作程序）。

⑤ 单击【Connect】键，进入光度计自检，自检过程中切勿开启样品室门。自检完毕后，单击【OK】键进入检测界面。

2. 光度测量

单击工具条的光度测量按钮（或选择菜单【Window】→【Photometric】项）打开光度测量窗口。

① 设计测量参数。单击工具条【M】按钮（或选择【Edit】菜单【Method】项），弹出光度测量参数设置对框。

对话框【Wavelength】窗口，在复选框【Wavelength Type】中，选择【Point】点波长类型；在【Wavelength (nm)】项下设置测量波长数、测量波长值，单击【Add】键，使所设波长值添加于【Entries】项中。

单击【下一步】，弹出对话框【Calibration】，在复选框【Type】中选择【Raw Data】原始数据测定类型。

单击【下一步】，弹出对话框【Measurement Parameter】；在复选框【Data Acquired】中选择项下选择【Instrument】仪器获得数据；在【Sample】项下输入测定次数；在复选框中选择【None】。

单击【下一步】，弹出对话框【File Properties】，在【File Name】项下输入文件名。

单击【完成】键；在对话框【Photometric Method】窗口中，单击【Instrument Parameters】选项标签，在复选框【Measuring Mode】项下选择【Absorbance】吸光度测光模式，在【Slit Width】项下选择狭缝宽度。

单击【Close】键，进入光度测定界面。

② 空白校正。将样品及参比池均盛以空白溶液，分别置光路中，单击命令条【Auto Zero】按钮，进行空白校正。

③ 输入供试品名称。在测试表格的【Sample ID】项下输入供试品名称，单击测试栏的任一项，命令条【Read Unk】按钮被激活。

④ 供试品测量。将样品池盛以对照品或供试品溶液，单击【Read Unk】按钮，分别对对照品或供试品进行测量。

⑤ 单击鼠标右键，在弹出的菜单中，选择【Print】，或选择菜单【File】→【Print】功能及单击工具栏【打印】，打印测量结果；也可单击工具栏【Report Generator】报告生成程序按钮，选择打印模式，打印测量结果。

3. 光谱测量

单击工具条的光谱测量按钮（或选择菜单【Window】→【Spectrum】）项，打开光谱测量窗口。

① 设定测量参数。单击工具条【M】按钮（或选择【Edit】菜单【Method】项），弹出光谱测量参数设置对话框。

单击【Measurement】选项标签，在【Wavelength Range (nm)】波长范围项，设置扫描起始波长、束波长；复选框【Scan Speed】项下选择扫描速度；在复选框中选择扫描时间间隔；复选框【Scan Mode】中，选择扫描模式；在【File Name】项下输入文件名称 。

单击【Instrument Parameters】选项标签，在复选框【Measuring Mode】选测光模式；在【Slit Width (nm)】项下选择狭缝宽度。

单击【Sample Preparation】选项标签，在【Additional】项下，设置供试品名及操作者，设置好后，单击【OK】键，进入光谱测量界面。

② 空白基线校正。将样品及参比池均盛以空白溶液，分别置光路中，单击命令条

【Base line】按钮，弹出基线校正的波长范围窗口（一般基线校正的波长范围应与扫描参数设定的波长范围一致）单击【OK】键，进行基线校正。

③ 供试品测量。将样品池盛以对照品溶液，单击命令条的【Start】按钮，分别对对照品或供试品进行测量。单击曲线图框上的按钮，显示曲线图效果。

④ 单击鼠标右键，在弹出的菜单中，选择【Print】，或选择菜单【File】→【Print】功能及单击工具栏【打印】按钮，打印测量结果。也可单击工具栏【Report Generator】报告生成程序钮，选择打印模式，打印测量结果。

4. 定量测定

单击工具条的光谱测量按钮（或选择菜单【Window】→【Photometric】项），打开光度测量窗口即定量测定窗口。

① 设定测量参数。单击工具条【M】按钮（或选择【Edit】菜单【Method】项），弹出光度测量参数设置对话框。

对话框【Wavelength】窗口，在复选框【Wavelength Type】中，选择【Point】点波长类型；在【Wavelength (nm)】项下设置测量波长值，单击【Add】键，使所设波长值添加于【Entries】项中。单击【下一步】，弹出对话框【Calibration】，在复选框【Type】中选择【Multi Point】多点测定类型；在复选框【Formula】项下选择【Fixed Wavelength】固定波长计算式；在【WL 1.】项下填入测量波长值；在复选框【Parameters】中，选择点击【Con=(Abs)】公式。

单击【下一步】，弹出对话框【Measurement Parameter】；在复选框【Data Aequired】项下选择【Instrumen】仪器获得数据；在【Sample】项下输入测定次数；在复选框中选择【None】。

单击【下一步】直至弹出对话框【File Properties】窗口，在【File Name】项下输入文件名。

单击【完成】键；弹出对话框【Photometric Method】窗口，单击【Instrument Parameters】选项标签，在复选框【Measuring Mode】项下选择【Absorbance】吸光度测光模式，在【Slit Width】项下选择狭缝宽度。

单击【Calibration】选项标签，在【Type】复选框中选择测定灯型；在复选框【Formula】中选择计算式；在【WL 1.】项下输入测量波长值；在【Parameters】复选框中，选择公式形式；在【Order of Curve】项下填入拟合次数；【Zero Interception】项，选择是否插入零点。设置好后，单击【Close】键，进入光度测定界面。

② 空白校正。将样品及参比池均盛空白溶液，分别置光路中，单击命令条【Auto Zero】按钮，进行空白校正。

③ 标准品测量。单击【Standard Table】表格任意处，激活标准品表，在表格的【Sample ID】项下输入标准品名称，在“Cone”位置输入标准品浓度，命令条【Read Std】按钮被激活。将样品池分别盛以各浓度标准品溶液，单击【Read Std】按钮，测量标准品。

④ 供试品测量。单击【Sample Table】表格任意处激活样品表，在表格的【Sample ID】项下输入供试品名称，右键点击测试表的任一项，工具条【Read Unk】按钮被激活。将样品池分别盛以供试品溶液，单击【Read Unk】按钮，对供试品进行测量。

⑤ 单击鼠标右键，在弹出的菜单中，选择【Print】或选择菜单【File】→【Print】功能及单击工具栏【打印】按钮，打印测量结果。也可单击工具栏。【Report Generator】报告生成按钮，选择打印模式，打印测量结果。

5. 时间扫描

单击工具条的时间扫描按钮（或选择菜单【Window】→【Kinetics】项）打开时间扫描窗口。

① 设定测量参数。单击工具条【M】按钮（或选择【Edit】菜单【Method】项），弹出时间扫描参数设置对话框。

单击【Measurement】选项标签，在复选框【Timing Mode】选择时间扫描模式；在【Total Time】项下设置扫描时间；在【Activity Region】项下设置记录起始范围；在复选框【Type】中选择【Single Wavelength】时间扫描单一的波长类型；在【WL 1.】项下填入测量波长值。

单击【Measurement Parameters】选项标签，在复选框【Measuring Mode】项下选择【Absorbance】测光模式；在【Slit Width】项下选择狭缝宽度。

单击【Sample Preparation】选项标签，输入供试品名称及操作者，设置好后，单击【OK】键。

② 空白校正。将样品及参比池均盛以空白溶液，分别置光路中，单击命令条【Auto Zero】按钮，进行空白校正。

③ 供试品测量。将样品池盛以对照品或供试品溶液，单击命令条的【Start】按钮，分别对对照品或供试品进行测量，记录供试品的测量值的时间变化曲线。

测量完毕，弹出【New Data Set】新建数据设定窗口，在【File Name】项下输入文件名，单击【完成】键。

④ 将鼠标指向表格，单击鼠标右键，在弹出窗口中选择【Print】，或选择菜单【File】→【Print】功能及单击标准工具栏【打印】按钮，打印测量结果。也可单击标准工具栏【Report】【Generator】按钮，单击标准工具栏【Open File】，在弹出的窗口中，选择打印模式，打印测量结果。

6. 结束

仪器使用完毕，取出样品室内吸收池，退出 UVProbe 软件系统，关闭光度计电源，关闭计算机，按要求做好仪器使用登记。

四、操作注意事项

① 在正式测定之前，一定要进行空白校正或空白基线校正。

② 注意比色皿的拿法（只接触毛面一侧）及盛液的容量（2/3～3/4 比色皿容积）。

③ 吸光度在 0.2～0.7 时，测量的准确度较高。为此，测量时可通过调整比色皿的厚度或待测液的浓度，尽量将吸光度控制在此范围内。

④ 实验后应将比色管及比色皿及时用稀酸浸泡，然后用清水洗干净，待下一次使用。

附录 4　GBC932B 原子吸收分光光度计

一、仪器工作原理

原子吸收光谱法是测定样品中微量金属元素含量应用较广泛的方法之一。它测定灵敏度高、干扰少、操作简便快速，可用本法测定的元素达 60～70 种，广泛应用于冶金、地质、化工、生物、医药、环保等领域。

原子吸收光谱法（AAS）是基于待测元素基态气态原子对该元素的特征谱线的吸收程

度来测定其含量的。在分析过程中，先将样品中的待测元素转化为基态气态原子，当特征辐射通过原子蒸气时，基态原子从辐射中吸收能量，最外层电子由基态跃迁到激发态对光的吸收程度正比于光程内基态原子的浓度。因此，根据特征辐射被吸收后的减弱程度可以测定待测元素的含量。

依据样品中待测元素转化为基态气态原子的方式不同可分为火焰原子吸收光谱法、非火焰原子吸收光谱法、氢化物原子吸收光谱法和冷原子吸收光谱法。火焰原子吸收光谱法常用的火焰为空气-乙炔火焰，其绝对分析灵敏度可达 10^{-9} g，可用于 Li、Na、K、Pb、Zn 等 30 多种元素的分析，是应用最广泛的方法。

石墨炉原子吸收法是应用最广泛的非火焰原子吸收法，它利用高温石墨管使待测元素原子化，此法灵敏度高，但操作较复杂。

二、仪器的基本结构

仪器由光源、原子化系统、单色器、检测器四部分组成，双光束型，配备空气-乙炔火焰原子化系统和石墨炉原子化系统。外配微机操作控制系统，Windows 操作界面，参数设置、仪器操作、结果处理简单方便（见图 1）。

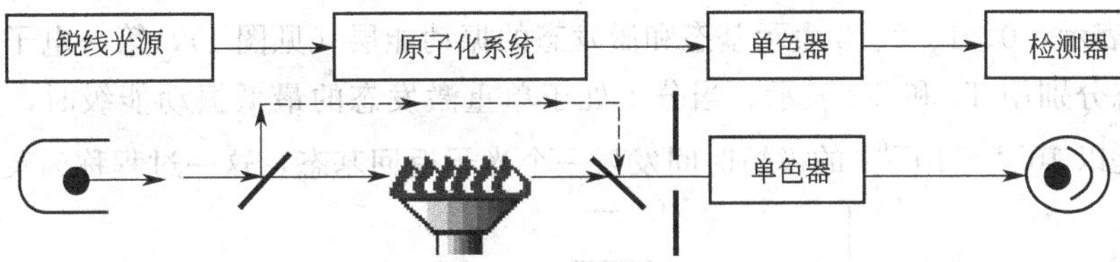

图 1 原子吸收分光光度计结构图

三、操作和使用方法

① 打开微机，双击“原子吸收光谱仪操作系统”图标进入操作系统界面。

② 打开“Instrument”窗口，在空白处击右键，弹出“Property”，单击“Property”，在“Element Table”窗口中键入要测定元素的元素符号，保存。

③ 打开“Method”窗口，从元素周期表中选择测定元素，设定灯电流，测定波长、狭缝宽度，检测方式、校准方式等条件，输入标准系列浓度。

④ 打开“Sample”窗口，设定测定顺序（一般先标准系列后样品）及待测定样品数。

⑤ 换上待测元素空心阴极灯，打开排风扇和空气压缩机，逆时针打开乙炔气钢瓶总阀门。

⑥ 打开仪器主机,仪器自检，并自动调整到设定测定条件，至仪器显示“Instrument Ready”。

⑦ 逆时针打开空气旋钮，调节至合适流量（一般为 6.0mL/min），然后逆时针打开乙炔气旋钮，调节至合适流量（一般为 1.3～1.8mL/min），按“Ignite”按钮点燃火焰。

⑧ 进入“Results”窗口或新建“Results”文件用于存放测试结果，单击“Run”，开始测定，根据仪器提示，依次测定“零浓度溶液”、“试剂空白”、“标准系列”、“样品”，测定完毕后自动停止，或单击“Stop”停止。

⑨ 测试完毕后，关闭仪器电源，继续喷入蒸馏水清洗流路及雾化器和燃烧器，关闭乙炔旋钮，切断排风扇和空气压缩机电源，让空气排空，关闭乙炔总阀，排空管道中的乙炔。

⑩ 记录数据后，关闭微机。

四、操作注意事项

① 点燃火焰时，先开空气，后开乙炔气；熄灭火焰时，先关乙炔气，后关空气。切记。

② 定期检查乙炔管路及阀门气密性，发现异常及时处理。

③ 乙炔为易燃易爆气体，室内禁止吸烟。乙炔钢瓶放到室外或隔壁房间。

④ 定期排空空气压缩机中的水和废液桶中的水。

⑤ 确认燃烧器已冷却后，再盖上防尘布。

附录 5　LS-55 型荧光分光光度计

一、仪器工作原理

室温下，大多数分子处于基态的最低振动能层。处于基态的分子吸收能量后被激发为激发态。激发态不稳定，将很快衰变到基态。若返回到基态时伴随着光子的辐射，这种现象被称为“发光”。

每个分子具有一系列严格分立的能级，称为电子能级，而每个电子能级中又包含了一系列的振动能层和转动能层。图中基态用 S_0 表示，第一电子激发单重态和第二电子激发单重态分别用 S_1、S_2 表示，0、1、2、3 表示基态和激发态的振动能层（见图 1），第一电子、第二电子的激发三重态分别用 T_1 和 T_2 表示。当分子处于单重激发态的最低振动能级时，去活化过程的一种形式是以 $10^{-9}\sim10^{-6}$ s 的极短时间发射一个光子返回基态，这一过程称为荧光发射。

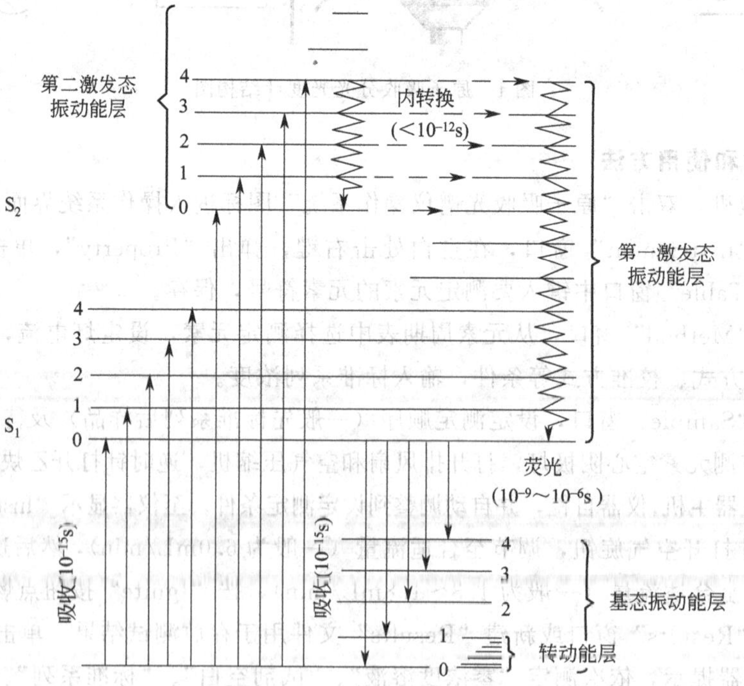

图 1　荧光的能级图

二、仪器的基本结构

用于测量荧光/磷光/发光的 LS45/55 是由图 2 所示的五个主要部件组成的：光源、激发光单色器、样品池、发光单色器及检测器。

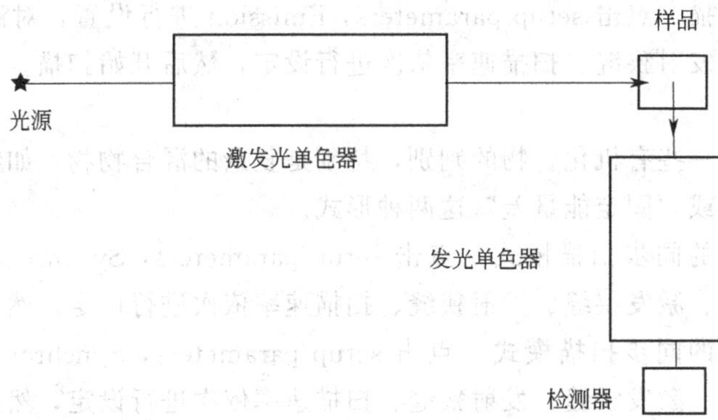

图 2 LS55 荧光分光光度计的原理图

由光源发出的光经激发光单色器得到所需要的激发光波长。如其强度为 I_0，通过样品池后，由于一部分光能被荧光物质吸收，其透射光强度减为 I_t。荧光物质被激发后，将发射荧光。为了消除入射光和散射光的影响，荧光的测量通常在与激发光成直角的方向进行。为了消除可能共存的其他光纤的干扰，如由激发光所产生的反射光、瑞利散射光和拉曼光，以及为将溶液中的杂质所发生的荧光滤去，以获得所需要的荧光，在样品池和检测器之间设置了发光单色器，荧光作用于检测器上，得到了相应的电信号，经放大后再记录下来。

① 激发光源：在紫外-可见区范围内，氙灯最为常用，而又分为连续氙灯和脉冲氙灯。LS55 采用的是脉冲氙灯。

② 样品池：荧光用的样品池需用弱荧光的材料制成，通常用石英，形状以方形和长方形为宜。

③ 激发单色器：用于选择激发波长。

④ 发射单色器：用于分离出荧光/磷光/发光的发射波长。

⑤ 检测器：荧光的强度通常比较弱，因此应采用具有较高灵敏度的光电倍增管，并与激发光成直角。

三、操作和使用方法

点击 FLWINLAB 进入电脑软件操作菜单，扫描（Scan）菜单的应用。

1. 扫描的三种方式

① 预扫描：以便找出未知样品的最适宜激发波长。

② 单个单色器扫描：可单独进行激发光或发射光的光谱扫描。

③ 同步扫描：两个单色器以一定的波长间距同步转动进行扫描。

2. 预扫描

① 激发光单色器预扫描（发射光单色器固定在某波长）。

② 发射光单色器预扫描（激发光单色器固定在某波长）。

③ 激发/发射预扫描（自动顺序进行上述两种预扫描）。

在相应的对话小框中分别键入激发光和发射光的起始波长。在狭缝小框中分别键入激发光和发射光的宽度。

3. 激发或发射光谱的扫描

(1) 激发光谱的扫描　点击 setup parameters，Excitation 进行设置，对激发波长范围、发射波长、激发狭缝、发射狭缝、扫描速率依次进行设定，然后开始扫描。

（2）发射谱的扫描　点击 setup parameters，Emission 进行设置，对激发波长、发射波长范围、激发狭缝、发射狭缝、扫描速率依次进行设定，然后开始扫描。

4. 同步扫描

同步扫描有助于一些有机化合物的判别，特别是复杂的混合物物，如粗油。同步扫描又分为“固定波长差”或“固定能量差”这两种形式。

（1）固定波长差的同步扫描模式　点击 setup parameters，Synchronous 进行设置，对起始波长、波长差值、激发狭缝、发射狭缝、扫描速率依次进行设定，然后开始扫描。

（2）固定能量差的同步扫描模式　点击 setup parameters，Synchronous 进行设置，对起始波长、频率差值、激发狭缝、发射狭缝、扫描速率依次进行设定，然后开始扫描。

四、操作注意事项

① 预热：开机预热 20min 后才能进行测定工作。

② 将已经装入样品的石英荧光比色皿四面擦净后放入样品室内的试样槽中，不得用手触碰四面。

③ 测试完毕后，请先关闭仪器开关，再关闭氙灯电源。

附录 6　带冷热台(THMS600，Linkam)的偏光显微镜 Olympus BX51

一、仪器工作原理

用偏光显微镜研究聚合物的结晶形态是目前实验室中较为简便而实用的方法。随着结晶条件的不用，聚合物晶体可以具有不同的形态，如：单晶、树枝晶、球晶、纤维晶及伸直链晶体等。在从浓溶液中析出或熔体冷却结晶时，聚合物倾向于生成这种比单晶复杂的多晶聚集体，通常呈球形，故称为“球晶”。球晶可以长得很大。对于几微米以上的球晶，用普通的偏光显微镜就可以进行观察；对小于几微米的球晶，则用电子显微镜或小角激光光散射法进行研究。

球晶的基本结构单元具有折叠链结构的片晶（晶片厚度在 10mm 左右）。许多这样的晶片从一个中心（晶核）向四面八方生长，发展成为一个球状聚集体。

根据振动的特点不同，光有自然光和偏振光之分（如图 1 所示）。自然光的光振动（电场强度 E 的振动）均匀地分布在垂直于光波传播方向的平面内；自然光经过反射、折射、双折射或选择吸收等作用后，可以转变为只在一个固定方向上振动的光波。这种光称为平面偏光或偏振光。偏振光振动方向与传播方向所构成的平面叫做振动面。如果沿着同一方向有两个具有相同波长并在同一振动平面内的光传播，则二者相互起作用而发生干涉。由起偏振物质产生的偏振光的振动方向，称为该物质的偏振轴，偏振轴并不是单独一条直线，而是表示一个方向。

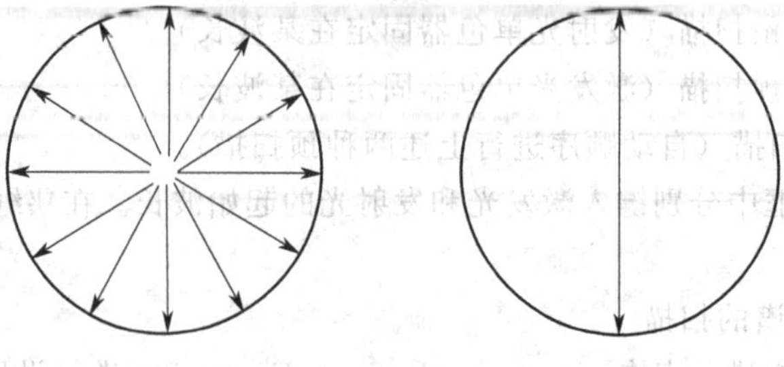

(a) 自然光　　(b) 偏振光

图 1　自然光和偏振光振动特点示意图

（光波在与纸面垂直的方向上传播）

自然光经过第一个偏振片后，变成偏振光，如果第二个偏振片的偏振轴与第一片平行，则偏振光能继续透过第二个偏振片；如果将其中任意一个偏振片的偏振轴旋转90°，使它们的偏振轴相互垂直。这样的组合，便变成光的不透明体，这时两个偏振片处于正交状态。

光波在各向异性介质（如结晶聚合物）中传播时，其传播速度随振动方向不同而发生变化，其折射率值也因振动方向不同而改变，除特殊的光轴方向外，都要发生双折射，分解成振动方向互相垂直、传播速度不同、折射率不等的两条偏振光。两条偏振光折射率之差叫做双折射率。光轴方向，即光波沿此方向射入晶体时不发生双折射。

在正交偏光镜下观察：非晶体（无定形）的聚合物薄片是光均匀体，没有双折射现象，光线被两正交的偏振片所阻拦，因此视场是暗的，如PMMA，无规PS。聚合物单晶体根据对于偏光镜的相对位置，可呈现出不同程度的明或暗图形，其边界和棱角明晰，当把工作台旋转一周时，会出现四明四暗。球晶呈现出特有的黑十字消光图像，称为Maltase十字，黑十字的两臂分别平行起偏镜和检偏镜的振动方向。转动工作台，这种消光图像不改变，其原因在于球晶是由沿半径排列的微晶所组成的，这些微晶均是光的不均匀体，具有双折射现象，对整个球晶来说，是中心对称的。因此，除偏振片的振动方向外，其余部分就出现了因折射而产生的光亮。聚戊二酸丙二酯的球晶在正交偏光显微镜下观察，出现一系列消光同心圆是因为聚戊二酸丙二酯的球晶中的晶片是螺旋形的，即 a 轴与 c 轴在与 b 轴垂直的方向上旋转，b 轴与球晶半径方向平行，径向晶片的扭转使得 a 轴和 c 轴（大分子链的方向）围绕 b 轴旋转（见图2）。

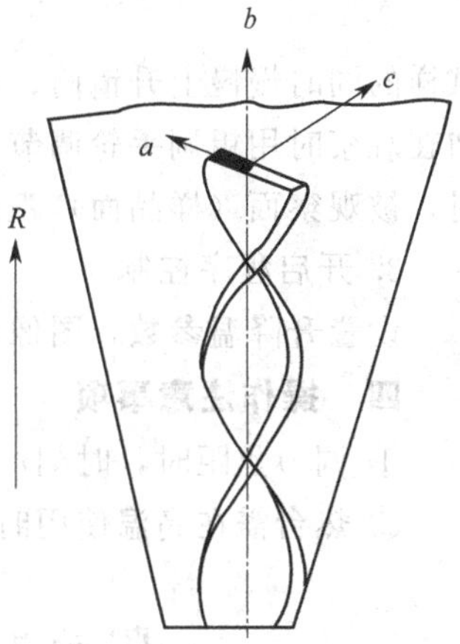

图2　球晶中晶轴螺旋取向示意图

当聚合物中发生分子链的拉伸取向时，会出现光的干涉现象。在正交偏光镜下多色光会出现彩色的条纹。从条纹的颜色、多少、条纹间距及条纹的清晰度等，可以计算出取向程度或材料中应力的大小，这是一般光学应力仪的原理，而在偏光显微镜中，可以观察得更为细致。

二、仪器的基本结构

① 冷热台及温度控制系统：温度范围为－196～600℃，精度为0.1℃。

② 显微镜系统：放大倍数为100倍、200倍、400倍，具有先进的UIS光学系统，可以最大限度地防止光学显微镜测量偏差和消除放大偏差，可以有效观察测量物体的微观精细结构。

③ 图像采集系统：具有PixeLINK(PL-A662）数码照相系统，可以清晰逼真地呈现样品形貌。配有分析软件(见图3)。

三、操作和使用方法

1. 正交偏光的校正

所谓正交偏光，是指偏光镜的偏振轴与分析镜的偏振轴垂直。将分析镜推入镜筒，转动起偏镜来调节正交偏光。此时，目镜中无光通过，视区全黑。在正常状态下，视区在最黑的位置时，起偏镜刻线应对准0°位置。

2. 调节焦距，使物像清晰可见

步骤如下：将欲观察的薄片置于载物台中心，用夹子夹紧。从侧面看着镜头，先旋转微调手轮，使它处于中间位置，再转动粗调手轮将镜筒下降使物镜靠近试样玻片，然后在观察

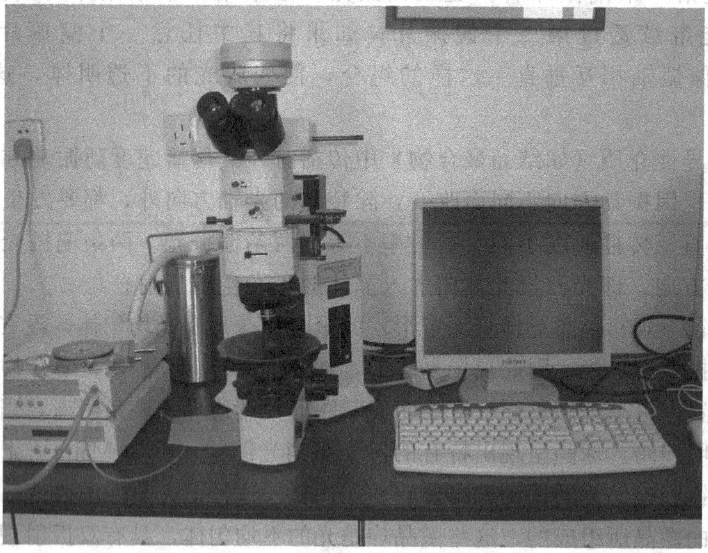

图 3 仪器图

试样的同时慢慢上升镜筒，直至看清物体的像，再左右旋动微调手轮使物体的像最清晰。切勿在观察时用粗调手轮调节下降，否则物镜有可能碰到玻片硬物而损坏镜头，特别是在高倍时，被观察面（样品面）距离物镜只有 0.2～0.5mm，一不小心就会损坏镜头。

3. 开启程序控制

设置升降温参数，图像采集参数。

四、操作注意事项

① 调节焦距时，时刻注意物镜与热台之间的距离，以免损伤物镜。

② 热台需在高温使用时，必须开启循环水。

附录 7 JSM-5610LV 型扫描电子显微镜

一、仪器工作原理

扫描电镜是用聚焦电子束在试样表面逐点扫描成像。试样为块状或粉末颗粒，成像信号可以是二次电子、背散射电子或吸收电子。其中二次电子是最主要的成像信号。由电子枪发射的能量为 5～35keV 的电子，以其交叉斑作为电子源，经二级聚光镜及物镜的缩小形成具有一定能量、一定束流强度和束斑直径的微细电子束，在扫描线圈驱动下，于试样表面按一定时间、空间顺序作栅网式扫描。聚焦电子束与试样相互作用，产生二次电子发射（以及其他物理信号），二次电子发射量随试样表面形貌而变化。二次电子信号被探测器收集转换成电讯号，经视频放大后输入到显像管栅极，调制与入射电子束同步扫描的显像管亮度，得到反映试样表面形貌的二次电子像。

二、仪器的基本结构

扫描电镜包括探查系统、显示系统、真空系统、电源系统以及水冷系统等部分。

1. 探查系统

由电子枪、电磁透镜组成。电子枪发射电子束（加速电压在 1～50kV ），经过电磁透镜的作用，射击标本表面，使之产生二次电子。

2. 显示系统

由电子检测器、闪烁器、光电倍增器以及显示屏组成。

由电子束激发的二次电子被位于检测器前端的栅极所吸引，并被强正电场加速飞向闪烁器。当电子击中闪烁器时，后者产生光子，光子沿导光管引向光电倍增器，并在此产生光电子，此信号经放大后被传输到阴极射线管（显示屏），从而在此成像。

3. 真空系统

真空系统由机械泵、真空管道、阀门及检测系统组成。作用是排除镜筒中的空气，使镜筒达到高真空状态。

4. 电源系统

主要的电源供给包括高压电源、电子枪灯丝电源、控制极电源、透镜电源、真空系统电源等部分。

5. 水冷系统

由于电镜工作时会产生热量，如果不及时散发或冷却下去，会造成电镜工作不良，甚至影响电镜寿命。水冷系统主要靠冷却水循环装置来完成。

扫描电镜工作原理如图 1 所示。

三、操作和使用方法

1. 开机

① 打开循环冷却水主机电源（打开前后检查水箱内水面高度及水的清洁情况）。

② 听到冷却水主机循环泵启动声音后，打开电镜主机输入电源。

③ 打开电镜稳压电源，将开关置于“ON”。

④ 将电镜主机开关钥匙向右拧到“START”位置，稍作停顿，将钥匙松开，此时钥匙会自动弹到“ON”位置，至此，主机即被启动，机械泵开始运转。

⑤ 打开计算机电源开关启动计算机。

⑥ 在桌面上双击电镜主应用程序，打开主程序。

2. 放入样品

① 主机开启后，需要等待 15～20min，使得扩散泵中的油被充分加热。点击屏幕右上方“Sample”按钮，打开“Specimen Exchange”窗口，其中“Status”栏内此时显示“Wait”。随着时间的推移，“Status”栏内显示的内容会依次变为“preevac”，“Evac”，“Ready”。

② 显示“Ready”后，点击“Specimen Exchange”窗口中的“vant”钮，将样品室放气至大气压。

③ 将样品固定在样品台上，再将样品台固定在样品座上，注意样品表面要与样品座表面相平。

④ 打开样品室，将样品放入，注意样品座底部燕尾槽与大样品台中央突起相配合。

⑤ 关上样品室，点击屏幕右上方的“Sample”按钮，打开“Specimen Exchange”窗口，点击“Evac”钮，将样品室抽真空。

3. 图像观察（高真空条件）

① 如果安装了背散射探测器，将其拔出（5910 或 6460 无此步骤）。

② 选择“SEI”作为信导，点击“View”。

③ 加速电压选择 20kV 左右，“Spotsize”选 20～30。

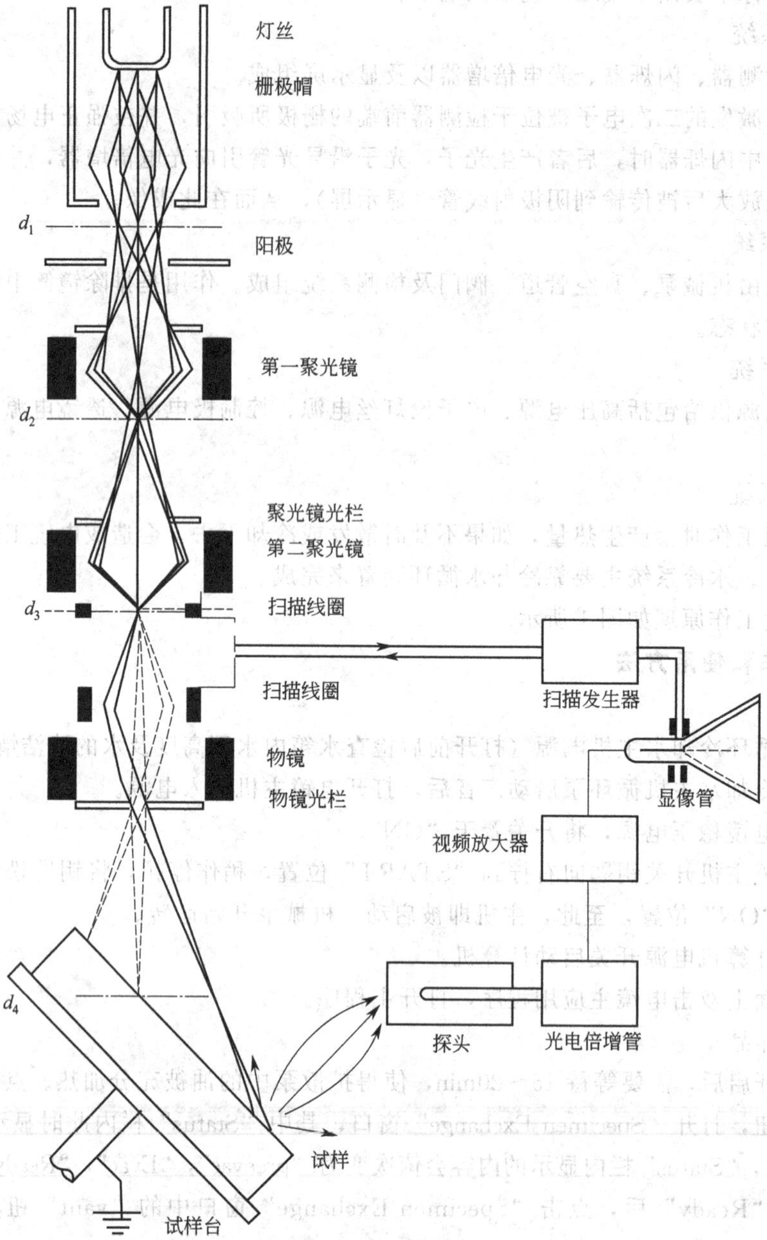

图1 扫描电镜工作原理

④ 调节Z轴至20，工作距离（WD）选20。

⑤ 选择合适的物镜光栏的位置，一般选2。

⑥ 点击屏幕右上方的“Stage”，打开“Stage Control”窗口，点击“Initial Position”，打开新窗口，点击“GO”，将样品台初始化。

⑦ 点击屏幕右上方的“HT Ready”钮，该钮会变为“HT On”，即加上高压，电子束打在样品上。

⑧ 点击“ABC”钮，进行自动对比亮度调节。

⑨ 点击“AFC”钮，进行自动聚焦。

⑩ 提高放大倍数，用“Focus”、“StigmX”、“StigmY”，调节得到最清晰的图像。若聚焦时发现图像移动，则说明需要调节物镜光栏。

⑪ 点击屏幕右上方的菜单“Tools”，选择“Ol Wobbler”，手工调节物镜光栏 X、Y 钮使屏幕中的图像不再移动，只是收缩变化。调好后，点击“OFF”。

⑫ 再用“Focus”、“Stigm X”、“Stigm Y”，调节得到最清晰的图像。

⑬ 得到满意的图像后，点击“Scan 4”，图像锁定后，即可保存图像。

4. 关机

① 点击屏幕左上方的“HT On”钮，该钮会变为“HT Ready”，即关上高压，关上了电子束。

② 点击屏幕右上方的“Sample”按钮，打开“Specimen Exchange”窗口，点击“Vent”钮，将样品室放气至大气压。取出样品。

③ 点击“Evac”钮，将样品室抽真空。

④ 关闭主应用程序，关闭计算机。

⑤ 待真空抽好后，将电镜主机开关钥匙向左拧到“OFF”位置，关掉主机。

⑥ 关闭稳压源，将开关置于“OFF”，关闭主机输入电源开关。

⑦ 15min 后，关闭冷却水主机电源开关。

四、操作注意事项

1. 设备管理

① 操作人员必须经过技术培训，经考核合格后方可上机操作。

② 使用仪器设备必须严格按照操作规程进行操作，认真填写仪器使用管理记录本。

③ 由实验室提供光盘进行数据的拷贝，任何人不得自带存储器进行数据交换，以防止病毒侵入。

④ 科研人员上机操作必须经过技术培训，取得操作资格，并经实验室技术人员安排后方可进行，不得擅自动用仪器设备。

⑤ 对不按操作规程操作，或不经安排擅自上机操作而造成事故的，将给予严肃处理，或根据事故造成的损失给予赔偿。

2. 仪器设备维护

① 进入仪器机房进行实验的工作人员必须更换干净拖鞋及工作服。

② 未经许可任何人不得随意进入机房，与实验工作有关的人员进入机房需经过同意，并已更换干净拖鞋和工作服方可进入。

③ 必须按仪器使用要求定期对所使用的仪器设备进行保养维护（清洗、加油、换油、加液氮、换气瓶等）。

④ 要保持仪器机房内仪器所要求的环境条件（适合的温度，通风换气等）。

⑤ 仪器设备出现故障要及时检查，尽快找出原因，认真详细填写故障及维修记录，并及时向有关负责人汇报故障原因。

3. 样品要求

① 本机所有样品必须经过充分干燥。

② 不接受低熔点或易分解的样品。

③ 谢绝磁性、毒性、放射性样品。

附录8 LK98BⅡ型电化学仪

一、仪器工作原理

在同一台仪器上可以选择三十多种不同方法的电化学与电分析化学实验，实现电位控制、电流控制、开路电位测量、各种极谱及伏安分析如线型扫描、循环伏安、电流阶跃、计时电流、差分脉冲伏安、常规脉冲伏安、方波伏安、交流伏安、选相交流伏安、二次谐波交流伏安及各种溶出方法、计时电量法、控制电位（电流）电解库仑法、线型电流计时电位法等电化学研究和分析方法。使用灵活方便，实验曲线实时显示，实验时更加直观、方便。主要用于电化学机理研究、电极过程动力学研究、材料及生物医药等多学科领域的研究。

二、仪器的基本结构

如图1所示。

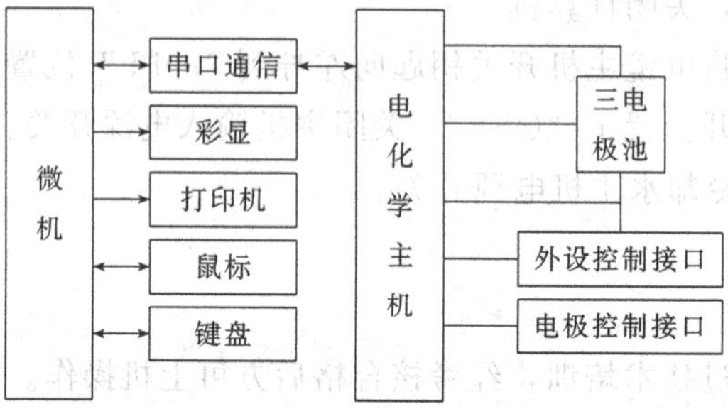

图1 LK98BⅡ微机电化学分析系统框图

三、操作和使用方法

① 打开总电源、电脑、电化学仪和相应的应用程序。

② 连接对电极、参比电极和工作电极（红色夹子为对电极，白色夹子为参比电极，绿色夹子为工作电极）。如果需要除氧，调节氮气通道，通氮气。

③ 点击 Setup 菜单下的 Technique 选项，选择扫描方法（比如：Cyclic Voltammetry，Chronocoulometry）。

④ 点击 Setup 菜单下的 Parameters 选项，设置扫描参数（关于各种扫描方法的具体参数、意义及设定，请参阅电化学操作说明书）。

⑤ 点击 Control 菜单下的 Run Experiment 选项，开始电化学扫描。如果实验出现异常，立即点击 Control 菜单下的 Pause/Resume 选项，停止扫描。

⑥ 扫描结束后，点击 File 菜单下的 Save As 选项，保存实验数据，进行数据分析。

⑦ 实验结束，关闭电化学仪，冲洗并收起电极。

⑧ 关机，清理实验台，填写仪器使用记录本。

四、操作注意事项

① 仪器打开和关闭时，自感电流可能会影响工作电极的状态，开关仪器时不要让对电极和工作电极形成回路。

② 保持电极夹头干燥、清洁，避免电流在屏蔽线回流。

③ 扫描前仔细检查三电极接线是否正确，电极之间是否有连接，电极上是否附有气泡。

④ 开氮气前一定要确定氮气通道导通，避免通道不通产生爆管。

⑤ 参比电极不用时，应及时浸泡到 3mol NaCl（或 KCl）盐溶液中。

附录 9 GC-2010 型气相色谱仪

一、仪器工作原理

气相色谱仪适用于热稳定气体试样或易汽化液体试样，用于样品中各组分的定性与定量。由载气将汽化后的试样带入加热的色谱柱，经色谱柱分离，样品中的各组分依次到达检测器，在记录系统上显示色谱峰。根据所用固定相的状态不同，可以将气相色谱分为气固色谱和气液色谱。前者是用多孔性固体为固定相，通过物理吸附保留试样分子，分离的主要对象是一些在常温常压下为气体和低沸点的化合物。气液色谱多用高沸点的有机化合物涂覆在载体上作为固定相，利用分子在两相的分配系数不同分离试样。

二、仪器的基本结构

仪器由进样器、色谱柱、检测器、温控装置和微机处理系统组成，其中色谱柱是组分分离的核心部件（见图 1）。

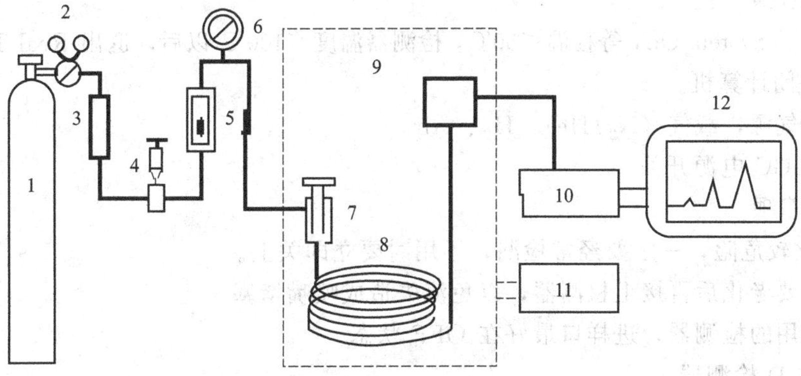

图 1 气相色谱仪基本结构

1—载气钢瓶；2—减压阀；3—净化干燥管；4—稳压阀（针形阀）；
5—流量计；6—压力表；7—进样室；8—色谱柱；
9—检测器；10—放大器；11—温度控制器；12—记录仪

三、操作和使用方法

根据所使用检测器的不同，操作规程有所不同。

（一）FID 检测器

1. 开机步骤

① 打开气源，载气（N_2/He）：0.7MPa，H_2：0.2～0.3MPa，Air：0.3～0.4MPa。

② 打开 GC，打开计算机的电源。

③ 在电脑桌面上打开 Real Time Analysis 快捷键，进入实时分析窗口。

④ 打开 System Configuration，进行自动进样器、进样口、色谱柱、检测器的配置的选择，在此窗口需设置载气、尾吹气种类；柱参数（柱长、内径、膜厚、最高使用温度）输入及色谱柱的选择；样品瓶（4mL、1.5mL）、进样针（10μL、50μL、250μL）大小的选择，设定完毕，回到 System Configuration 窗口，点击 SET 键确认。

⑤ 仪器参数的设定：先设柱温（可做程序升温），再设进样口温度、柱流量及分流比，

检测器温度、H_2、Air 流量。（通常 H_2：47mL/min，Air：400mL/min）

⑥ 用鼠标点 File 菜单找到 Save Method File As 输入想保存的方法文件名（如果硬件配置相同，可以直接调用此方法）。

⑦ 如沿用上次关机前的配置，直接在第③步的窗口下用鼠标点 File 菜单选 Open Method File 打开需要的方法文件名。

⑧ 点击 Download Parameters，再点击 System On。

⑨ 等 FID 检测器温度上升到 160℃ 以上时，点火，点击 Flame On。

⑩ 等仪器稳定后，进行 Slope Test，出现对话框点击 OK 即可。

⑪ 没配备自动进样器的直接点击 Single Run → Sample Login 出现样品注册对话框，样品名、数据文件名、样品重量等输完后，点击确定键。再点一下 Start 键，等数据采集窗口上出现 Ready（Standby）之后，即可进样，再按 GC Start 键进行数据采集。

⑫ 配备自动进样口的直接点 Batch Processing 进行批处理编写，批处理必须要输入样品瓶号、样品名称、样品类型、方法文件、数据文件，保存批处理文件。点击 Start 键即可自动运行。

2. 关机步骤

① 点一下 System Off，等柱温＜50℃，检测器温度＜100℃ 以后，退出 Real Time Analysis 窗口，关闭计算机。

② 关闭气源，载气（N_2/He）、H_2、Air。

③ 关闭 GC 电源开关。

3. 注意事项

① H_2比较危险，一定要经常检漏，不用时要立即关上。

② 柱子要老化后再接上检测器，以免流失造成喷嘴堵塞。

③ 不使用的检测器，进样口最好在 OFF 状态。

（二）TCD 检测器

1. 开机步骤

① 打开气源，载气。如 He：0.7MPa，或 H_2：0.2～0.3MPa。

② 打开 GC 主机，打开计算机的电源。

③ 在电脑桌面上打开 Real Time Analysis 快捷键，进入实时分析窗口。

④ 打开 System Configuration 进行自动进样器、进样口、色谱柱、检测器的配置选择，在此窗口需设置载气、尾吹气种类；柱参数（柱长、内径、膜厚、最高使用温度）输入及色谱柱的选择；样品瓶（4mL、1.5mL）、进样针（10μL、50μL、250μL）大小的选择，设定完毕，回到 System Configuration 窗口，点击 SET 键确认。

⑤ 仪器参数的设定：先设柱温（可做程序升温），再设进样口温度、柱流量及分流比，检测器温度、桥流、尾吹气流量。

⑥ 用鼠标点 File 菜单找到 Save Method File As 输入想保存的方法文件名（如果硬件配置相同，可以直接调用此方法）。

⑦ 如沿用上次关机前的配置，直接在第③步的窗口下用鼠标点 File 菜单找 Open Method File 打开需要的方法文件名。

⑧ 点击 Download Parameters，再点击 System On。

⑨ 等仪器稳定后，进行 Slope Test，出现对话框点击 OK 即可。

⑩ 没配备自动进样器的直接点击 Single Run → Sample Login 出现样品注册对话框，样品名、数据文件名、样品重量等输完后，点击确定键。再点一下 Start 键，等数据采集窗口上出现 Ready（Standby）之后，即可进样，再按 GC Start 键进行数据采集。

⑪ 配备自动进样口的直接点 Batch Processing 进行批处理编写，批处理必须要输入样品瓶号、样品名称、样品类型、方法文件、数据文件，保存批处理文件。点击 Start 键即可自动运行。

2. 关机步骤

① 点一下 System Off，等柱温<50℃，检测器温度<100℃ 以后，退出 Real Time Analysis 窗口，关闭计算机。

② 关闭气源，载气（He/H_2）。

③ 关闭 GC 电源开关。

3. 注意事项

① 载气及尾吹气种类的设定一定要与实际使用的一致。

② 不使用的检测器、进样口最好在 OFF 状态。

四、操作注意事项

本注意事项适用于各种检测器。

1. 钢瓶及气源

① 钢瓶及减压阀要经常检漏。

② 在使用空气压缩机时要定期放水，更换干燥剂。

③ 钢瓶总压<2.0MPa 时，更换新钢瓶。

2. 电源

电压不稳，需配置稳压电源，同时有良好的接地设施。

3. 进样口

① 定期更换进样垫。

② 进样口内的玻璃衬管要定期清洗，SPL 需注意分流及不分流两种衬管，衬管内最好加石英棉。

③ 不用的进样口和检测器要用死堵堵好。

4. 色谱柱的安装

毛细柱两端切口要平齐，长时间不用或新的毛细柱两头要切掉 2cm 左右，再分别接进样口、检测器。两边长度参照带有标识的石墨调节器即可。

5. 色谱柱的老化

接进样口，不接检测器，最好用程序升温老化色谱柱，老化的最高温度要高于平时使用温度 20℃以上而低于柱子的最高使用温度。老化时间不低于 1.5h。载气流速应与测试样品时保持一致。